지식경제를 향한

산업기술
지식네트워크

현대 경제사회를 흔히 지식기반경제
(knowledge-based economy) 사회라 부른다.

지식경제를 향한

산업기술
지식네트워크

김 문 수 지음

KSI 한국학술정보㈜

본서는 2007년 한국외국어대학교 교내학술연구비의
지원에 의하여 이루어진 것임.

|책머리에|

현대 경제사회를 흔히 지식기반경제(knowledge-based economy) 사회라 부른다. 이는 지식이 경제를 발전시키는 가장 핵심적인 원동력이 된다는 의미이다. 인류의 역사가 시작된 이후로 인류에 의해 창출된 거의 모든 것이 지식을 근간으로 하고 있음은 말할 나위도 없다. 그런데 새삼스럽게 지식을 강조하면서 지식기반이니 지식정보사회니 하는 말이 기업이나 정부기관, 심지어 일반인까지 빈번하게 회자되고, 강조되는 이유는 무엇인가? 20세기 들어 후기 산업사회에서 지식이 가치창출의 주요 요소가 될 것이라는 다니엘 벨의 예견에서처럼 지식이 가치를 창출하는, 즉 경제적 성장을 추진하는 핵심 추진력이 된다는 것이다. 그러나 지식 그 자체가 매출을 증대시키고, 부가가치를 직접적으로 가져다주는 것은 아니다.

현실적으로 상업적 성공과 고부가가치를 증대시키고 더 나아가 경제 발전을 이끄는 것은 기술혁신 혹은 기술변화라는 사실이다. 슘페터가 언급한 기술변화는 호황, 침체, 불황 그리고 회복으로 구성되는 경기변동 순환상에서의 주요요인으로 간주되었다. 전통적인 경제이론에서는 생산함수의 내생 변수, 즉 주요 투입변수로 노동과 자본을 고려하면서, 기술은 단순히 투입 및 산출 간의 양적 관계로만 파악하고, 기술혁신과정을 밝힐 수 없는 암흑상자(black box)로 두면서 기술변화의 힘을 과소평가하였다. 그러나 슘페터의 뒤를 이은 신슘페터학파 경제학자들은 경제변화의 근본적인 동력으로 기술혁신을 전제하고, 기술혁신능력을 보유하기 위해서는 얼마나 많은 암묵적, 특수적 기술지식을 보유하느냐가 관건이라고 지적하고 있다. 즉 혁신자들이 자신의 분야에서 체화된 암묵적이고 기업 및 산업 특수적인(firm-specific & industry-specific) 지식기반을 바탕으로 지속적인 기술학습을 통하여 경제적 가치를 갖는 지식을 창출하고 이를 바탕으로 기술혁신을 이룬다. 따라서 경제발전의 근본적인 요소인 기술혁신은 바로 기술지식의 창출과 축적에 기반이 된다는 점이다.

기업 측면에서 세계경제가 국가 간 경계의 구분 없이 치열한 경쟁환경에 처하면서 기업성장과 경쟁력 확보 차원에서도 기술혁신능력은 가장 중요한 경쟁 요소가 되고 있다. 기업 경쟁력의 기반이 되는 기술혁신능력은 생산능력, 투자능력, 변환능력 그리고 신기술창출능력으로 구분된다. 생산능력은 생산과정에서는 현장경험과 활동에 의한 학습 등과 관련한 지식과 숙련도, 투자능력은 신규 설비의 배치, 기존 설비의 개선 및 확대와 관련한 지식, 변환능력은 제품설계, 작업 및 공정 효율성 제고와 관련한 지식과 조직능력 그리고 신기술창출능력은 제품과 공정 설계 및 핵심 기능상의 중대한 변화와 관련한 지식이 바탕이 된다. 즉 기업 차원에서의 경쟁력은 기술혁신을 위한 지식기반과 축적 그리고 창출 능력이 핵심 요소가 된 지는 오래되었다.

또한 산업수준에서의 산업기술혁신은 국가의 경제발전의 직접적인 요소가 된다. 산업은 다수의 기업들이 구성된 시스템이므로 기업 경쟁력의 동력과 마찬가지로 한 국가의 산업경쟁력 역시 산업 내에서의 기술혁신이 핵심 경쟁력 요인이 되고 있으며, 산업 자체의 기술혁신능력을 확보하기 위한 기술지식창출뿐 아니라 새로운 산업 혹은 시장을 창출하기 위해서는 다른 산업의 기술지식이 절대적으로 필요한 상황이다. 20세기 후반 이후에 급성장한 정보통신산업의 경우 컴퓨터 및 반도체 산업과 전자 그리고 통신산업 간의 기술지식흐름과 확산에 바탕을 둔 산업융합의 결과이다. 또한 전자산업과 기계산업의 융합에 의한 메커트로닉스 산업, 그리고 전자산업과 자동차산업의 융합의 가속화로 현재의 자동차에는 많은 기계부품과 기능들이 전자부품 및 전자적 기능으로 대체되어 자동차 제품혁신 및 소비자의 효용을 증대시키고 있다. 이 외에 다른 많은 예가 있지만, 결국 산업 내 기술지식의 창출과 축적 그리고 이러한 기술지식의 산업 간 흐름, 이를 산업기술지식네트워크로 명명하면서, 기술지식네트워크가 21세기 국가 산업경쟁력 제고의 핵심 단어가 될 것임을 의심치 않는다.

결국 본서의 내용은 기술지식, 기술혁신 및 확산, 산업기술지식네트워크로 압축할 수 있다. 기술혁신 및 확산의 개념과 모형 등에 대한 다양한 연구들을 체계적으로 분석 정리하였으며, 또한 지식기반경제의 핵심 단어인 기술지식에 대한 보다 구체적인 연구 내용을 수록하였다. 이러한 연구 내용은 일반 독자들도 되도록 쉽게 이해할 수 있도록 노력하였다. 또한 산업기술지식네트워크 개념을 도입하여 이를 실제 측정할 수 있는 방법론을 제시하면서 국내 산업을 대상으로 방대한 자료를 바탕으로 실증분석과 시사점을 제시함으로써 기술정책 입안자나 기업의 기술전략 및 기획 담당자에게 현실적인 시각과 도움을 줄 수 있도록 하였다.

본서는 저자의 박사학위논문인 「한국 제조업의 지식연계구조 특성과 기술변화」를 모태로 하고 있다. 특히, 본서의 6장과 7장의 산업기술지식네트워크의 특성과 변화 분석은 학위논문의 일부를 발췌 정리한 것임을 밝히고, 이후 연구된 정보통신산업을 중심으로 한 기술지식네트워크 분석을 부록으로 첨부하여 90년대 이후 지식기반경제의 핵심 산업인 정보통신산업의 기술발전에 따른 산업기술지식네트워크 구조 변화를 이해하는 데 도움이 되도록 하였다. 저자의 커다란 욕심이지만, 본 졸서가 국내 산업발전에 작은 도움이 되고, 무엇보다도 지식기반경제사회의 지식기반의 한 페이지 아니 한 줄로 남기를 바라는 마음이다. 아울러 책의 오류가 있거나 미흡한 부분은 전적으로 저자의 책임이다. 마지막으로 팔릴 것 같지도 않을 책을 선뜻 출판해 주시고, 마지막까지 노력을 아끼지 않은 한국학술정보(주) 여러분께 감사의 마음을 전한다.

2007년 11월

저자 씀

|목 차|

제1장

서 론

   20세기는 인류역사상 가장 많은 변화를 겪는 시대이며 지금 이 순간에도 우리가 인식하지는 못하지만 빠른 변화가 일어나고 있다. 사회, 경제, 문화 등 인간과 관련된 모든 부문에서 과학과 기술의 급속한 진보와 지속적인 변화는 커다란 영향과 충격을 주고 있다. 인류에게 있어 역사는 생산에 있어 주된 투입자원과 생산의 가치가 어디에 있느냐에 따라 큰 변화와 발전을 거듭해 왔다. 19세기 이전의 농경산업시대에서 생산경제의 투입자원은 토지와 노동력이었고 이를 통하여 농업생산혁명을, 18세기 이후에 시작된 산업사회에서는 새롭게 발명된 도구 및 기계 등의 자본재를 사용해 양적인 생산에 기초한 산업생산혁명을 이끌었다면, 지식과 정보 그리고 인터넷으로 대표되는 현대사회는 지식과 정보를 매개로 해서 고부가가치의 상품과 서비스를 생산하는 지식기반사회로의 이행을 겪고 있다.

   경제성장의 원동력, 경쟁력의 동인으로서 지식에 대한 이러한 중요성이 대두되고 있지만 지식에 대한 관심 자체는 오래전부터 있어 왔다. 이미 1960년대부터 벨(Bell, 1973)은 후기 산업사회에 있어 지식이 가치창출의 주요 요소가 될 것이라고 예견했으며, 드러커(Drucker, 1993)는 자본주의 이후 전환의 시기가 1970년경에 시작되어 적어도 2010년까지는 전환의 시대가 되는데, 이 시기에 선환의 핵심 원동력은 바로 지식이라고 갈파하고 있다. 특히 새로운 사회는 지식이 가장 중요한 역할을 하게 될 것이라는 의미에서 21세기를 '지식사회'라고 규정하면서, 전통적인 생산요소인 토지, 노동, 자본과 같은 각각 개별 자원이라기보다는 '오직 하나의 의미 있는 자원'으로 규정하면서 강조하고 있다. 또한 토플러(Toffler)는 '지식이 세계 권력이동의 열쇠'이며 '경제력과 군사력의 부수적 요소였던 지식은 앞으로 경제력과 군사력의 본질이 될 것'이라고 주장한 바 있다.

지식기반사회의 근간이 되고 있는 과학과 기술의 발전은 직접적으로 기업의 생산능력을 근본적으로 상승시켰으며 이는 경제성장으로 이어졌다. 그러나 '70년대 중반 이후 선진 국가들은 경제성장의 둔화, 실업증가, 정부재정의 악화라는 새로운 난제에 봉착하였고 이를 돌파하려는 노력이 OECD 국가들을 중심으로 경제와 과학기술이라는 주제를 심도 있게 다루기 시작하였으며, 기술혁신을 위한 다양한 정책연구를 수행하였다. 이러한 일련의 노력으로 최근의 많은 OECD 국가들은 경제난에 대응해 제반 정책들을 성공적으로 이끌어 나가고 있다. 보다 일관성 있고 예측 가능한 거시경제정책을 추진함과 동시에 자국의 상품시장을 더욱 경쟁력 있게 만들기 위해 구조개혁을 실시하였다. 또한 산업관련 정책은 개입주의의 요소를 줄이면서 원활한 시장기능을 지원하는 방향으로 변화하고 있다. 기술정책도 오로지 첨단기술 분야에만 집착하던 과거의 패턴에서 벗어나 경제전반으로 기술을 폭넓게 확산 및 흡수시키는 방향으로 전환하고 있다. 이러한 변화에 즈음하여 세계경제는 지식과 정보의 창출(production), 보급(distribution), 이용(use)에 바탕을 둔 '지식기반경제'(Knowledge-based economy; OECD, 1996a)로 이행하고 있는 것이다.

우리나라의 경우는 선진 국가들과는 경제성장의 패턴이 상당히 다른 모습 보이고 있다. 부족한 자원과 혼란한 정치상황 그리고 분단이라는 상황하에서 경제성장이라는 오로지 하나의 목표에 국민들은 단합하였고, 이러한 노력과 정부의 강력한 지도에 의해 세계경제에서 유래가 없는 경제성장을 짧은 시간에 달성할 수 있었다. 풍부한 양질의 인적자원을 바탕으로 원가우위 전략에 기반하여 세계시장을 공략하였으며 선진국의 경제성장의 둔화시기에 수십 년간 높은 수준의 경제성장과 고용을 누려왔다. 그러나 이러한 발전은 어떤 의미에서는 선진국과의 기술격차를 좁히는 과정에 불과하며, 기술적 변화와 지식기반경제의 지속적인 진보라는 면에서 많은 문제점에 직면하고 있다.

60, 70년대에 선진기술의 습득과 대량생산을 통해 수출과 국부를 창출하였으나 단순한 생산능력과 기술의 보유에 그쳤다. 즉 개인이나 기업, 국가에 내재화된 기술은 부족하였으며, 기술혁신을 통한 신제품의 개발이나 신시장을 개척할 역량은 존재하지 않았다. 그러나 '80년대에 들어서 과거의 단순 모방이 아닌 도입된 기술에 바탕을 두고 무엇인가 새로운 것을 창출하려는 노력이 정부와 기업들에 의해 일어나기 시작하였다. 즉 창조적 모방이나 기술혁신을 위한 기술개발에 직·간접으로 정책적 지원이 이루어졌으며 기업들의 연구개발에 대한 투자가 본격적으로 수행되었고 '90년대 이후 지속, 확대되고 있는 상황이다. 기술적인 측면에서 일부분은 선진국과의 격차를 좁혀 가고 있으나 경쟁력이라는 측면에서는 오히려 그 격차가 넓어지고 있다. 또한 과거 강력한 지도력과 추진력으로 경제성장의 핵심이 되었던 정부의 역할도 이젠 경쟁력 제고 측면에서 방해의 요소로 작용하고 있다.

21세기 현대 경제는 부가가치를 창출하는 모든 종류의 기술 혹은 지식이 천연자원이나 자본보다 중요한 원천으로 지적되고 있으며, 지식을 습득하고 창출하는 노동자, 지식을 생산하고 전파시킬 수 있는 자본이 요구되는 경제이다. 수많은 학자들이 기술과 경제성장 간의 이론적, 실증적 연구를 미시적, 거시적 차원에서 수행했으며 한결같은 결과는 기술이 경제성장과 경쟁력의 중요한 요인이라는 것이다. 기술혁신은 기업 경쟁력의 원천이 되며 나아가 국가경쟁력의 원천으로 파악되었다. 그러나 기술적 측면에서 상당한 진보를 획득하더라도 그것이 궁극적으로 상업화되어 시장에서 지속적으로 발전되지 못하는 많은 예들이 존재한다. 이에 따라 특정 기술의 개발을 위한 투자나 기술개발자의 능력 이외에 기술혁신을 위한 제반 여러 사항들, 즉 시장의 반응, 제도적 측면, 내부 조직적 측면 그리고 여러 이해관계자들 간의 관계 등이 면밀히 분석되기 시작하였고 이를 하나의 시스템적 관점에서 파악하려고 하였다. 물리적 기능의 창조만을 위한 기술 이외에 이와 관련된 시장, 소비자, 공급자, 사회제도적 측면, 기업내부의 여러 기능 예를 들어 기획, 마케팅 분야 등의 지식이 하나의 기술혁신과 다음의 개선 혹은 재혁신을 위한 원천으로 파악되고 있다. 기술혁신은 이제는 몇몇의 뛰어난 과학자나 기술자들에 의해서 창출되는 것이 아니라 다양한 개인들 간, 조직의 여러 부서들 간, 기업들 간, 대학과 기업 간, 사회제도적 측면 간의 상호작용에 의해서 창출되고 확산되고 그리고 발전할 수 있으며 궁극적으로 경쟁력을 확보할 수 있다. 이러한 변화가 바로 지식기반경제로의 이행이라 할 수 있는 것이다.

결국 21세기의 지식기반경제의 핵심은 지식이며 지식의 창출과 활용을 위해서는 사회의 구성원들 간의, 여러 조직 간의 상호작용은 반드시 요구되는 기본전제이다. 특히, 부존자원이 부족한 한국의 경제구조에서 지식을 효과적으로 창출하고 이를 경제주체들에게 신속하게 확산시킬 수 있는 메커니즘의 존재는 국가경쟁력의 제고에 가장 중요한 요인으로 지적된다.

따라서 기업내부의 조직들 간, 기업들 간, 산업들 간, 국가들 간의 지식의 흐름을 파악하고 그 패턴의 변화를 실증 분석하는 작업은 지식기반경제로의 변화와 미래의 경쟁력 제고라는 측면에서 기본적으로 요구되는 사항이다. 이는 국가 차원의 거시 경제정책, 산업정책, 기술정책 측면에서의 정책수립과 기업 차원에서의 경영전략 수립에 매우 중요한 전제조건이 된다. 예를 들어 특정 산업 혹은 조직의 과거 지식 흐름을 파악하고 그 성과와 연관 지어 설명할 수 있다면 그리고 전체 구조적 측면에서 그 변화를 파악할 수 있다면 장기적 측면에서 미래의 정책이나 전략 수립에 필요한 자원 조달, 방법, 조건, 투자 우선순위 등을 위한 기본적인 지식과 정보를 제공할 수 있을 것으로 기대되기 때문이다.

경제사회구조가 복잡해지고 다양한 과학기술과 사회경제적 요소가 밀접하게 연계되어 발전하고 있는 상황에서 기술혁신의 과정도 관련 주체와 단계의 독립적 활동만으로 분석될 수 없다. 이러한 현상은 연구에서 제품개발, 생산 그리고 상업화에 이르는 일련의 과정으로 기술혁신을 설명하는 선형모형(linear model)의 한계로 연결되었고 이에 따라 기술혁신에 대한 이론적 연구도 그 범위와 초점이 달라졌다. 즉, 연구개발에서 생산과정에 이르는 전 주기적 과정에서 발생하는 복잡한 사회 메커니즘에 대한 연구가 가속화되면서 그 결과 비선형적 상호작용모형(chain link model 혹은 interaction model)(Kline and Rosenberg, 1986), 그리고 시스템 통합과 네트워크의 역할을 중요시하는 시스템-네트워크 모형(system integration and networking model: SIN)(Rothwell, 1992) 등이 기술혁신의 과정을 분석하는 중심모형으로 대체되는 경향을 보이고 있다.

기술지식과 기술 활동의 복잡화, 융합화, 대형화 현상은 기술혁신에 있어 체계적 개념의 도입으로 이어지고, 이러한 체계에서의 다양한 지식의 교류는 기술적, 산업적 융합을 더욱 촉진하는 순환관계를 형성하고 있다. 시스템의 형태와 시스템 내의 여러 구성인자들 간의 상호작용(interaction)이 국가 간에 서로 다른 구조와 내용을 가질 수 있으며, 이러한 차이를 분석하고 규명하기 위한 국가혁신시스템(national systems of innovation)의 관점에서 국가 간의 비교연구를 통해 최적 대안(best practice)을 모색하는 작업을 수행하고 있다.(OECD, 1997)

이러한 현상과 추세는 연구개발과 그 결과의 상업적 활용까지의 제한적 사고로부터 기술지식과 경험의 폭넓은 활용(application) 및 누적적인 학습효과(learning effect)를 포함하는 방향으로 확대되고 있으며 이 과정에서 '기술확산(technology diffusion)'의 중요성이 부각되고 있다. 기술혁신과 확산은 지식기반경제(knowledge-based economy)의 도래와 함께 경제시스템을 지식사회로 전환시키는 결정요인이 되고 있다. 이에 따라 기술지식의 본질적 속성인 "확산에 의한 수확체증(increasing return by diffusion)"을 강조하는 새로운 경제원리가 국가 차원뿐만 아니라 산업, 기업 차원에서도 활발히 전개되고 있으며 경쟁구조도 생산요소 경쟁으로부터 신생산방법, 신시장, 신조직을 창출하는 시스템 경쟁으로 전환되고 있는 것이다.(Kenichi, 1992)

또한 과학기술과 경제의 연계를 통해 기술 활동이 거시적인 경제성장과 미시적인 산업경쟁력에 기여할 수 있는 시각과 전략을 강조하는 경향이 두드러지고 있다. 실제로 최근 선진국들의 과학기술정책에 있어서도 전통적으로 기술주도(technology-push)의 기본원리하에서 신기술의 창출(creation)에 의한 파급효과(spin-off)를 강조해 온 미국, 프랑스 등의 임무 지향적(mission-oriented)이고 공급 주도적(supply-driven)정책을 보완하기 위해 일본, 독일 등의 국가에서 강조되어

온 수요견인(demand-pull)에 의한 확산 지향적(diffusion-oriented)
이고 수요-공급 연계적(user-supplier related) 제도와 프로그램의 도
입이 활성화되고 있다.(Ergas, 1987; Lundvall, 1995) 반면에 확산 지
향적 기술정책을 강조해 온 국가들에서는 지속적인 기술확산의 원
동력인 신기술의 창출을 위해 기초과학과 대형과학에 대한 연구개
발투자를 확대하는 움직임도 일어나고 있다. 또한 냉전의 종식과
함께 국방기술의 상업화를 추구하는 이른바 민군겸용기술(dual-use
technology)의 개발과 확산이 강조되고 있는 실정이다.

따라서 '90년대 중반 이후는 임무 지향적 정책과 확산 지향적 정책
이 상호보완적으로 이루어지는 정책의 수렴(convergence)이 나타나고
있는 상황으로 평가된다. 결국 기술혁신을 창출과 파급의 순환과정으
로 파악할 때 창출을 위한 임무 지향적, 공급 중심적 정책과 파급을
위한 확산 지향적, 수요 중심적 정책이 균형과 조화를 이루어야 한다
는 사실이 정책기조의 변화과정을 통해 새롭게 인식되고 있는 것이
다.(과학기술처, 1997)

또한 세계경제가 저성장의 시기로 접어들었던 1970년대를 흔히 '생
산성 위기의 도래'라 한다면, 1980년대 이후는 '경쟁력위기의 시대'라
할 정도로 경쟁력[1](competitiveness)은 오늘날의 경제적 문제를 특징
짓는 용어로 널리 사용되고 있다. 경제학에서 경쟁력의 개념은 전통적
으로 미시적 차원에서의 논의되어 왔다. 경쟁력은 기업의 경영성과를

---

1) 거시적이고 구조적 측면의 국가경쟁력에 대한 정의는 아직까지 명확하게
정의되지 않은 것 같다. Poter(1990), OECD(1992) 등은 국가경쟁력이 국
가의 경제적 성과를 평가하는 기준이며 어떤 경제시스템의 구조적 특성을
집약적으로 표현하는 유용한 개념으로 적극 수용해야 한다는 논리를 전개
하며, 반면 Krugman(1994) 등은 국가와 기업의 경제적 목표가 상이하기
때문에 국가 수준에서의 경쟁력은 무의미한 개념이라고 비판하고 있다.

평가하는 개념이었다. 예를 들어, 어떤 기업이 경쟁기업들과 비교해 저렴하고 우수한 제품을 생산할 수 있는 능력으로 인해 시장점유율과 이윤을 지속적으로 확대시켜 나갈 때, 그러한 기업을 경쟁력 있는 기업이라고 할 수 있다. 그러나 경쟁력과 관련된 최근의 이론적, 정책적 관심은 개념의 적용범위를 국가, 지역 차원으로 확대한 국가 경쟁력, 지역 경쟁력을 중시하는 방향으로 전개되고 있다. 이론적 관심은 기업의 경계밖에 존재하는 산업적, 국민 경제적 요인들이 기업의 경영성과에 미치는 효과에 주목하고, 정책적 차원에서는 국가 경쟁력이 현재와 미래의 생활수준을 결정하는 경제적 기초로 강조되고 있다.

이상의 기술혁신 및 확산이론의 최근의 경향과 지식기반경제의 도래와 경쟁력 개념의 대두 그리고 기술 정책 패러다임의 변화 배경하에서 기술지식의 산업 간 흐름 구조를 산업기술지식네트워크로 상정하여 그 변화와 특성을 규명하고 성과를 파악하는 것은 미래 지식사회의 대비와 산업경쟁력 제고를 위한 국가 산업기술정책 및 기업의 산업전략 연구의 초석이라 할 수 있다. 본서는 각 장별로 다음과 같은 구체적인 목적의식을 가지고 논의를 전개하려고 한다.

우선 2장에서는 경쟁력의 원천으로서 기술혁신의 개념과 다양한 모형을 고찰한 후, 기술혁신의 경제 내에서의 확산에 대한 의미와 중요성 그리고 역할을 분석한다. 또한 3장에서는 기술혁신과 확산의 구조적 측면에서 혁신시스템과 혁신네트워크에 대한 기존 연구들을 고찰, 정리한다. 그리고 4장에서는 기술혁신과 확산의 대상인 기술지식에 대한 개념과 유형 그리고 이를 측정할 수 있는 다양한 방법에 대해서 논의한다. 5장에서는 확산의 관점에서 기술지식의 흐름을 정의하고 특히 산업 간 기술지식흐름의 유형과 측정 방법을 제안하고, 이에 근거하여 산업기술지식네트워크를 상정한다. 6장에서는 우리나라 34개 제조업을 기술지식흐름의 유형에 따라 산업기술지식네트워크를 구성하여 구조적 특성과 동태적 변화양상을 분석한다. 또한 산업기술지식네트워크의 구조적 특성을 반영하여 새로운 산업분류체계를 제시한다. 7장에서는 앞서 분석한 구조적이고 동태적인 산업기술지식네트워크의 특성이 기술변화라는 결과와 어떤 연관관계를 갖는지 계량경제적 방법을 사용, 분석한다. 마지막으로 8장에서는 지식기반경제하에서의 산업기술지식네트워크의 구성과 진화의 중요성을 강조하면서 산업과 관련된 다양한 형태의 주체들, 즉 정부, 기업, 각종 제도의 입장에서 향후의 과제에 대하여 논의한다. 또한 본서의 연장이라고 하기에는 다소 부족한 감이 없지 않지만 지식기반경제의 핵심 산업이라 할 수 있는 정보통신산업의 기술발전에 따른 산업기술지식네트워크 구조변화를 90년대 중반까지의 자료를 활용하여 분석한 것을 부록에 정리하였다.

제 2 장

현대 경제의 원동력: 기술혁신과 확산

제1절 창조적 파괴, 기술혁신

기술혁신(technological innovation)은 신기술이 창출되고(creation), 그 결과물이 생산 활동에 참여하는 사회구성원들에 의해 채택(adoption), 응용(application), 개선(improvement)되어 그로 인한 경제적 파급효과가 확산(diffusion)되어 가는 일련의 과정을 의미한다. 기술혁신에 대한 이론적 연구는 70년대 유럽을 중심으로 발전한 혁신경제학에 바탕으로 두고 있다. 즉 기술혁신에 대한 개념적 기반은 경제학에서 도입되었다고 할 수 있다. 흔히 신슘페터학파, 제도학파 경제학, 진화론적 경제학 등으로 불리는 이 분야는 거시적인 경기변동 주기에서 기술혁신이 경제 침체로부터 성장을 이끌어 내는 원동력이 된다는 경험적 가정하에 기술혁신의 개념과 원천 그리고 그 과정을 대상으로 한다.

그러나 보다 원천적인 기술혁신이론의 출발은 20세기 초의 슘페터로 거슬러 간다. 슘페터는 기술혁신을 생산 활동에 대한 새로운 도구나 기술의 적용으로 정의한다. 따라서 새로운 도구나 기술의 발명 및 창출자체와 구분하여, 창출된 기술이 응용, 파급되는 일련의 과정을 기술혁신으로 해석한다. 특히, 그는 기술혁신을 경제시스템의 근본적이고 구조적인 변화의 배경과 원인으로 파악하였다. 경제시스템이 구조적으로 '변화' 내지는 '진보'하는 시점과 과정에 초점을 맞추어, 20세기 초의 정태적, 균형적 경제시스템 관점에서 성장과 변화라는 동태적 불균형 문제로 확장하였다. 특히, 슘페터는 이러한 동태적 불균형 경제시스템의 변화와 진보를 가져오는 다양한 요인 가운데 '기술혁신'이라는 요인을 보다 중시한 것이다.(박용태, 2007)

슘페터는 어느 상황에서 어떤 요인에 의해 경제의 동태적 변화가 일어나는가 하는 문제에 주목하면서, 19세기 말에 출현한 자본가의 특성과 역할을 분석하였다. 전통적인 인식에 따르면 경제시스템은 토지, 노동, 자본이라는 생산요소를 바탕으로 한다. 토지와 노동은 정태적 상태의 생산에만 기여할 뿐 경제의 동태적 변화나 진보에 영향을 미치지 못하며, 자본 역시 투자에 대한 반대급부로 이자를 받는 소극적 의미로만 본다면 다른 생산요소와 별 차이가 없다. 그러나 자본이 경제 발전의 원동력이 된다는 것은 자본의 역할이 생산요소에 그치는 것이 아니라 생산 활동을 지배하는 하나의 정치적 요소가 된다는 점을 의미한다. 즉 기존 생산시스템에 투입되는 하나의 생산요소가 아니라 전혀 다른 새로운 생산시스템을 만들기 위한 자금으로 사용됨으로써 경제의 근본적인 변화를 이끌어 낸다는 것이다. 슘페터는 이러한 정신을 지니고 있고 그러한 역할을 수행하는 자본가를 혁신가(entrepreneur)라 칭하였다.

슘페터가 기술혁신이라는 용어를 직접 사용하지는 않았지만 경제시스템의 변화를 가져오는 원동력으로 자본의 성장, 인구의 성장, 시장의 변화, 기술의 변화 그리고 생산조직의 변화 등 다섯 가지 요소를 제시하였다. 특히 처음 세 가지 요소는 진정한 의미의 변화를 가져오는 동인으로 판단하지 않았으며 기술의 변화 및 생산조직의 변화를 경제시스템을 변화시키는 원동력으로 파악하였다. 기술 및 생산조직의 변화에 의해서 새로운 제품, 새로운 공정, 새로운 시장, 새로운 재료 그리고 새로운 산업조직이 창출되어 전체 경제시스템의 구조적인 변화가 발생한다고 보았다. 이러한 변화를 창조적 파괴(creative destruction)라고 하였고, 창조적 파괴의 주체가 바로 혁신적인 기업가라는 것이다.

그러나 슘페터의 기술의 변화, 즉 기술혁신이론은 유럽을 중심으로 70년대 이후가 되어서나 재논의되기 시작하였다. 이는 슘페터 이론의 핵심이 개인이나 기업의 혁신에 초점을 맞추었기 때문에 거시경제 전반의 변화나 혁신에 대한 관심은 거의 없었기 때문이다. 20세기 초, 중반의 시기에는 거시경제 전반의 정책적 기조가 오랫동안 케인즈식의 이론과 철학에 대한 논의가 주류를 이루었다. 케인즈와 슘페터 모두 경제시스템의 변화와 진보라는 이슈에 관심을 두고 있지만, 슘페터가 변화의 주체는 혁신을 유발시키는 기업가라고 주장한 반면에 케인즈는 정보 내지 공공조직이라는 점이 핵심적인 차이라 할 수 있다. 따라서 거시경제시스템에 대한 정부의 역할이 강조된 시대에서는 슘페터보다는 케인즈 이론이 주류를 이루었다.

20세기 중반에 세계경제 전반에 걸쳐 심각한 경기 침체가 나타났고, 주요 국가나 지역마다 국제 경쟁력 저하라는 구조적 문제를 안고 있었다. 미국의 경우는 일본으로부터 경쟁력의 위협을 받고 있었고, 특히 유럽은 일본의 경제적 부상과 더불어 미국과의 기술력 격차를 인식하고 있었다. 이러한 상황에서 슘페터의 혁신과 혁신적 기업가 정신이라는 개념으로부터 문제의 본질을 분석하고 해결하기 위한 실마리를 찾기 위한 시도가 유럽을 중심으로 이루지기 시작한 것이다. 이러한 배경하에서 기술혁신을 대상으로 많은 학자들이 연구가 이루어졌다.

특히, 기술혁신에 대한 정의는 기술혁신이론의 시작이라 할 수 있다. 앞서 설명한 바와 같이 이미 슘페터가 기술혁신과 관련된 깊이 있는 통찰력을 가지고 있었지만, 기술혁신이라는 용어를 사용하고 이를 바탕으로 이론적, 실증적 분석을 다양하게 수행한 것은 이니디. OECD(1971)는 기술혁신을 과학과 기술을 새로운 방식으로 최초로 적용하여 상업적 성공을 거둔 것으로 정의하였다. 이러한 맥락에서 프리만(Freeman, 1982)은 경제적 관점에서 기술혁신을 신제품, 공정, 시스템 또는 장치들의 최초의 상업적 이용과 관련된 일련의 과정으로 정의하고 있다. 프리만은 기술혁신을 발명의 첫 번째 적용으로 해석하고 있으며, 사할(Sahal, 1981)은 발명의 일차적 적용 혹은 상업적 적용으로 정의한다.

이러한 정의들의 공통점은 기술혁신을 신기술의 발명(invention) 또는 창출(creation)과 직접적으로 연결시킨다는 점이다. 새로운 발명은 기술혁신의 출발점이 된다는 점에서 혁신의 일부로 보는 것이 타당하다. 그러나 신기술의 최초의 적용뿐만 아니라 신기술의 활용과정에서 일어나는 변형과 개선은 새로운 혁신의 동력이 되고 있다는 점에서 '최초의 적용'에 국한하여 기술혁신을 이해하는 것은 편협한 시각이라고 할 수 있다.

실제로 대부분의 중요한 혁신들은 그 응용과정에서 급격한 변화를 겪으며 완전히 새로운 상품이나 공정의 경우에도 더 많은 지식과 노하우가 결합되고 수많은 시행착오(trial and error) 과정을 통해 지속적인 개선이 이루어진다. 이 때문에 기술혁신을 '최초의 적용'에 초점을 맞추어 일회적인 행위로 바라보는 이해방식은 극히 제한적인 경우에만 적용될 수 있는 것으로 받아들여지고 있는 실정이다.

이러한 배경에서 최근에는 발견, 발명, 혁신 및 확산을 엄격하게 구분하는 전통적인 인식은 점차 그 타당성을 상실하고 있다.(Lunvall, 1988) 획기적인 발명과 발명의 적용을 통한 근본적인 변화뿐만 아니라 신기술의 지속적인 개선을 통한 점진적인 변화까지도 혁신과정으로 파악되며 신기술의 확산과정 역시 혁신을 구성하고 있는 중요한 요소로서 파악되고 있다. 다음 [그림 2-1]은 기술혁신이라는 개념의 변화를 살펴본 것이다.

- Shumpeter(1943)
: 생산 활동에 대한 도구나 기술의 적용
- Mansfield(1968)
: 발명의 첫 번째 적용
- Sahal(1981)
: 발명의 일차적 적용, 상업적 적용
- Freeman(1982)
: 신제품, 공정, 시스템의 상업적 이용 등의 일련의 과정
- OECD(1971)
: 과학기술을 새로운 방식으로 최초로 적용하여 상업적 성공을 거둔 것

→

- Kline & Rosenberg(1986)
: 기술혁신과정에서의 구성 주체들간의 상호작용의 중요성을 인식
- Lundvall(1988)
: 발견, 발명, 혁신 및 확산을 엄격하게 구분하는 과거인식의 타당성은 상실(확산과정을 혁신의 구성요소로 파악)
- OECD(1992)
: 신기술이 창출되고, 그 결과물이 생산 활동에 참여하는 구성요소에 의해 채택, 응용, 개선되어 경제적 효과가 확산되어 가는 일련의 과정
- Rogers(1995)
: 기술혁신의 구성요소를 혁신자체, 정보교환채널, 확산이 일어나는 사회시스템, 시간으로 파악

[그림 2-1] 기술혁신 개념의 변화

또한 룬드발(Lundvall, 1992), 프리만(Freeman, 1991), 넬슨(Nelson, 1993) 등은 기술혁신이 이루어지는 경제사회체제를 하나의 시스템으로 규정하고 시스템적 접근에 의해 분석하는 접근이 기술혁신의 본질을 분석하는 근본적인 분석틀임을 강조하고 있다. 기술혁신은 활동주체의 개별적인 노력에 의해 이루어지기보다 그 주체를 둘러싸고 있는 외부환경이나 다른 주체들과의 상호작용을 통해 견인되는 측면이 강하기 때문에 내부적 요소와 외부적 요소들을 유기적으로 연계시킨 하나의 시스템을 구성하고 그 틀 내에서 기술혁신의 과정과 효과를 분석하는 접근이 보다 유용하다는 인식이 확대되고 있다.

슘페터의 '창조적 파괴'라는 개념하에서 기술 변화를 정의한 이후 그리고 현실적인 문제를 해결하기 위한 '70년대 이후의 경제시스템 변화의 원동력으로서 그리고 경쟁력 창출 요인으로서 기술혁신을 대상으로 많은 연구가 현재까지 진행되고 있다. 기술혁신이론의 핵심이 되는 다양한 기술혁신모형에 대해서 살펴본다.

제2절 다양한 기술혁신모형[2]

기술혁신의 개념이 점진적으로 확대되어 온 경향은 이른바 기술혁신이론의 진화적 발전과정으로 설명할 수 있다. 기술혁신이론은 기술혁신이 어떠한 단계를 거치며 각 단계 간의 상호작용이 어떻게 이루어지는가를 이론적으로 설명하는 틀이며 이러한 틀은 기술혁신의 유형이 다양해지고 그 과정이 복잡해지면서 지속적인 변화의 과정을 밟아왔다. 즉 기술혁신의 특성에 대한 직관적 이해와 경험적 관찰에서 출발한다. 기술혁신이 어디에서 발생하고, 어떤 방향과 경로로 진행되며, 궁극적으로는 어느 수준이나 위치를 향해 발전하는가 등의 질문에 대해 직관적 또는 실증적 관점에서 살펴본 후 그 관찰의 결과를 이론의 형태로 정형화하는 순서로 발전한 것이다.

기술혁신이론의 핵심적인 내용은 크게 다섯 가지로 요약할 수 있다. 첫째, 기술혁신 유형에 관한 이론이다. 기술혁신이 일어나는 양상의 공통적 특성과 차별적 특성을 찾아 그것을 정형화하는 것을 의미한다.

---

2) 본 절의 내용은 박용태(2007)의 pp.25-70의 내용을 추가 보완 정리한 것임을 밝힌다.

둘째, 기술혁신 원천에 관한 이론이다. 기술혁신이 어디에서 발생하는 가, 기술혁신의 원천이 달라지면 기술혁신의 양상은 어떻게 달라지는 가 등이 주요 내용이다. 셋째, 기술혁신과정에 관한 이론이다. 기술혁 신은 어떤 과정을 거치면서 일어나는가, 그 과정은 어떤 요소와 단계 로 구성되는가 등이 연구의 초점이 된다. 넷째, 기술혁신 조직과 제도 에 관한 이론이다. 기술혁신에 유리한 조직과 불리한 조직의 특성은 무엇인가, 기술혁신을 촉진하거나 저해하는 제도는 무엇인가 등이 주 요 내용이다. 마지막으로 기술혁신 효과에 관한 이론이다. 기술혁신이 경제사회시스템에 미치는 영향은 어느 정도인가, 기술혁신은 기업의 경영성과와 어떤 관계를 지니고 있는가 등의 주제가 된다.

이상의 다섯 가지 기술혁신이론의 내용을 분석하고, 설명할 수 있는 개념적, 이론적 틀이 기술혁신모형으로, 연구자들의 관심 대상에 따라 서 기술의 과정, 대상을 어떻게 보느냐에 따라서 그리고 기술혁신에 미치는 내생, 외생 변수, 혁신의 빈도 및 속도 등에 따라서 매우 다양 한 모형이 제시되었다. 기존 연구의 내용을 중심으로 순서모형, 단계 모형, 패러다임모형 그리고 시스템모형에 대해서 살펴본다.

1. 순서모형(Sequence model)

순서모형은 기술혁신이 어떤 순서로 일어나고 진행되는가, 그 과정 에서 각각의 단계는 어디에 위치하며 역할은 무엇인가 등을 설명하기 위해 제시된 모형을 의미하는 것으로 선형모형과 비선형모형으로 구 분될 수 있다.

1.1 선형모형(linear model)

선형모형은 2차 세계대전 이후 70년대 초까지 기술혁신의 전형적인 모델로 받아들여져 왔다. 과학기술정책을 과학정책(science policy)과 기술정책(technology policy)으로 분리하는 전통적 관행도 선형모형의 논리에 입각한다고 할 수 있다. 선형모형에서는 새로운 기술의 개발, 생산 및 시장진출이 일정한 시간적 순서를 따라 이루어진다고 이해한다. 즉 연구에서 제품개발, 생산 그리고 궁극적인 상업화가 순차적으로(sequentially) 이루어진다는 것이다. 여기서 순차적이라고 하는 의미는 두 가지 뜻을 담고 있다. 첫째는 각각의 과정과 단계 사이에 순서상의 선후관계가 존재하여, 앞 단계는 다음 단계에 선행한다는 뜻이다. 둘째는 각각의 과정과 단계는 서로 연결고리로 이어져 있어 앞의 과정이나 단계가 있어야만 다음 과정이나 단계가 있을 수 있다는 뜻이다.

선형모형의 핵심은 순차적인 선형의 고리가 어느 단계에서 시작되어 어느 단계에서 끝나느냐에 관한 문제이다. 이와 관련하여 기술혁신 이론의 오래된 논쟁은 선형 관계의 순서에 따라 [그림 2-2]와 같이 기술의 개발이 시장의 수요를 창출한다는 기술주도(technology-push) 모형과, [그림 2-3]과 같이 시장의 수요가 기술의 개발을 유인한다는 수요견인(demand-pull) 모형 간의 대립이다.

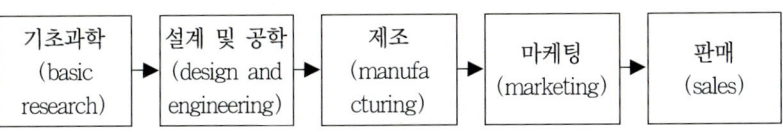

[그림 2-2] 기술주도(Technology-Push) 선형모형

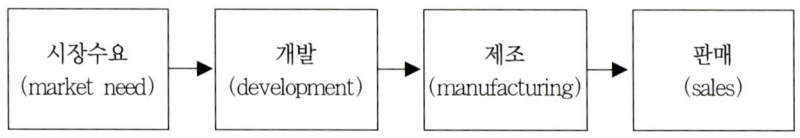

[그림 2-3] 수요견인(Demand-Pull) 선형모형

　전통적으로 많이 받아들여진 기술주도 모형은 기술혁신이 기초과학에서 출발하여 마지막 시장에서의 판매까지 순차적으로 일어난다고 주장한다. 이 모형의 실증적 근거는, 기초과학의 기반이 탄탄한 국가에서 기술혁신이 더 활발하고 효과적으로 일어난다는 관찰에 있다. 따라서 이 모형은 기술 진보의 독립성과 선도성을 강조하고 과학적 연구결과를 창출하기 위한 R&D활동이나 연구소의 설립과 같은 행위가 혁신의 주요 동력이 된다. 이에 반해 보다 나중에 제기된 수요견인 모형은 기술혁신의 출발점은 시장의 수요에 있으며, 수요를 만족시키기 위해 기초적인 연구를 수행하거나 필요한 기술을 개발하게 된다는 주장이다. 이 모형의 실증적 근거는 시장수요가 급속히 증가하는 성장산업이나 매출 확대를 통해 이윤을 추구하는 기업에서 기술혁신이 활발히 일어난다는 점이다.

　기술주도 이론과 수요견인 이론의 대립은 기술혁신 연구에서 가장 뿌리 깊은 논쟁의 주제라고 할 수 있다. 일반적으로 기술혁신이 단계적으로 일어나기는 하지만 최근에는 실험실의 기초연구가 바로 상업화되는 사례도 있고, 여러 단계가 동시에 병렬적으로 수행되는 경우도 있다. 또 개별제품이나 관련산업의 특성에 따라 각 단계의 순서나 비중이 달라질 수도 있다. 따라서 최근의 인식은 기술혁신이 기술주도나 수요견인의 한 가지 요인에 의해서나 한 방향으로 일어나는 것이 아니라 두 가지의 복합적이고 균형적인 결합에 의해 일어난다는 견해로 수렴하고 있으며, 따라서 기술혁신이 활발히 일어나기 위해서는 과학기술의 기반과 시장의 수요가 모두 필요하다는 사실을 강조하는 추세이다. 그러나 이러한 한계점에도 불구하고 선형모형은 아직도 나름대로의 역할과 설득력을 지니고 있다. 즉 산업기술 내지 응용연구에서 필요로 하는 기초과학지식의 공급을 위한 인력 양성과 투자라는 측면, 연구개발의 결과들이 산업부문에서 기술혁신이라는 현상으로 나타나고, 다시 그 파급효과가 경제전체로 확산되는 보다 거시적인 차원에서는 그 의미가 크다고 할 수 있다.

1.2 비선형모형(non-linear model)

비선형모형은 전통적인 선형모형에 대한 비판을 토대로 제시된 모형이다. 선형모형에 대한 비판은 다음 몇 가지로 요약된다. 첫째, 선형모형은 피드백 경로(feedback path)를 반영하지 못한다는 점이다. 대부분의 혁신은 앞에서 뒤로 가는 방향으로 일어나지만 경우에 따라서는 뒤에서 앞으로 되돌아가는 경로도 존재한다. 둘째, 상당수의 중요한 기술혁신은 기초과학이 아니라 디자인(design)에서 나온다는 점이다. 즉 제품이나 공정을 설계하는 과정에서 많은 혁신적 성과가 도출된다는 것이다. 셋째, 기술혁신의 실용적·경제적 효과는 초기 설계보다는 시장출시를 앞둔 후반의 설계 과정에서 발생한다는 점이다. 넷째, 최근의 사례들을 보면 전혀 과학적 기반이 없는 경우에도 기술혁신이 일어나는 사례들이 늘어나고 있다.

선형모형에 대한 비판으로부터 다양한 비선형모형이 제시되었다. 이 가운데 가장 대표적으로 자주 인용되는 체인-링크 모형(chain-link model)과 시스템-네트워크 모형(system-network model)을 간략히 살펴보자.

체인-링크 모형은 기술혁신이 기본적으로는 선형적인 순서로 이루어진다는 사실을 인정하면서도 그 과정에 존재하는 다양한 요소들의 연계와 상호작용의 중요성을 강조하고 있다. 이때 다양한 요소들과 과정의 연계들을 체인(chain)과 링크(link)로 표현할 수 있으며, 그러한 의미에서 이 모형을 체인-링크(chain-link) 모형 또는 상호작용(interactive)모형이라고 부르기도 한다. 또 기술혁신이 일어나는 절차를 선형 관계보다는 비선형 관계로 보기 때문에 비선형(non-linear) 모형으로 불리기도 한다.

[그림 2-4]에 도시되어 있는 것처럼 상자 가운데의 화살표는 선형의 순서 구조를 보이지만 상자 외부에 존재하는 다양한 연구 지식과의 링크 및 상자 내부의 다양한 피드백들은 순서와 상관없거나 순서에 역행하여 상호작용을 하고 있다. 이러한 현상을 전체적인 관점에서 살펴보면 기술혁신을 선형모형보다는 비선형모형, 상호작용모형으로 설명하는 것이 더 적절하다. 체인-링크 모형을 보다 자세히 살펴보면, 기술혁신의 각 단계에서 나타나는 새로운 문제의식이나 발견된 오류는 바로 앞 단계에 피드백 되어 영향을 미치고 종종 공학적 원리뿐만 아니라 과학 분야의 연구를 유발하기도 한다. 기업내부 또는 산업내부의 혁신과정은 과학기술적 지식기반(K)이나 연구(R)와 연계된다. 발명이나 설계와 관련된 문제가 연구와 직접적 연계(D)를 이루기도 하고 기존 과학기술적 지식기반을 활용(K)하기도 한다. 기업의 기술자가 기술혁신과정에서 어떤 문제에 직면하게 되면, 그들은 우선 기존의 과학지식과 기술정보를 이용한다. 만약 이러한 기존지식과 정보의 이용을 통해서 문제가 해결될 수 없는 경우에 한해서 새로운 연구의 필요성이 제기된다. 또한 기업부문은 생산과정에 필요한 과학에 대한 정보를 획득하기 위해 새로운 지식의 창출을 위한 연구활동을 재정적

으로 지원하기도 하고(S), 새로운 지식의 창출작업에 직접적인 기여를 하기도(I) 한다. 이와 같이 상호작용모형은 과학, 기술, 기업 내외의 기타 혁신관련 활동들 사이의 수많은 피드백과 상호작용을 통하여 혁신과정을 설명함으로써 선형모형을 대체하는 중심적인 접근법으로 부각되었다.

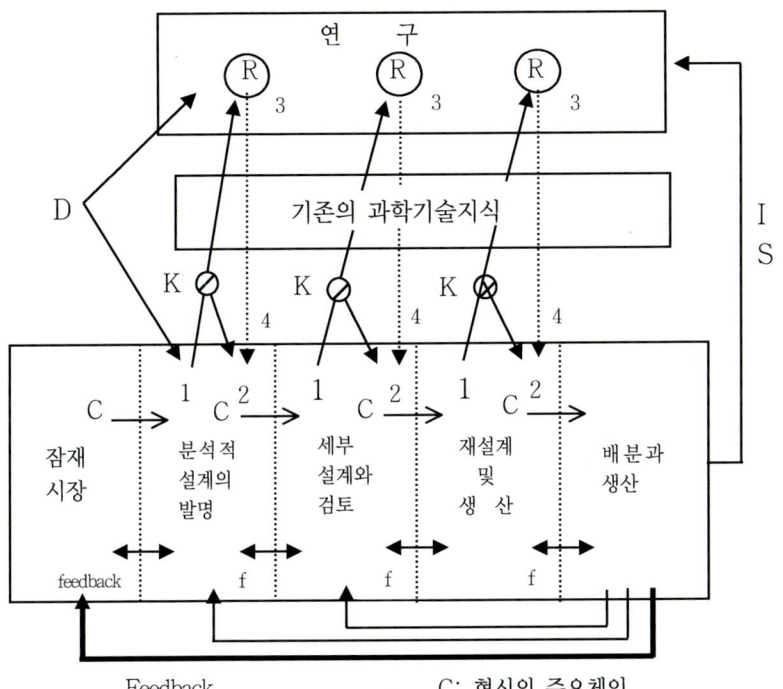

(자료: Kline & Rosenberg, 1986)

C: 혁신의 주요체인
K-R: 지식과 연구간의 링크
D: 발명과 연구간의 직접 링크
I: 과학적 연구보조
S: 제품의 내재원리 활용의 보조
f: 피드백

[그림 2-4] 기술혁신의 상호작용모형

　선형모형과 비교한 체인-링크 모형의 장점은 다음 두 가지를 들 수 있다. 첫째는, 이 모형이 지니는 예측기능을 이용하여, 기술개발의 불확실성(uncertainty)을 줄이고 기술기획의 효율성을 높일 수 있다는 점이다. 둘째는, 동시병렬적(concurrent and parallel) 연구개발 설계를 통해 시간을 줄일 수 있다는 점이다. 실제로 체인-링크 모형은 연구개발 기획과 관리 실무의 효과성과 효율성을 제고하는 데 큰 기여를 한 것으로 평가된다.

　한편, 로스웰(Rothwell, 1992)은 체인-링크 형태의 비선형모형을 더욱 확대시킨 시스템-네트워크 모형을 제시하였다. 특히 그는 기존 선형 및 비선형모형을 혁신모형의 발전에 따라서 5세대로 구분하여 각 특성을 분석, 정리하였다. 즉 선형관계에 근거한 기술주도형(technology-push) 혁신모형을 1세대 모형으로, 선형관계에 근거한 수요견인형(need-pull) 모형을 제2세대 모형으로, feedback과정을 통한 기술주도/수요견인의 혼합과정을 중시한 혁신모형(coupling model)을 제3세대 모형으로, 혁신체제상의 상위부문(upstream) 공급자들의 연계와 소비자들과의 결합, R&D와 제조활동의 통합을 특징으로 하는 상호작용모형(integrated model 또는 chain-link model)을 제4세대 모형으로 구분한다. 마지막으로 '90년대 이후에는 성공적인 혁신을 위해서는 시스템 통합과 네트워크의 역할이 중요해지고 있다는 점을 기초로 제5세대 모형, 즉 시스템-네트워크 모형(system integration and networking model; SIN)을 제시하고 있다.

[표 2-1] 각 세대별 혁신과정의 특징

세대별 기술혁신과정	혁신 모형과 특징
제1세대 (1950~1960년대 전반)	Technology-Push model; 단순한 순차적 선형모형, 연구개발에 대한 중점, 시장은 R&D결과에만 반응
제2세대 (1960년 후반)	Need-Pull model; 단순한 순차적 선형모형, 시장이 기술혁신의 idea 원천, 연구개발은 수동적
제3세대 (1970년대)	Coupling model; 순차적이지만 feedback loop 가짐, push-pull 혼 합모형, 연구개발-시장의 균형, 연구개발과 marketing의 통합을 중요시
제4세대 (1980년대)	Integrated model(Chain-link model); 통합된 개발팀과 동시진행, 공급자들과의 연결이 강함, 소비자들과 연계 중요시, 연구개발과 생산 의 연결 중요시, 수평적 협력 강조
제5세대 (1990년대)	System Integration & Networking model(SIN); 완전히 결합된 동시진행적 개발, 연구개발에 시뮬레이션과 전문가시스템활용, 공급자들과 CAD를 통한 공동개발프로그램 개발, 소비자들과의 밀접한 연계, 수평적 결합: joint venture; 공동연구팀 구성 강 조, 기업의 유연성과 개발시간단축의 중요성 인식

자료: Rothwell, 1992.

세대별 모형 진화에서 보는 바와 같이 시스템-네트워크 모형은 가장 최근에 제시된 모형으로 기존의 비선형모형에서 한 걸음 더 나아가 기술혁신의 내부 시스템과 경영전반의 외부 시스템을 연계시켜 기술혁신을 설명하는 모형이다. 전체적으로 시스템적인 구조로 설계되고 내부 요소들 간의 관계는 네트워크적인 형태로 구성된다. 기존의 선형모형이나 비선형모형의 초점이 기술혁신의 순차성과 구조성을 설명하는 문제에 제한되어 있는 데 반해, 기술전략의 수립부터 시장 출시까지의 전 과정을 어떻게 신축적으로 운영하고 또 신속하게 완료할 것인가 하는 시간성을 고려하고 있다는 것이 중요한 차이점이다. 또 다른 특징은 고객중심의 전략, 공급자/사용자와의 연계 강화 등을 포함시켜 전체적인 기술혁신 구조를 네트워크로 파악한 점이다. 따라서 전통적인 선형모형이나 비선형모형보다 분석의 틀이 확대되고 동시에 분석의 차원이 다양해진 양상을 보인다.

시스템-네트워크 모형은 기존모형들과 비교하여 기술혁신의 성공요인을 광범위하게 파악한다. 즉 ① 외부 과학기술 노하우와의 효과적인 연계, ② 혁신을 위한 제반기능의 효과적인 통합, ③ 계획과 통제과정(혁신과정)의 정기적이고 지속적인 평가, ④ 개발의 효율성과 고품질 생산, ⑤ 강한 시장지향성, ⑥ 고객에 대한 기술서비스 지원, ⑦ 혁신과정을 열정적으로 주도하는 핵심적 개별주체(product companion)의 존재, ⑧ 경영층의 개방적 사고 등을 성공적인 혁신을 위한 요소로 제시한다. 또한 Cooper(1980)는 이러한 제요소 이외에 제품의 특징, 시장의 특징, 신제품과 기존제품의 기술·생산적 상승효과(synergy effect)의 성취 여부를 기술혁신의 성공을 위한 요소로 지적하고 있다.(Rothwell, 1976)

위에서 제시된 기술혁신의 다양한 성공요인들이 암시하듯이 시스템-네트워크 모형은 기술혁신의 성공이 단지 몇 가지 변수만에 의해 결정되는 것이 아니라는 점을 강조한다. 다양한 변수들의 균형, 조정, 통합에 따라 혁신의 성공 여부가 결정된다고 바라보는 것이다.(Cooper & Kleinschmidt, 1988) 또한 위의 성공요소들은 산업부문별로 그 중요성이나 효과의 상대적 차이는 나타날 수 있지만 모든 산

업부문에 보편적이고 일반적인 혁신과정의 설명요소라는 점을 강조한
다. 뿐만 아니라 혁신과정에서 인간중심적(people-centered) 요인의
중요성을 강조하는 점도 시스템-네트워크 모형의 특징이라고 할 수
있다. 공식적인 경영기법이 경영자의 경영능력을 강화하는 데 기여할
수 있지만 경영능력 그 자체를 대체하는 것은 아니므로 인간의 역할
이 혁신과정에 핵심적인 요소로 등장한다는 것이다. 따라서 혁신과정
은 본질적으로 '인간과정(people process)'으로 해석된다.

이 외에도 시스템-네트워크 모형은 R&D, 생산, 제조, 마케팅, 전략,
평가 등의 기업 내적인 요소들의 통합을 특징으로 하고 이러한 내적
통합을 가능하게 하는 조직적인 변화를 강조한다. 콜로드니(Kolodny,
1980)는 통합된 '행렬조직(matrix organization)'이나 '프로젝트 팀(project
team)' 접근법이 제품개발에 있어서 선형관계에 기초한 모형이 제시하
는 연속기능적(functionally sequential) 접근법보다 더 효과적이라는
점을 주장한다. 즉 혁신과정의 성공적인 수행을 위해서는 기업내부 요
소들 간의 원활한 통합과 네트워킹을 보장할 수 있는 조직적 혁신까지
도 동시에 이루어져야만 한다는 것을 시사한다. 또한 사용자들과의 강
한 연계 역시 중요한 특징이라고 할 수 있다. 사용자들과의 연계는 단
순히 제품에 대한 사용결과, 개선에 대한 의견에서 그치지 않고 신제품
설계와 개발 초기부터 이루어진다. 따라서 혁신과정에서 사용자들은
수동적인 역할을 넘어 보다 적극적이고 핵심적인 위치를 차지한다.

한편 시스템-네트워크 모형은 성공적인 혁신을 위해 기업이 갖추
어야 할 전략적인 선행조건을 강조한다.(Rothwell & Zegveld, 1985)
즉 성공적인 혁신을 위해서 기업의 최고경영층의 혁신에 대한 지원,
장기적 혁신전략의 수립, 단기적 투자회수나 경제성보다 장기적인 시
장 점유도 혹은 성장성을 고려하는 관점, 변화에 대처하는 유연성, 혁

신에 내재하는 위험에 대한 최고경영층의 감수 의지, 혁신을 수용하는 기업 문화 등이 우선적으로 필요하다는 것이다.

이와 같이 시스템-네트워크 모형은 기업 내의 제반 기술적 요소뿐만이 아니라 조직적 요소, 전략적 요소까지도 혁신의 성공요인으로 이들 요인 간의 통합과 네트워킹을 강조한다. 기술혁신은 수요와 시장상황, 기업의 조직적이고 기술적인 변화, 장기적 전략수립 등이 완전하게 결합되어 동시적으로 진행되는 과정으로 인식되는 것이다. 시스템-네트워크 모형은 조직혁신, 경영혁신, 생산혁신, 마케팅 혁신의 병렬적이고 통합적인 과정을 토대로 기술혁신과정을 분석하고 있다는 점에서 기술혁신이론의 지평을 더욱 확장시킨 것으로 평가되고 있다.

시스템-네트워크 모형의 확산과 함께 오늘날의 연구개발 및 기술혁신 구조와 과정은 전통적인 모형과 비교하여 보다 복잡해지고 또 유연해지고 있다. 즉 [그림 2-5]에서 볼 수 있듯이 시간적으로는 다양한 과정이 동시병렬 형태로 바뀌고 있고, 구조적으로는 내부, 외부의 다양한 경영주체와 데이터베이스가 네트워크 형태로 연결되고 있는 것이다. 이러한 추세는 기술의 진보와 시장의 변화가 더욱 빨라지고 또 짧아지는 경향을 반영한다고 할 수 있다.

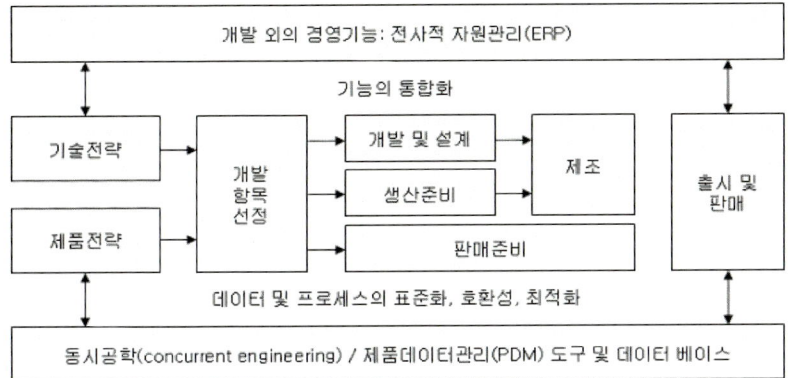

[그림 2-5] 새로운 기술개발 과정의 구조

2. 단계모형(Sequence model)

단계모형은 기술혁신이 일어나고 전개되는 양상을 몇 개의 단계로 나누어 설명하는 모형을 의미하는 것으로 우선 기술혁신의 전체 과정을 특정 기준에 따라 여러 개의 단계로 구분하고, 각 단계마다 기술혁신의 원천과 유인이 어떻게 다르며, 그 차별적 특성을 결정하는 요인과 변수는 무엇인가 등의 내용을 핵심으로 한다.

2.1 수명주기모형(life cycle model)

기술혁신에 관한 수명주기모형은 경제학의 무역이론(trade theory)이나 경영학의 마케팅 분야의 제품 수명주기(product life cycle)모형에서 비롯되었다. 잘 알려진 대로 제품의 수명주기모형에서는 하나의 제품이 처음 생겨나고 소멸되기까지의 과정을 크게 도입기(introductory stage), 성장기(growth stage), 성숙기(mature stage), 쇠퇴기(declining stage)로 나눈다.

어터백과 아버나씨(Utterback & Abernathy, 1975)는 제품의 수명주기모형을 기술혁신이론에 적용하여 기술혁신주기(technology innovation cycle)라는 모형을 제시하였다. 기술혁신주기모형은 제품혁신주기모형(product innovation cycle model)과 공정혁신주기모형(process innovation cycle model)으로 구분, 통합하여 설명할 수 있다. 먼저 제품혁신의 주기를 보면, 초기에는 성능 극대화를 위한 혁신 단계(performance-maximizing stage), 중기에는 매출 극대화를 위한 혁신 단계(sales-maximizing stage), 후기에는 비용 최소화를 위한 혁신 단계(cost-minimizing stage)로 구성된다. 한편 공정혁신주기를 보면, 초기에는 공정이 아직 전체적으로 조정되지 못한 단계(uncoordinated stage), 중기에는 여러 부분으로 분화된 단계(segmental stage), 후기에는 시스템적으로 통합된 단계(systemic stage)로 구성된다.

제품혁신모형과 공정혁신모형이 어떻게 결합되느냐에 따라 기술혁신이 처음 일어나고 진행되어 나가는 과정은 크게 세 단계로 이루어지는 기술혁신주기를 구성한다. 첫 번째 단계는 유동기(fluid stage)이다. 아직 제품의 사양이 안정되지 못한 상황이므로 전반적으로 기술혁신은 불안정한 형태를 보인다. 기술혁신은 주로 제품 디자인이나 성능개선을 위한 제품혁신에 집중되는 반면 아직 공정혁신은 미미한 수준에 머무르고 있다. 두 번째 단계는 과도기(transitional stage)이다. 이 단계로 접어들면, 지배제품(dominant design)의 출현과 함께 제품의 표준화가 일어나면서 제품혁신의 빈도가 대폭 줄어드는 데 반해 생산능력 확대를 위한 공정혁신이 활발하게 일어나게 된다. 마지막 단계는 경화기(specific stage)이다. 이미 제품은 성숙기로 접어들었으므로 제품혁신은 거의 일어나지 않고, 비용 설감이나 생산효율성 제고를 위한 부분적인 공정혁신만 나타난다.

수명주기의 구체적인 형태가 모든 기술 분야와 산업 분야에 동일하게 나타나는 것은 아니다. 기술 분야와 산업 분야의 차별적 특성에 따라 각 단계의 길이나 높이가 달라질 수 있다. 그러나 기본 형태는 기술과 산업의 차이와 상관없이 일반화될 수 있다. [그림 2-6]은 제품혁신주기와 공정혁신주기가 결합된 모형을 표현한 것으로 조립제품과 비조립제품의 기술혁신주기는 세부적인 관점에서는 차이가 존재하지만 거시적인 관점에서는 유사한 형태를 보이고 있다.

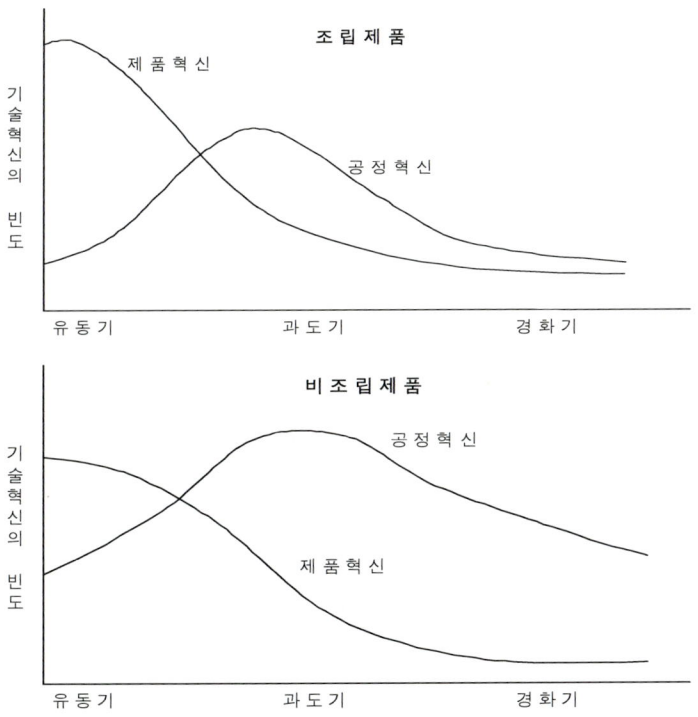

(자료: Utterback and Abernathy, 1975)

[그림 2-6] 제품혁신과 공정혁신의 결합도: 조립제품과 비조립제품의 비교

2.2 S-곡선모형(S-curve model)

수명주기모형과 밀접하게 관련된 또 하나의 모형으로, 기술의 진보와 확산을 설명하는 S-curve 모형을 들 수 있다. [그림 2-7]에 도시되어 있는 것처럼 어느 기술의 수준이 변화하고 진보하는 양상을 시간의 흐름에 따라 누적된 형태로 나타내면 중간의 변곡점을 기준으로 양쪽이 대칭을 이루는 S자 형태의 곡선으로 나타난다.

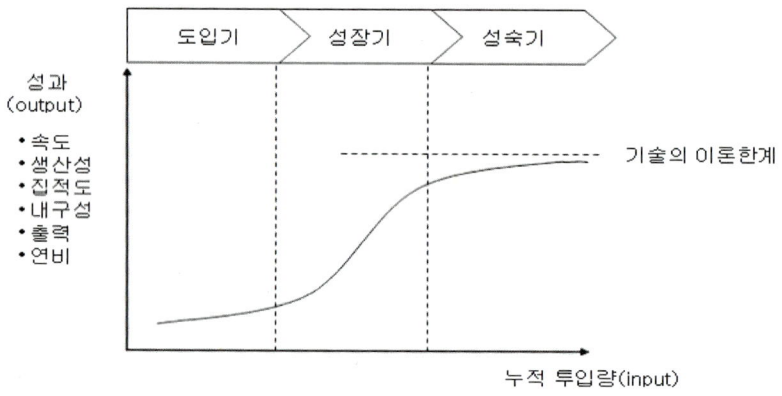

[그림 2-7] 기술진보의 성장곡선: S-curve

S-curve 모형이 수명주기모형과 연계되어 있다고 하는 이유는 S-curve 모형이 앞에서 설명한 제품 수명주기(product life cycle) 또는 기술수명주기(technology life cycle) 이론에 근거하기 때문이다. 즉 시간의 흐름에 따라 기술이 진보하는 양상은 제품주기나 기술혁신주기와 궤를 같이한다는 것이다. 대부분의 경우 새로 개발된 기술이나 출시된 제품은 도입기인 초기 단계에는 잠재적 수요자가 많지 않고 기술정보도 별로 알려지지 않아서 기술혁신이 활발히 일어나기 어렵고

혁신의 내용도 주로 제품혁신으로만 이루어진다.

그러나 일단 시장에서 받아들여져 성장기로 넘어가면 본격적인 연구개발과 폭넓은 실용화를 통해 제품과 공정혁신 모두 급속하게 발생하게 된다. 다음의 성숙기로 접어들면 기술의 이론적 한계에 부딪쳐 정체 상태에 빠지게 되며 혁신의 내용도 공정혁신으로 제한된다. 이러한 변화와 발전과정을 선(line)으로 표시하면 전형적인 S-curve가 되는 것이다. 주로 기술진보나 기술확산 과정을 분석하기 위한 기본 모형으로 폭넓게 사용되고 있다.

2.3 역수명주기모형(reverse cycle model)

앞에서 설명한 대로 수명주기모형은 대부분 제조업(manufacturing) 분야에서 일어나는 기술혁신을 가정하고 있다. 그러나 서비스(service) 분야의 기술혁신은 제조업의 혁신과 비교하여 매우 다른 양상을 보인다. 비슷한 개념으로 자본재 시장의 기술혁신과 소비재 시장의 기술혁신 사이에도 서로 상반된 특성이 존재한다. 즉 제조업의 기술혁신주기를 정상주기(normal cycle)라고 할 때, 서비스의 기술혁신주기는 이와 반대의 역주기(reverse cycle)로 나타난다는 것이다. 이 차이를 설명하기 위해 제시된 모형이 역수명주기모형이다.

그러면 왜 서비스 부문에서는 역주기의 양상이 나타나게 되는가? 일반적으로 자본재 시장(제조업 분야)의 기술혁신은 먼저 제품혁신을 통해 신제품이 출현한 다음 시장의 확대에 대응하여 공정혁신이 급속히 일어나고, 마지막에 비용절감을 위한 공정혁신이 점진적으로 나타난다. 이에 비해 소비재 시장(서비스 분야)에서는 혁신의 주기가 반대 방향으로 움직인다. 처음에는 서비스의 질이나 효율성의 개선을 위한 점진적 공정혁신이 일어난다. 여기서 주로 사용되는 방법은 비용과 고용을 감소시키는 것이다. 다음 단계에서는 효율성의 제고와 함께 효과성을 개선하기 위한 질적 혁신이 일어나게 된다. 이 작업은 서비스 내용의 확대와 서비스 제공자 간의 통합과 같은 급진적 공정혁신으로 연결된다. 마지막 단계에서는 아예 새로운 서비스를 창출하는 제품혁신이 일어난다.

위에서 설명한 요인 외의 중요한 요인으로 제조업과 서비스업 사이에 기술혁신이 상반된 패턴으로 일어나는 이유는 제조업과 서비스업이 서로 공급자-사용자(supplier-user)의 관계를 형성하기 때문이다. 일반적으로 제조업에서 만들어진 제품혁신은 서비스업의 공정혁신으로 연결된다. 예를 들어 새로운 IT기기의 혁신은 곧 금융서비스의 혁신으로 이어진다. 문제는 한 분야의 혁신이 다른 분야의 혁신으로 이전(transmission)되는 과정에는 항상 시간적 지연(delay)이 발생하는 데 있다. 즉 한 분야가 다른 분야의 혁신을 받아들이는 단계에 존재하는 지연(adoption delay)과, 일단 받아들인 후 그것을 실제로 수용하는 과정에 존재하는 지연(implementation delay)이 생기는 것이다. 이러한 지연 현상이 제조업과 서비스업의 기술혁신이 같은 주기로 움직이지 못하는 원인이 될 수 있는 것이다.

2.4 장기파동모형(Long Wave Model)

앞서 고찰한 수명주기모형은 제품이나 기업과 같은 미시적(micro) 차원의 기술혁신을 설명하기 위한 모형이라면, 기술혁신의 양상이나 효과를 거시적(macro) 경제시스템 수준으로 확대하고 또 그 기간을 중장기로 확장시킨 모형으로 장기파동모형(long wave model)을 들 수 있다.

장기파동모형의 원형은, 기술혁신이론보다는 경제학의 경기변동 이론에서 출발한다고 할 수 있다. 이 모형을 처음 제시한 대표적 인물은 러시아의 경제학자인 콘트라티에프(Kondratiev)이다. 그는 1780년부터 1920년에 이르는 기간 동안 세계경제의 순환주기는 약 25년의 상승기 (upswing)와 같은 기간의 하강기(downswing)로 구성되는 50년 주기의 장기파동(long wave)이 반복되었다는 경험적 주장을 제기하였다. 장기파동모형은 이론적 근거가 취약함에도 불구하고, 지속적인 수정과 변형을 통해 오늘날 하나의 경기변동 이론으로 활용되고 있다.

[표 2-2] 세계 장기파동이론의 주요 내용

파동(cycle)	주도국가	신생산업	주요 기술혁신
1차 파동 (1780~1839)	영국, 프랑스	섬유산업, 조강산업	방직기술, 주조기술
2차 파동 (1840~1889)	영국, 프랑스, 독일, 미국	증기선, 공작기계, 철도장비산업	증기기관, 철도기술
3차 파동 (1890~1949)	독일, 미국, 영국, 프랑스	철강산업, 중화학산업	조강기술, 전기기술
4차 파동 (1950~1989)	미국, 독일, 일본, 소련	운수산업, 석유화학산업	자동차기술, 석유화학기술
5차 파동 (1990~)	미국, 일본, EU	정보통신산업, 생명제약산업, 신소재산업	IT, BT, NT

장기파동모형이 기술혁신모형으로 고려되고 있는 것은 과연 파동을 일으키는 결정요인이 자본주의 경제시스템의 내생적 요인인지 아니면 외부환경 요인인지에 대한 해석과 논의에 배경을 두고 있다. 장기

파동모형의 발전에 결정적 기여를 한 슘페터는 이 요인이 곧 '기술의 변화'라고 주장하였고, 그 주장은 상당히 설득력 있는 것으로 받아들여지고 있다. 이러한 주장을 간략히 요약하면 호황(prosperity)－침체(recession)－불황(depression)－회복(recovery)으로 구성되는 경기변동 주기에서 불황 국면의 후반기에 거대한 기술혁신(major innovation)이 일어나고, 이어지는 회복 국면에서 기술혁신의 광범위한 확산이 이루어지며, 호황국면으로 접어들면 소규모 기술혁신(minor innovation)만이 나타나면서 파동의 원동력이 소멸된다는 것이다.

엄격한 경제이론의 관점에서는 장기파동모형의 이론적 근거는 매우 취약하다. 그러나 기술혁신이론 측면에서는 매우 중요한 의미를 내포한다. 경제시스템의 변화와 기술혁신 현상의 구조적 연계성을 연구주제로 제기한 것 자체가 기술혁신 연구의 시각과 범위를 확대시켰다는 의미를 갖는다. 또한 기술혁신의 패턴을 파동(wave) 형태로 모형화한 것도 새로운 분석 시각을 제공한다는 측면에서 높이 평가되고 있다.

3. 패러다임모형(paradigm model)

패러다임이라는 개념은 원래는 하나의 사회나 조직이 어떻게 생겨나는가를 분석하는 이른바 존재학(ontology)을 가리키는 학술용어로서 과학의 관점에서 보면 과학 사회(scientific community)가 어떻게 생겨나는가를 설명할 수 있는 이론적 기반과 개념적 틀을 의미한다. 패러다임이라는 개념이 여러 사람들에게 폭넓게 알려진 것은 미국의 과학사학자인 쿤(Kuhn, 1970)이 '과학혁명의 구조(the Structure of Scientific Revolution)'에서 이 용어를 처음 사용하였다.

쿤에 의하면 하나이 새로운 과학 사회(scientific community)가 생겨나는 것을 과학적 혁명(scientific revolution)이라고 정의하였다. [그림 2-8]에서 보는 바와 같이 현재의 과학(또는 사회) 현상을 사람들은 기존의 패러다임으로 설명한다. 여기서 패러다임이라는 용어는 어떤 현상을 설명할 수 있는 지식기반(theory)과 해결과정(method)을 뜻한다. 이제, 사람들이 이해하기 어려운 새로운 과학(또는 사회) 현상이 일어났다고 하자. 그러면 기존 패러다임의 설명력은 사라지게 된다. 이 새로운 현상을 하나의 수수께끼(puzzle, enigma)라고 하면, 이 수수께끼를 설명하기 위해 여러 개의 새로운 패러다임들이 경쟁적으로 등장하게 된다. 어느 정도 시간이 경과하면 이 가운데 하나의 패러다임만이 살아남아 새로운 현상을 설명하는 보편적 체계로 자리를 잡게 된다. 이것이 과학혁명이고, 그 결과로 생겨난 주도적 패러다임(dominant paradigm)을 정상과학(normal science)이라고 한다. 그 이후에 또 새로운 과학 현상이 일어나면 기존의 패러다임을 대신하는 새로운 패러다임(new paradigm)이 나타나면서 또 다른 과학혁명이 일어나게 된다.

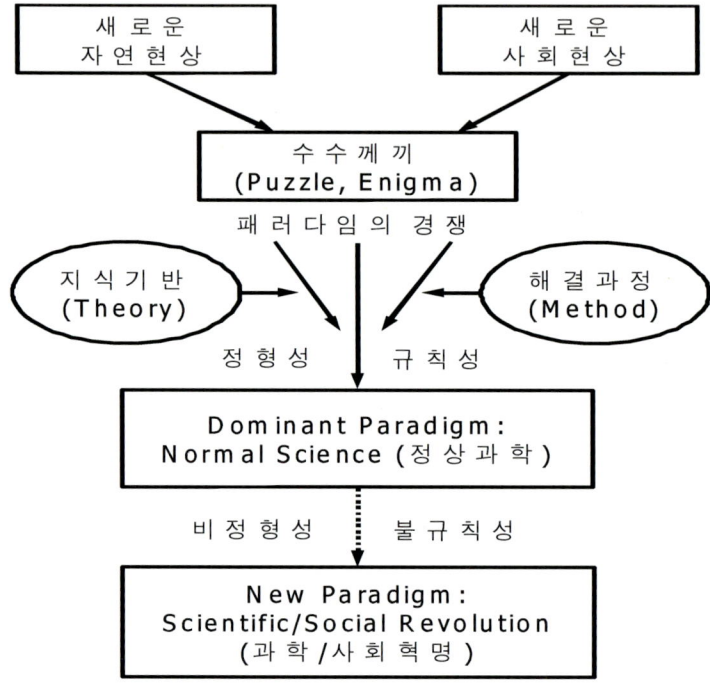

(자료: 박용태, 2007 재인용)

[그림 2-8] 패러다임 개념의 구조

기술혁신이론에서 패러다임모형이 가장 널리 그리고 자주 적용된 사례로는 기술혁신의 체계와 과정을 패러다임으로 설명하는 시도를 들 수 있다. 즉 과학혁명을 설명하는 원래의 패러다임 개념을 기술혁신과정에 대입시켜 이른바 기술혁신 패러다임(technological paradigm)이라는 개념으로 확대시킨 것이다.

도지(Dosi, 1982)나 넬슨과 윈터(Nelson & Winter, 1977) 등이 제시한 기술혁신 패러다임모형은 다음 두 가지의 서로 다른 개념 간의 유사성에 기초한다. 첫째, 과학혁명(scientific revolution)과 기술혁신

간의 유사성이다. 기술혁신을 하나의 문제해결(problem-solving) 과정으로 해석하면 과학혁명을 통해 새로운 패러다임이 출현하는 과정과 기술혁신이 창출되는 과정 간에는 공통점이 존재한다. 둘째, 생물학적 진화(biological evolution)와 기술혁신 간의 유사성이다. 생물학적 진화과정에 존재하는 선택 메커니즘(selective mechanism)은 기술혁신과정에서 다양한 기술 대안 가운데 최적의 대안을 선택하는 메커니즘과 매우 유사하다.

4. 시스템모형(system model)

시스템모형은 매우 포괄적인 개념과 용어이다. 기술혁신이론에서 시스템모형이 제시된 것은 그동안에 제시되었던 많은 모형들의 유용성과 설명력이 한계에 이르렀기 때문이다. 기술혁신의 양상과 과정은 갈수록 복잡해지고 다양해지고 있으며 더구나 시간에 따른 동태적 변화도 존재한다. 그러나 이러한 복잡성(complexity), 다양성(diversity), 동태성(dynamism)을 분석하고 설명하기에는 기존의 모형들은 구조적 한계를 안고 있다. 이 문제에 대한 궁극적인 대안으로 제시된 것이 분석의 설계에 있어 가장 포괄적이고(comprehensive), 분석의 방법에 있어 가장 신축적인(flexible) 시스템 접근이다.

시스템모형은 기술혁신 연구에서 보편적으로 활용할 수 있는 모형이다. 규모가 크고 과정이 복잡한 모든 기술혁신 문제는 시스템적으로 접근할 수 있기 때문이다. 엄밀히 말하면 패러다임이나 수명주기 등도 시스템의 축소형이나 특수형이라고 할 수 있다. 그러나 보통 기술혁신이론에서 시스템모형이라고 할 때는 국가 차원에서 기술혁신을 분석하는 국가혁신 시스템모형, 산업(기술 분야) 차원에서 기술혁신을 분

석하는 산업혁신 시스템모형, 그리고 지역 차원에서 기술혁신을 분석
하는 지역혁신 시스템모형을 가리킨다.

특히 시스템모형은 시스템을 구성하는 구성인자의 역할과 구성인자
간의 상호작용을 기술혁신을 원활히 그리고 시스템 내에 효과적으로
확산되도록 하여 새로운 기술혁신을 유발시키고 이것이 경제적, 사회
적 효과로 나타나는 데에 초점을 두고 있다. 또한 정책적 측면에서도
매우 중요한 개념으로 현재 유럽, 일본, 미국 등에서도 활발한 연구가
진행되고 있다. 구성인자들 간의 상호작용을 통해서 기술혁신이 전파
되므로 기술확산의 개념과 중요성을 고찰한 이후, 기술혁신과정의 구
조적 접근을 다루는 3장에서 보다 자세히 살펴본다.

제3절 기술혁신과 기술경제이론

기술혁신모형을 통해서 기술혁신의 상당부분의 이론이 경제학적 측
면에서 논의되고 있음을 알 수 있었다. 특히 기술혁신을 경제적 측면
에서 접근하여 분석을 수행하고 규범적 대안을 찾고자 하는 학문 분
야가 기술경제이론이다. 본 절에서는 기술혁신과 관련한 기술경제이론
을 간략히 살펴본다.

기술혁신에 따른 기술진보는 일반적 지식이나 과학원리뿐만 아니라
사람, 기업, 산업 등의 특유 지식, 경험, 암묵적 능력 등의 다양한 방
식으로 결합하고, 개발 및 활용화하는 과정을 통해 이루어진다. 비슷
한 경제 구조와 상황에 있더라도 기술적인 애로사항, 기회 그리고 사
람과 조직에 체화(embodied)된 경험과 기술, 확산 및 피급되는 능력

과 지식 등이 일련의 조건을 형성하는데 이러한 일련의 조건은 혁신에 대한 제약 조건, 동기 및 유인 등을 다르게 결정한다.

기술진보는 몇 가지의 공통적인 특성을 지니고 있다. 첫째, 불확실성(uncertainty)이다. 이는 기술혁신의 활동과정의 기본적인 특성으로 신제품, 신공정, 새로운 조직의 탐색과 발견, 시험, 개발, 모방 및 신기술의 채택과 관련한 문제해결의 절차와 기술적, 상업적 성과가 어떻게 될 것인지를 사전적으로 판단할 수 없음을 의미한다.(Dosi, 1988b) 둘째, 기술적 기회가 과학지식의 진보에 의존한다는 것이다. 20세기의 획기적 기술혁신들은 그 이전의 과학지식 축적이 없었더라면 불가능했을 것이며 최근의 과학적 진보 역시 기술개발의 초기단계에서 매우 중요한 역할을 하고 있다. 셋째, 학습과정(learning process)을 통해서 기술혁신과 진보가 이루어진다는 것이다. 기술지식의 유형은 기계나 장비에 체화된(embodied) 기술지식, 공개된 정보와 같은 비체화(disembodied)된 기술지식, 생산경험으로부터 비용 없이 얻는 외부 경제적 특성을 갖는 지식으로 구분된다. 특히, 기술 활동이 점차 전문화, 복잡화, 우회적인 것으로 됨에 따라 암묵적 지식은 점차 기업내부에서 혁신활동에 대한 의도적인 투자를 함으로써 획득하게 되었다. 즉 혁신활동은 더 이상 생산 활동의 부수적으로 얻는 결과물이 아니라 기술혁신과 개선의 상당부분이 의도적인 학습과정을 통해 이루어지는 것이다. 마지막으로 기술혁신은 상당히 선별적이고 누적적인 특성을 갖는다는 것이다. 예를 들어, 기술혁신활동을 하는 기업은 다른 기업의 제품과는 기술적으로 다른 방식으로 상품을 생산하고 내부기술뿐만 아니라 다른 기업이나 공개된 지식도 활용하여 혁신을 수행하며, 이 경우에 혁신을 위한 기업의 탐색과정은 기술지식의 전체 스톡(stock)을 임의적으로 조사하는 것이 아니라, 기존의 기술 활동과 밀접히 관련된 영역으로 제약된다. 각 기업에 있어 기술과 조직의 변화는 누적 적인 과정으로, 기업이 미래에 기술적으로 이루려고 하는 것은 과거에 자신이 수행했던 것에 크게 영향을 받는다.

넬슨과 윈터(Nelson & Winter, 1977)는 이를 '기술궤적(technological trajectories)'이라는 개념으로 설명하였고, 패러다임모형에서 설명한 바 와 같이 도지(Dosi, 1988a, 1988b)는 이를 '기술패러다임(technological paradigm)'이라고 하였다. 기술혁신과정은 자체가 일정한 패러다임에 의해 주어진 문제를 해결해 나가는 과정이다. 기술혁신과정은 생산비용 문제와 판매 가능성 등 경제적 제약요인들을 고려하면서 기업의 활동 과정에서 발생하는 기술적 문제를 해결하는 과정(puzzle-solving activity)이라고 정의할 수 있다. 이러한 문제를 해결하기 위해서는, 주 어진 조건하에서 과거의 경험이나 새로운 과학적 지식 혹은 이미 널리 알려져 있는 공식적 지식을 활용해야 할 뿐만 아니라, 기술혁신주체가 지니고 있는 기업 특수적이고, 비공식적인 성격의 능력과 지식들도 필 요로 하게 된다. 경제적 요인을 고려한 기술적 문제를 해결하는 기술혁 신은 다양한 형태의 기술적 지식의 조합을 통해 구성된 이른바 '지식기 반(knowledge base)'에 기초해서 이루어진다. 이를 도지는 기술패러다 임이 기술적 문제들의 해결을 위해 필요한 종합적인 지식기반의 내용 과 범위를 정의해 주며 이 과정에서 결정된 지식기반의 성격에 따라 문 제해결과정의 정형성이 존재한다고 보았다.

기술패러다임은 자기발견법적 특성은 갖는다. 즉 기술패러다임은 문 제를 해결하기 위해 다음 단계에는 어디로 나아가야 하는가, 어디서 관련지식과 정보를 얻고, 어떤 종류의 지식에 기반을 두어야 하는가 등의 일련의 질문에 대한 해답을 스스로 찾아나가는 특성을 지닌다. 이러한 특성은 결과적으로 기술혁신이 전개되어야 할 기회가 어떤 방향을 향하고, 어떠한 방식을 통해 실현해 나갈 것인가 하는 문제와 직결된다. 이러한 근거에 의해 기술 패러다임도 일정 기간 이상의 동태적인 규칙성을 지니게 되고 기술혁신도 특정방향으로 정형화되면서 이른바 '기술궤적(technological trajectory)'을 형성하게 된다.(Dosi, et tal, 1988a)

기존의 패러다임 내에서의 기술혁신을 소위 점진적 혁신(incremental innovation)이라고 했을 때 새로운 패러다임하에서의 혁신은 급진적 혁신(radical innovation)을 가리킨다. 급진적 혁신이 발생할 경우 기술 패러다임 간에는 근본적인 차이가 존재하게 되고 새로운 문제해결의 과정과 방법, 즉 대응과 조정의 과정이 요구된다.

기술패러다임은 그 자체의 속성뿐만 아니라 그 패러다임을 경제적으로 활용하는 관련제도나 조직들에 의해 변형되거나 재생산되기도 한다. 즉 기술패러다임이라는 추상성은 실질적인 기술경제활동을 통해 그것을 내면화시키는 기술자들을 양성하는 교육제도, 기술패러다임에 입각해서 기술적 성과를 평가하는 집단 또는 제도 등의 성격에 따라 구체적인 형태가 결정된다. 결국 새로운 기술적 지식과 능력들에 바탕을 둔 기술패러다임이 형성되는 과정에는 그것의 등장과 재생산을 뒷받침해 주는 제도 및 조직에 관련되어 있고 그러한 제도와 요소들이 제대로 기능을 발휘해야만 하나의 패러다임으로 위치를 확보할 수 있다.

기술혁신의 개념과 특징의 고찰을 통하여 현대 경제에 있어서 기술진보는 매우 중요한 변수이며 경제를 해석하는 열쇠임을 이해할 수 있다. 경제학에서 기술의 영향을 이해하고 경제와 기술혁신 간의 관계를 규명하고자 하는 일련의 학제적 연구가 수행되고 있다.

신슘페터주의 학자들은 70년대 말 신고전파 이론과 기술종속이론을 비판하면서 기술변화의 새로운 이론으로 등장하였다. 신슘페터주의의 주요 특징은 첫째, 무엇보다도 기술변화를 경제전체의 변화 설명에 있어서 가장 기본적인 원동력이라고 보고 기존 경제이론이 주장하는 것처럼 배분기제뿐만 아니라 동적인 조정기제가 존재하며, 동적인 조정기제의 주요 내용을 기술변화와 제도변화에서 찾고자 한다. 둘째, 슘페터에게는 불황에 대한 만족할 만한 이론이 없음을 주장하면서 정부의 역할, 정부와 산업 간의 관계에 대한 분석에 보다 초점을 맞추어 '변화 속의 질서' 혹은 '규칙성 간의 연계'를 주장하는 것이 주요 특징이라 할 수 있다.(이근, 2007) 따라서 신슘페터주의는 신고전파 이론이나 기술종속이론과는 달리 개발도상국의 점진적인 기술진보가 가능하다고 주장하였는데, 이는 신고전파 이론이나 기술종속이론이 기술혁신을 새로운 공정이나 제품 개발 등으로 제한한 데 비해 주어진 공정이나 제품의 개선도 기술변화의 범주에 포함시켰기 때문이다. 신슘페터주의는 점진적 기술변화가 누적되면 그 효과는 기술혁신 효과를 능가할 수 있고, 나아가 기술변화 효과가 누적되면 기술능력이 향상될 수 있으며, 이러한 점진적 기술변화가 신흥공업국 발전의 원천이라고 주장하였다. 신슘페터주의 대해서는 기술을 경제 모형 내에의 내생변수로 파악하여 기술과 그 변화의 방향과 속도 등을 이해할 수 있는 토대를 마련했다는 평가를 내릴 수 있다.

한편, 진화이론(Evolutionary Theory)은 여러 분야에서 적용되고 있는데, 우연에 의한 변화와 자연선택을 중심으로 기술변화의 이해를 시도하였다. 선트, 넬슨, 윈터, 데이비드 등이 주요 연구자들로서, 넬슨(Nelson, 1987)은 기술변화의 속도와 방향에 대한 이해, 시장구조의 내생 변수로서의 설명, 그리고 기술변화에 있어서 혁신과 모방의 중요성을 파악하는 데 관심을 두었다. 특히 기업들이 기술의 변화가 요구되면 탐색과 선택의 과정을 바탕으로 하여 기술을 탐색하고 그 결과가 나은 기술을 발견한 기업이나 탐색 과정에서 보다 나은 방법을 사용하는 기업이 시장에서 선택되고 발전한다. 기술경제이론은 기술을 경제와 독립적인 외생변수로 취급하는 관점에서 경제와 서로 상호작용 하는 유기적인 관계가 있는 내생변수로 파악하는 이론들로 변화하고 있음을 알 수 있다.

제4절 경쟁력 유지 및 확대로서의 기술확산

1. 확산의 개념과 특성

확산(diffusion)은 하나의 혁신(innovation)이 특정 채널을 통해 사회구성원들 간에 일정 기간에 거쳐 유통되어 가는 과정으로 정의할 수 있다.(Rogers, 1995) 여기서 의미하는 혁신은 새로운 아이디어, 행동양식, 신제품, 신기술 등 매우 다양하고 광범위한 대상을 포함한다. 또한 확산은 하나의 혁신이 단순히 퍼져나가는 현상만을 의미하는 것이 아니라 확산을 통해 사회적 변화(social change), 즉 사회시스템의 구조나 기능이 달라지는 결과를 전제로 한다.

확산과정의 원인과 패턴 등을 분석하는 "확산이론(diffusion theory)"은 20세기 초반 유럽의 사회과학자들로부터 시작되었다.(Tarde, 1969) 초기의 확산이론은 주로 사회학자들이나 인류학자들에 의해 새로운 사회현상이나 생활관습이 개인 또는 조직으로 확산되어 가는 현상을 분석하는 데 집중되었다. 이러한 연구들은 정교한 방법론의 개발은 미흡하였지만 확산이론의 기반을 형성하고 후속연구를 유발하는 데 큰 공헌을 하였다. 이후 확산이론 분야는 크게 확대되어 교육, 의료, 경영, 커뮤니케이션 등 사회과학 전반으로 퍼져나갔으며 방법론의 개발, 설명변수나 분석 차원의 확대 등도 활발히 일어나 오늘날에는 중요한 연구주제의 하나로 자리잡게 되었다.

기술확산(technology diffusion)은 확산이론의 일반론적 틀 속에서 다음 두 가지의 특성을 지니는 주제이다. 첫째는 확산의 대상을 기술요소로 제한하는 점이다. 원칙적으로 기술요소는 유형 및 무형의 광범위한 분야를 망라하게 된다. OECD(1996b)는 기술창출과 이전의 연관성과 유사성을 기초로 다음과 같은 5개의 기술군을 제시하고 있다.

[표 2-3] 기술요소의 群(clusters)

기술군	관련산업
정보(information)	컴퓨터, 반도체, 통신장비, 전기기기
수송(transportation)	조선, 항공, 자동차, 기타 수송기계
소비재(consumer goods)	식음료, 섬유, 신발
소재(material)	농업, 건설, 광업, 제지, 목재, 금속재료, 비금속재료, 화학, 정유, 고무/플라스틱
가공(fabrication)	금속가공, 비전기기계, 기타 제조

자료: OECD, 1996b.

둘째는 "기술혁신이론(technological innovation theory)"의 틀과 밀접하게 연계시키는 점이다. 전술한 대로 기술혁신은 신기술이 창출되고 사회 구성원들에 의해 채택, 응용, 개선되어 창출의 결과물이 경제 전체로 확산되어 가는 일련의 과정으로 정의된다. 이러한 경향에 따라 최근에는 발견, 발명, 혁신 및 확산 등 기술혁신의 과정을 엄격하게 구분하는 전통적 인식보다 기술확산을 혁신과정의 연장선 속에서 정의하는 경향이 강조되는 추세이나.

이러한 관점에서 기술확산은 혁신과정의 구성요소이자 동시에 자체적인 혁신활동 또는 재혁신의 과정으로 파악할 수 있다. 즉 기술혁신의 전주기로 보아서는 창출과 개발과정의 후방에 위치하는 하나의 구성요소가 되지만 동시에 확산과정을 통해 신기술 창출 시에 발견되지 못했던 결함들이 시행착오를 거쳐 수정, 보완되고 변형이 이루어져 기술의 경제적인 가치를 더욱 상승시킨다는 측면에서 기술확산은 그 자체로서 점진적인 혁신활동이라고 할 수 있다. 또한 신기술의 확산과정을 통해 그동안까지는 발견되지 못했던 새로운 활용방식이 개발되고 새로운 혁신기술의 창출을 위한 동기를 부여하기도 하기 때문에 기술확산이 재혁신을 위한 동력이라고 할 수도 있다. 이러한 관점에서 OECD(1996b)는 기술확산을 "일차적인 기술혁신(original innovator)이 외부의 기업이나 조직 등 다양한 사용자들에 의해 채택(adoption)됨으로써 기술혁신이 지니는 잠재적 경제효과(potential economic benefits)를 사회 전체적으로 극대화시키는 모든 활동"으로 정의하고 있다.

따라서 전통적인 관점에서 기술확산을 협의로 해석하면, "창출된 신기술의 전파 내지 유통과정"으로 정의되며 최근의 새로운 관점에서 광의로 해석하면, "단순한 신기술의 전파과정에 그치지 않고 혁신과정의 구성요소로서 점진적 혁신활동이자 재혁신의 과정"으로 폭넓게 정의된다.

OECD(1997)는 기술확산의 개념이 진화론적으로 확대, 변화되어 온 과정을 [표 2-4]와 같이 정리하고 있다. 먼저 초기의 기술확산은 단일기계나 공정에의 활용을 위한 단기적, 소규모 하드웨어기술의 이전에 중점을 두었으나 최근에는 생산시스템전체의 개선이나 기업전체의 문제점을 해결하기 위한 기반기술의 확산으로 변화되고 있다. 또한 초기의 기술확산은 선형이론(linear model)에 기초하여 하드웨어기술의 창출자(creator)가 중심적인 역할을 하는 공급지향적(supply-push)

성격을 보였으나 최근에는 수요자의 실질적 요구를 반영하고 흡수능력을 제고하기 위해 공급자-수요자 간의 상호관계 및 시스템적 관점을 중시하는 수요지향적(demand-pull) 방향으로 변화되고 있다.

또한 전통적인 기술확산은 NC기계류와 같은 하드웨어기술의 도입, 확산에 초점을 맞추었으나 오늘날에는 개별기계 및 시스템의 효과적 운용을 위한 소프트웨어기술의 확산이 포함되고 또한 이에 따른 인력의 교육훈련이나 조직 간 네트워크 및 경영조직 전반의 혁신을 중시하는 방향으로 변화되고 있다. 한편 기술확산의 대상도 확대되고 있다. 초기에 일부 전통적 제조업에 제한되었던 기술확산의 대상이 최근에는 제조업 전반 및 서비스업까지로 확대되고 있다. 이러한 현상은 정보통신기술의 급속한 발전과 채택에 의해 더욱 심화되고 있다.

[표 2-4] 기술확산개념의 진화론적 변화

변화/확대의 방향	주요내용
단일기술에서 복합기술로	단일기계나 공정에의 활용을 위한 단기적, 소규모 하드웨어기술의 이전으로부터 생산시스템전체의 개선이나 기업전체의 문제점 해결을 위한 기반기술의 확산으로 변화
공급중심에서 수요중심으로	하드웨어기술의 창출자중심의 선형적 이전으로부터 수요자의 능력 제고를 위한 공급자-수요자 간의 상호관계를 중시하는 방향으로 변화
하드웨어중심에서 소프트웨어포함으로	수치제어설비(NC machine)와 같이 하드웨어기술의 도입, 확산으로부터 시스템운용을 위한 소프트웨어기술을 포함한 인력의 교육훈련이나 조직 간 네트워크를 중시하는 방향으로 변화
제한된 수요자로부터 다양한 수요자로	일부 전통적 제조업에 제한되었던 기술확산의 대상이 정보통신기술의 발전과 함께 제조업전반 및 서비스업까지로 확대되는 변화

자료: OECD, 1997.

기술확산과 연관되어 비슷한 용어나 개념들이 동시에 혼용되고 있다. 기술전파(technology spread), 기술 이전(technology transfer), 기술파급(technology spillover)과 같은 개념들이 대표적이다. 대부분의 경우 기술전파(spread)는 확산과 동의어로 사용된다. 그러나 기술 이전은 단순히 어떤 한 점(혁신주체)에서 다른 점(주체)으로 기술지식이 이동하는 현상 또는 활동을 뜻하는 좁은 의미의 정적인 개념인 데 반해(Rosegger, 1996), 기술확산은 한 점에서 나머지 영역으로 얼마나 빠르게 또는 얼마나 폭넓게 이동하였는가 하는 이전의 속도와 범위와 더불어 어떠한 패턴으로 이동하는가 하는 이전의 형태를 의미하는 폭넓은 동적 개념으로 해석될 수 있다. 기술파급의 경우, 특정산업에서 개발된 특정기술이 그 산업의 생산성 향상 이외에 다른 산업의 기술과 생산성 향상에 미치는 영향을 의미한다. 따라서 특정기술 자체의 전파 및 확산보다 여타 기술, 산업과의 연관성에 초점을 두고 기술의 전파과정을 분석한다는 점에서 기술확산과는 차이가 있다.

기술확산의 개념에 있어 또 하나의 중요한 기준은 양적(quantitative) 기준과 질적(qualitative) 기준의 구분이다. 일반적으로 기술확산은 신기술의 도입과 활용이 늘어나는 양적 개념을 의미한다. 즉 하나의 시스템 내에서 기존기술이 신기술로 대체되거나 처음부터 신기술을 도입하는 사용자들이 늘어나는 현상을 얼마나 많은 사용자들이, 얼마나 많은 비중으로, 얼마나 빨리 신기술을 채택하고 있느냐 하는 관점에서 파악하는 것이다. 구체적으로 양적 확대를 특정하는 지표(index)로는 신기술의 채택자(adopter)의 수 자체의 증가나 비율의 증가, 신기술을 활용한 산출(output)의 양 자체의 증가나 비율의 증가, 신기술을 도입하는 데 걸리는 시간(time interval or lag)의 길이 등이 사용된다.

그러나 양적 증가와 함께 고려되어야 할 요소는 신기술의 도입으로 일어나는 시스템자체의 구조가 변화하거나 실질적인 주체들 간의 위상이 바뀌는 질적 개념이다. 신기술의 도입은 그것을 채택하는 경제주체의 수가 증가하지 않고도 시스템의 구조조정(structural adjustment or restructuring)을 통해 시스템의 전체적 구조나 운용원리의 변화를 초래할 수도 있고 개별적 주체들의 상대적 경쟁력이나 시장점유능력 등을 바꿀 수도 있는 것이다.

질적 변화의 측정은 양적 변화의 측정과 비교하여 훨씬 어렵다고 할 수 있다. 즉 신기술의 확산에 따라 시스템전체 또는 개별주체들의 생산성이나 경쟁력이 얼마나 변화하였는지 또는 채택기업과 비채택기업 간에 어느 정도의 차이가 나는지를 정확하게 측정하는 것은 용이하지 않은 것이다. 그러나 이러한 측정상의 난점에도 불구하고 기술확산에 의한 질적 변화가 지니는 영향력과 파급효과는 양적 변화에 못지않게 중요한 변수가 된다.

2. 기술확산의 유형: 체화적 확산과 비체화적 확산

기술확산은 확산의 대상이 되는 기술의 속성에 따라 그 양상이나 결정요인이 상당히 달라지며 이것은 기술확산의 이론적 분석이나 정책적 접근에 큰 영향을 미친다. 기술확산의 대상은 크게 두 가지로 나눌 수 있는데, 하나는 지식(knowledge)의 확산으로 대표되는 무형자원의 확산이고 다른 하나는 신기술에 의해 제조되거나 신기술의 응용을 가능하게 하는 기술 집약적 장비(technologically-intensive machinery), 즉 유형자원의 확산이다. 기술혁신이론에서는 전자를 비체화적(disembodied) 확산이라 부르고 후자를 체화적(equipment-embodied) 확산이라 부른다.

기술확산의 두 가지 유형은 확산의 본질에 있어서는 유사하지만 실제로 확산이 이루어지는 요인, 형태 및 효과에 있어서 상이한 특성을 보이는 경우가 많다. 특히 기술확산을 새로운 기계류의 도입이나 새로운 중간재의 채택, 즉 체화적 확산으로만 이해하는 것은 매우 협소한 접근이다. 오히려 확산은 기업이 그들의 필요에 맞추어 기술을 적용하고 신기술의 효율성을 높이기 위해 수행하는 적극적이고 필수적인 조치들까지도 포함한다. 예를 들어, 새로운 기계류 도입에 따른 직무배치의 변화, 자재흐름의 재조직화, 생산관리 방식의 변화와 개선도 확산의 과정인 것이다. 때문에 기술확산은 장비와 같은 유형자원에만 국한되는 것이 아니라 새로운 생산관리 방식에 대한 지식의 확산, 전문적인 지식이나 기술이 경제전체로 전파되는 것도 포함하는 광의의 개념이다.

2.1 비체화 기술확산(disembodied diffusion)

비체화적 기술확산은 새로운 지식과 노하우가 다양한 사회구성원들에게 전파되는 과정을 의미한다. 기술확산은 새로운 장비가 산업부문에서 광범위하게 사용되는 현상뿐 아니라 신제품, 신공정에 대한 아이디어나 기법, 새로운 생산방식에 대한 지식과 정보, 새로운 경영방식에 대한 지식 등의 보급을 망라한다. 특히 점차 경제사회구조가 지식기반화(knowledge-based)되어 감에 따라 지식의 확산은 더욱 중요해지고 있다.

비체화 확산의 주요경로는 연구인력 간의 접촉, 역엔지니어링(reverse engineering) 혹은 기업 간 흡수/합병 등과 조직 간의 결합 등이다.(Brown, 1981) 확산의 대상이 무형적 지식이라는 측면과 확산의 경로가 비공식적 성격이 존재하기 때문에 비체화적 확산의 특성은 공공재(public goods) 성격이 강하다. 일반적으로 경제적 재화(economic good)의 특성은 경합성(rivalry)과 배제성(exclusion)이라는 두 가지 요소에 의해 규정될 수 있다.(Romer, 1990) 하나의 재화가 경합적이라는 의미는 그 재화의 사용이 특정주체 또는 특정목적에 제한되거나 일회의 사용에 그침으로써 다른 사용자들의 활용이 어려운 것을 뜻한다. 또한 하나의 재화가 배제적이라는 의미는 그 재화의 소유자(owner)에게 소유권이 독점적으로 부여됨으로써 다른 주체들의 소유나 사용이 불가능한 것을 의미한다. 따라서 이른바 공공재는 경합성과 배제성이 모두 성립하지 않는 재화이며 반대로 사적재(private goods)는 이 두 가지 기준이 모두 만족되는 재화를 뜻한다.

이러한 기준에서 보면 지식이라는 재화는 '부분적으로 배제 가능한(partially excludable), 비경합적(non-rivalous) 준공공재적 재화'로 인식된다. 즉 신기술에 대한 지식은 그 지식의 창출자 외에 다양한 이용자들이 동시에 활용할 수 있다는(그 지식을 습득한 후에) 측면에서 비경합적이며, 그 지식의 독점적 소유권을 제도적 장치(특허 등의 지적재산권제도)를 통해 보장할 수 있지만 현실적으로 지식의 경제적 가치에 대해 대가를 지불하지 않았다고 하여 지식에 대한 접근과 이용을 원천적으로 봉쇄하는 것은 불가능하다는 의미에서 부분적으로 배제 가능한 것이다.

이러한 특성은 기술확산에 있어 '창출자와 사용자 간의 이해의 상충이라는 정책적 딜레마'를 제공한다. 한편으로는 신기술을 창출하고 개발하는 혁신주체로 하여금 기술투자에 대한 보상과 기술성과에 대한 독점적 소유권(appropriability)을 어떻게 보장해 줌으로써 혁신활동을 유인할 것인가 하는 과제가 있다. 즉 어떤 기업이나 산업이 대가를 지불하지 않고도 다른 곳에서 창출·개발된 지식을 습득하여 다양한 용도에 활용하는 소위 무임승차(free-riding) 문제를 규제함으로써 기술혁신의 일차적 활동인 연구개발을 활성화시키는 정책이 요구된다. 다른 한편으로는 연구개발의 성과, 즉 새로운 지식을 어떻게 확산시킴으로써 기술혁신의 잠재적 효과를 사회 전체적으로 극대화시킬 것인가 하는 과제가 있다. 즉 연구개발성과가 다른 기업이나 산업에 활용되는 것이 연구개발주체 개인의 경제적 손실(loss)을 초래하지 않으면서 동시에 사회 전체적 이익으로 연결될 수 있는 확산제도와 수단의 개발이 요구되는 것이다.

이러한 정책과제의 수행을 위해서는 크게 두 가지의 핵심적인 정책목표를 필요로 한다. 첫 번째는 연구성과의 확산을 위한 '네트워크의 구축'이다. 지식의 확산이 이루어지는 가장 대표적인 전달경로는 연구인력의 이동과 교류를 통해서이다. 특정기업이나 연구소에서 새로운 아이디어나 기법의 연구에 참여해 온 과학자, 엔지니어들의 이동, 교류, 접촉(예를 들어 회의, 세미나, 심포지엄 등)을 통하여 한 기업이 개발한 지식은 다른 조직으로 전달되어 간다. 비록 어떤 기업이 자신들이 개발한 지식을 독점적으로 소유하려 해도 결국 노하우, 규칙, 전문지식은 유출되어 공공재의 일부분이 되기 마련이다. 이러한 과정이 공식적 또는 비공식인 네트워크를 통해 이루어질 수 있도록 정책적 개입이 필요하다. 또한 기업들이 특허권을 판매하거나 라이선스를 허용할 때도 지식의 확산이 이루어지므로 이러한 활동이 활발히 일어날 수 있는 시장 메커니즘의 구축도 중요한 수단이 된다. 기업 간의 흡수합병, 합작투자, 기업 간 협력의 부산물로 지식확산이 이루어지기도 한다.

두 번째는 일차적인 연구개발주체와 다양한 외부사용자로 하여금 신기술의 '흡수능력(absorptive capacity)을 강화'하도록 유도하는 정책이다. 연구개발주체의 경우 특정기술의 개발과정을 통해 연구성과를 창출할 뿐만 아니라 그 과정에서 외부의 공공재적 기술자원에 대한 접근 및 활용능력을 제고하는 간접적 효과도 거둘 수 있다. 즉 연구개발은 신제품이나 공정의 개발을 통해 기업자체의 직접적인 시장경쟁력을 강화시킬 뿐 아니라 연구개발과정에서 전체적인 학습능력과 경험을 축적하는 이중적 기능(dual role)을 하는 것이다. 따라서 연구개발활동을 촉진하는 동시에 간접적인 기술흡수 및 개선능력을 제고할 수 있도록 공공재적 외부기술에 대한 접근능력을 확대해 주는 정책수단이 필요하다.

또한 자체적인 연구개발능력이나 재원이 부족한 기업, 특히 중소기업들의 경우에는 외부의 기술자원에 대한 접근이 가능하도록 정보유통채널을 확대하고 또한 습득한 외부기술을 자체적으로 소화, 활용할 수 있도록 기술지도나 자문을 해 주는 방안도 필요하다.

비체화적 확산과 관련하여 또 하나의 중요한 개념은 지식자체의 두가지 속성이다. 정보화의 심화에 따라 최근의 기술혁신이론에서는 코드화 지식(codified knowledge)과 비코드화 지식(uncodified knowledge)을 구분하는 접근이 대두되고 있다. 코드화 지식은 과학적 지식과 같이 보편성과 공식성을 지니고 있어 정보화가 가능한 형태의 지식을 의미하는 데 반해 비코드화 지식은 개인이나 기업의 특수적, 비공식적 경험을 통해 묵시적(tacit)으로 습득되거나 축적되어 정보단위로 표기하기 어려운 지식을 뜻한다. 즉 "지식이나 통찰력 가운데 문제의 규정이 어렵고(ill-defined), 표기하기도 어려우며(uncodified), 공식적 자료로 발간하기도 어려워(unpublished) 개인들 간의 비공식적 채널을 통해 이해되고 전파되는 요소들(Polanyi, 1967; Dosi, 1988a)"인 것이다.

코드화 지식과 비코드화 지식은 기술확산에 있어 상당히 다른 속성을 지닌다. 일반적으로 비코드화 지식은 코드화 지식과 비교하여 기술확산의 과정이 훨씬 어렵고 복잡한 양상을 보인다. 확산의 속도, 방향,

효과 등을 측정하기도 쉽지 않다. 또한 의사결정과정에 있어 코드화 지식은 객관적인 외부정보(수요, 환율, 금리 등)의 공급에 유용한 반면 비코드화 지식은 문제해결능력의 제고에 유용하다. 이러한 문제는 기술확산에 있어 정보기술의 중요성이 부각될수록 정책적 의미가 커지게 된다. 단순히 정보유통의 하부구조를 확대할 경우 코드화된 지식의 확산에는 도움이 되지만 비코드화 지식의 확산을 위해서는 비공식적인 네트워크의 구축이 보다 효과적이다. 따라서 두 가지 형태의 지식을 상호보완적으로 파악하고 균형적으로 확산시키는 정책방향이 필요한 것이다.

2.2 체화 기술확산(embodied diffusion)

체화적 기술확산은 기술 집약적인 기계류, 부품, 기타 장비(equipment)의 구매 등을 통해 기술혁신이 확산되어 가는 과정을 의미한다. 즉 신기술에 의해 제조된 또는 신기술 응용을 가능하게 하는 기계류, 장비, 부품이 생산과정에 도입, 전파되어 생산 활동에 기여하는 과정이라고 할 수 있다.([그림 2-9]) 비체화적 확산이 무형적인 지적 자원, 정보의 응용을 통한 기술확산이라고 한다면 체화적 확산은 산업중간재, 자본재의 채택, 도입에 의한 확산이다. 공장자동화를 위한 산업용 로봇의 도입은 대표적인 체화적 기술확산의 예라고 할 수 있다.

체화적 기술확산은 장비의 공급자와 수요자 간의 관계(user-supplier relationship)가 핵심적인 요인으로 작용한다. 일반적으로 장비에 체화된 기술의 수요자는 산업구조상에서 후방에 위치하면서 중간재 및 최종재를 생산하는 산업(downstream industry)이나 최종소비자 혹은 정부 등이고 공급자는 주로 산업구조상 전방(upstream)에 위치하는 연구개발 집약적인 산업으로 산업용 전기기계, 전자부품, 정보통신장비, 제약, 의약품, 화학산업 등이 대표적이다. 이러한 산업들은 주로 자체적인 연구개발(in-house R&D)을 중시하며 외부에서 유입된 지식이나 장비의 사용은 최소의 수준에 그친다. 따라서 이러한 연구개발 집약적인 제조업 부문에서 이루어진 기술혁신은 자체적인 활용 뿐아니라 다른 산업에 대한 기술확산 효과가 매우 높다.

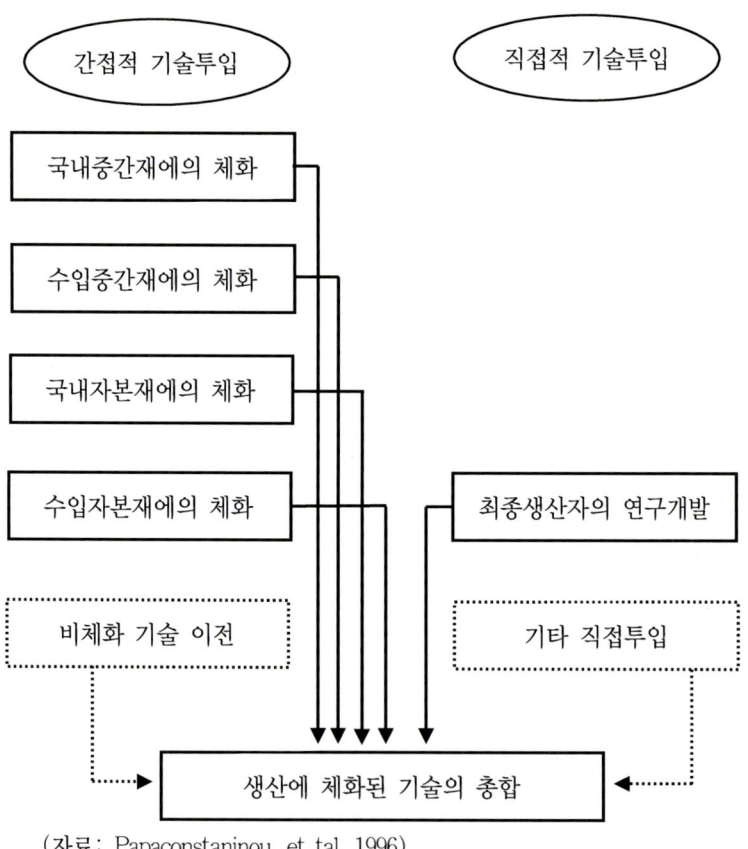

(자료: Papaconstaninou, et tal. 1996)

[그림 2-9] 체화적 확산의 구조

실제의 연구결과를 보아도([표 2-5] 참조) 국가나 산업 간 편차가
존재하기는 하지만 기술 집약적인 장비산업들에서 창출된 기술혁신의
성과들은 산업내부에서 활용되는 빈도보다 외부산업에 확산되어 활용
되는 빈도가 더 높은 것이 일반적이다. 또한 제조업뿐만 아니라 서비
스업에의 활용도도 매우 높다.

[표 2-5] 핵심적인 기술혁신의 외부산업 확산효과(단위: %)

창출산업	자체산업 활용	여타 제조업 활용	비제조업 활용	주요 외부산업 활용도
기계설비산업	14.2	58.1	27.7	섬유(19.8) 광업(11.5) 전기(10.2)
화학산업	24.9	32.1	43.0	의료보건(24.9) 섬유(13.1) 농업(6.3)
계기산업	9.9	47.9	42.2	섬유(9.9) 연구개발(9.7) 의료보건(8.4)
전자산업	37.4	11.7	50.9	국방(10.1) 사무기기(8.4) 연구개발(7.6)
계	30.5	34.0	35.5	

자료: SPRU, 1984.

이러한 특성 때문에 장비에 의한 체화적 확산은 산업조직과 시장구
조에 큰 영향을 받는다. 또한 무형자원의 비체화적 확산과 달리 장비
에 의한 체화적 확산은 경합성과 배제성이 강한 특성을 지닌다. 장비
에 의한 확산은 원칙적으로 장비의 거래를 전제로 그 소유권과 사용

권이 확보되기 때문이다. 따라서 공급산업에서의 경쟁구조(완전경쟁에서 독점까지)가 장비의 공급가격을 결정하며 이 가격에 의해 수요자 개인들의 한계이익이나 생산성(marginal profit or productivity) 및 사회 전체적인 확산효과가 직접적인 영향을 받게 된다.

3. 기술확산의 결정요인

기술확산을 결정하는 요인들은 다양하게 존재한다. 신기술이 본질적으로 지니는 속성, 신기술이 창출되고 전파되는 사회시스템적 특성, 신기술의 수명주기상에서 동태적으로 발생하는 요인 등이 복합적으로 작용하면서 기술확산의 속도나 방향은 달라질 수 있는 것이다. 초기의 확산이론에 따르면 신기술의 채택이 가져올 이익에 대한 정보의 보급에 따라 확산 정도는 결정된다고 한다. 그러나 정보의 유통은 확산에 영향을 미치는 다양한 요인 중 하나에 불과할 뿐이다.

로저스(Rogers, 1995)는 기술확산은 기술혁신(innovation)이 확산채널(channel)을 통해 일정시간(time) 사회시스템(social system) 내에서 교환, 유통(communicated)되어 일어난다고 규정함으로써 기술혁신의 구성요소들을 (1) 혁신 그 자체, (2) 정보교환의 채널, (3) 확산이 일어나는 사회시스템, (4) 시간으로 파악하고 있다. 즉 확산의 대상이 되는 기술혁신에 있어서 중요한 것은 객관적, 기술적 평가가 아니라 잠재적인 사용자인 사회구성원들에게 얼마나 새롭게 인식되느냐이며 이때의 기술은 장비와 같은 하드웨어뿐만 아니라 기술정보(생산방식에 대한 지식과 같은), 과학적 지식, 연구성과와 같은 소프트웨어도 포함된다. 다음으로 혁신의 내용이 확산되기 위해서는 이에 대한 정보의 교환이 이루어져야 한다. 어떠한 기업이 특정한 혁신을 채택하였다는 것은 기업이 그 혁신에 대한 정보를 접하고 평가한 뒤 채택하였다는 것을 의미하며 따라서 혁신에 대한 정보교환은 확산의 필수적인 요소이다. 또한 정보교환은 특정의 기술혁신에 대한 지식을 가지고 있는 기업과 그렇지 못한 기업 사이에 일어나게 되므로 정보가 교환되는 경로의 특성도 확산과정에 영향을 미치게 된다. 동시에 이러한 과정이 종합된 확산과정은 사회시스템 내에서 이루어지게 된다는 것이다.

기술확산의 결정요인은 위에서 분류한 비체화적 확산과 체화적 확산에 따라 달라질 수 있다.([표 2-6] 참조) 구체적으로 비체화적 지식의 확산의 경우 잠재적 채택자의 수, 사용을 통한 학습효과, 연구성과 파급의 제도적, 체계적 특성, 흡수능력 수준, 기술과 지식의 형태, 연구개발의 유형 등과 같은 요인이 지식의 확산에 영향을 미친다는 것이 실증연구를 통해 밝혀지고 있다. 한편 장비를 통한 기술확산의 경우 시장구조, 기존 기술의 수명 및 매몰비용(sunk cost), 혁신과 채택이 이루어지는 시점, 기술의 체계적 성격, 네트워크의 외부성 등의 요인이 장비를 통한 기술확산의 주요 결정인자로 알려지고 있다.(Cohen & Levinthal, 1989; Nelson, 1980; Mohnen, 1989; Maly, 1984; Sheinin & Tchijov, 1987; Metcalfe, 1990; Rosenberg, 1982; Amable & Mouhoud, 1990; Silverberg, 1990; Foray, 1990)

[표 2-6] 기술확산 유형별 확산경로와 결정요인

	비체화 기술확산	체화 기술확산
개념	지식, 노하우, 정보 등이 사회 구성원들에게 전파되는 과정	기계류, 장비, 부품이 생산과정에 도입되어 전파되는 과정
확산 경로	- 과학자, 기술자들의 이동, 교류, 접촉 - 특허권 구입, 상호 라이센스 - Reverse Engineering - 회의, 세미나, 심포지엄 - 기업 간 M&A, 합작 투자, 협력 등	- 시장 메커니즘(거래)
확산 결정 요인	- 잠재적 채택자의 수 - 사용을 통한 학습효과 - 연구성과 파급의 제도적, 체계적 특성 - 기업의 흡수 능력 - 기술 및 지식의 형태 - 연구개발의 유형 　(기초지식, 응용연구, 개발연구 등)	- 시장구조 - 기존기술의 수명 및 매몰비용 - 혁신과 채택이 이루어지는 시점 - 기술의 체계적 성격 - 네트워크 외부성

4. 기술확산의 패턴

초기의 확산이론은 신기술이 창출되어 사회시스템에 확산되어 나가는 패턴이 S자형의 로지스틱 곡선(logistic curve)을 그리는 것으로 인식하여 왔다.(Trade, 1969) 맨스필드(Mansfield, 1968)은 신기술을 채택한 기업 수를 종축으로 하고 기술이 개발된 시점에서부터의 경과시간을 횡축으로 하여 기술채택(adoption)과 시간과의 관계를 분석한 결과, S자형의 로지스틱 곡선을 그린다는 사실을 밝히고 있다. 즉 기술이 개발되고 얼마동안은 그것을 채택하는 기업의 수는 많지 않지만 일정한 시점에서 채택한 기업 수가 일정한 수(critical mass)를 넘게 되면 기술을 채택하는 기업 수가 급속히 증가한다는 것이다.

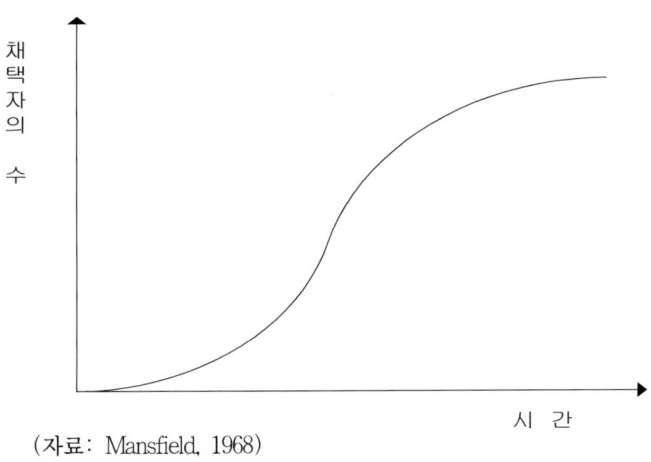

(자료: Mansfield, 1968)

[그림 2-10] 기술확산의 패턴

 이러한 현상이 일어나는 이유는 신기술의 채택이 점진적으로 확산되면서 초기에 존재하던 채택의 위험과 효과에 대한 불확실성이 감소하고 반대로 채택에 따른 수익이 증가하기 때문이며, 동시에 채택자의 증가에 따른 시장으로부터 경쟁압력이 늘어나고 채택의 효과에 대한 긍정적 인식이 확산되면서 후속적인 채택자의 수가 급격히 증가하는 이른바 밴드웨건 효과(bandwagon effect)가 상승작용을 일으키기 때문이다.

 이러한 현상을 로저스(Rogers, 1995)는 시간의 흐름에 따른 채택자 수의 분포(distribution)로 설명하고 있다. 즉 신기술을 채택하는 시점에 따라 초기 채택자(early adopter), 초기의 다수(early majority), 후기의 다수(late majority) 및 비채택자(laggards)로 구분할 수 있으며

이들의 분포도를 누적적(cumulative)인 형태로 나타나면 S자형의 곡
선이 된다는 것이다.

데이비스(Davies, 1979)는 맨스필드(Mansfield, 1968)의 이론을 더
욱 발전시켜, 일반적으로 기술확산의 패턴이 S자형의 곡선으로 나타
나기는 하지만 기술혁신의 성격에 따라 확산의 구체적인 패턴이 상이
하다는 점을 밝히고 있다. 창의적이고 급진적인 기술혁신의 경우 아래
[그림 2-11]의 곡선 A처럼 처음에는 기술확산이 진행되지 않다가
어느 시점 이후에 급격하게 진행하기 시작하며, 점진적인 소규모 기술
혁신의 경우 곡선 B처럼 초기부터 빠른 속도로 확산된다는 사실을 실
증적으로 파악하고 있는 것이다. 이러한 현상의 원인은 상대적으로 창
의적인 기술혁신은 창출자의 독점적 소유가 용이한 동시에 독점에서
얻어지는 수익이 크기 때문에 독점의 혜택이 유지되는 초기에는 확산
이 일어나지 않는 반면, 점진적 혁신은 독점이 용이하지 않기 때문에
초기단계에서부터 기술의 확산이 활발히 일어나기 때문이다.

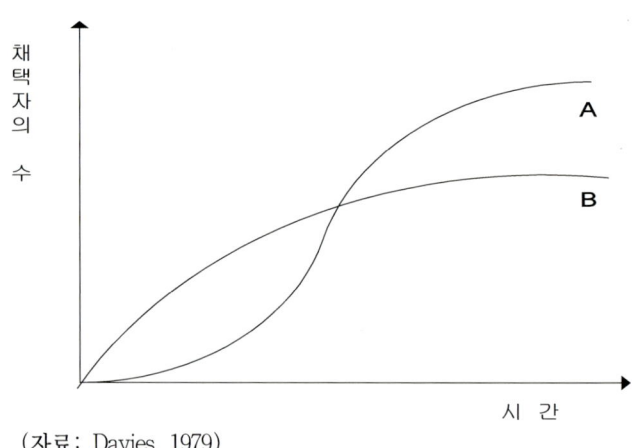

(자료: Davies, 1979)

[그림 2-11] 기술확산 패턴

한편 로저스(Rogers, 1995)는 기술확산 과정에 참여하는 구성원들의 상호작용(interactivity)에 따라 기술확산의 패턴이 영향을 받는다는 사실을 주장하고 있다. 즉 사회구성원 간의 정보교환이 활발하거나 사회구성원들이 신기술을 선별, 채택할 수 있는 능력이 높은 경우 기술확산이 급격하게 증가하는 시점(point of critical mass)이 일반적인 확산패턴과 비교하여 조기에 형성되며 이에 따라 S곡선의 구체적인 형태가 달라진다는 것이다.

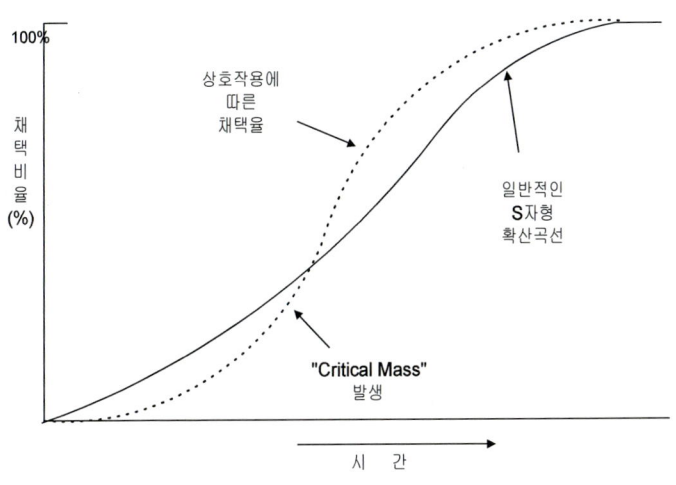

(자료: Rogers, 1995)

[그림 2-12] 기술확산 패턴

대부분의 기술확산이 로지스틱 곡선(logistic curve)형태의 패턴을 보이기는 하지만 보편적으로 적용되는 현상은 아니다. 실제로 많은 실증연구들은 전형적인 S-curve를 따르지 않거나 상당히 변형된 형태의 확산패턴이 존재함을 보여주고 있으며 이에 따라 많은 후속연구들은 '특수한(stylized) 패턴'의 원인과 과정을 분석하는 데 집중되고 있다. 즉 기술확산의 패턴이 왜 기업마다, 산업마다 또는 국가마다 상이한 형태로 나타나는가 하는 문제가 중요한 연구주제로 등장한 것이다.

이러한 연구들은 기본모형에서 제시된 가정들을 변형시키거나(예를 들어 기술채택의 잠재적 모집단(population)에 대한 가정, 신기술정보에 대한 잠재적 채택자들의 접근도에 대한 가정, 시간경과에 따른 기술채택의 확률분포에 대한 가정, 신기술에 대한 잠재적 채택자의 의사결정 기준에 대한 가정 등), 신기술의 수요자 측면뿐 아니라 공급자 측면(예를 들어 공급자의 시장구조 및 경쟁관계, 공급가격 등)을 고려하거나, 기존모델에서 빠진 새로운 변수들을 추가로 고려하는 등의 접근을 통해 이루어지고 있다.

5. 기술확산의 경제적 의미와 효과

기술개발에 의한 혁신활동이 이루어진다고 하더라도 그 성과가 생산 활동에 활용되지 않는다면 사회 및 경제에 직접적인 영향을 미칠 수는 없다. 혁신기술의 창출이 창출 그 자체를 위해 존재하는 것이 아니라 궁극적으로 경제적 이득을 가져오기 위한 것이기 때문에 기술확산 과정의 경제적 효과에 대한 분석은 중요한 의미를 지닌다. 기술확산이 경제사회시스템의 어느 분야에 어느 정도의 영향을 미치는가, 기술확산이 얼마나 광범위하고 빠르게 이루어질 수 있느냐에 따라 기술혁신이 가져올 사회경제적 이익의 차이는 어느 정도인가 하는 문제는 기술확산정책을 수립하는 데 핵심적인 고려요소가 된다.

또한 정책적 측면에서 확산지향적 정책의 효과가 공급지향적 내지 창출지향적 정책에 대해 지니는 비교우위는 무엇이며 어느 정도인가 하는 문제도 확산정책이 정당성을 확보하는 데 중요한 기준이 된다.

더구나 기술확산의 경제적 효과와 중요성은 경제구조가 지식기반화, 정보화, 네트워크화되는 추세에 따라 크게 높아지고 있다. 즉 경제성장과 기업경쟁에 있어 기술자산의 기여도가 증가하고, 기술지식의 유통 및 교환이 활발해지며 경제주체 간의 연계성이 강화되면서 신기술의 창출보다는 기술의 확산을 통한 효과가 급속히 증대되고 있는 것이다.

기술확산에 따른 경제적 효과는 크게 채택에 의한 수익체증효과, 혁신의 사적수익률과 사회적 수익률의 차이, 생산성의 이전, 기술혁신의 유인, 그리고 고용효과 등의 측면에서 검토될 수 있다.

5.1 기술확산에 의한 수확체증효과

기술확산이 지니는 경제적 효과를 가장 핵심적으로 설명할 수 있는 속성은 이른바 채택에 의한 수확체증(increasing returns by adoption)이라고 할 수 있다.

전통경제학에서는 한 생산요소의 투입을 고정시키고 다른 생산요소의 투입을 증가시킬 때, 총 생산량은 증가하지만 생산증가율, 즉 한계생산(marginal product)이 감소한다는 가설을 전제로 하며 이를 수확체감(diminishing returns or diminishing marginal product)으로 정의한다. 이 경우에 생산요소는 물론 전통경제학에서 고려하는 두 가지의 내생변수(endogenous variables), 즉 자본(capital)과 노동(labor)을 의미한다. 이러한 전제는 미시적(micro) 관점의 생산이론뿐만 아니라 거시적(macro) 관점의 성장이론에도 적용된다.

그러나 최근의 기술혁신이론에서는 기술요소(technology)를 내생변수로 포함시킨다는 전제하에 전통적인 수확체감이론에 반하여 수확체증(increasing returns)이 존재한다는 사실이 제기된다. 새로운 기술이 생산 활동에 도입되어 사용도(투입)가 증가하면 경제적 효과(산출)가 지속적으로 증가할 수 있다는 주장이 나오고 있는 것이다.

수확체증이 발생하는 근거는 크게 세 가지를 들 수 있다. 첫째는 기술진보로 인해 생산함수 자체의 변화가 일어날 수 있다는 것이다. 자본과 노동의 두 가지 요소의 결합으로 도출되는 전통경제학의 생산함수는 기술요소가 포함되면서 그 형태가 근본적으로 달라질 수 있다.

둘째는 오늘날의 첨단기술이 지니는 "전략적(strategic)" 속성이다. 여기서 말하는 전략적 속성은 우선 어떤 산업의 기술이 다른 산업부문들에 대해 파급효과(pervasiveness)를 가지는 것을 뜻한다. 다시 말해, 한 부문의 발전이 여타 부문들의 동시적 성장에 커다란 영향을 미칠 때, 또 한 부문의 산출(output)이 다른 부문들의 필수 불가결한 투입(input)으로 사용될 때 그 부문의 기술은 전략기술로서 또한 그 산업은 전략산업으로서의 특징을 보유하게 된다. 또한 어떤 산업부문에 필요한 기술이 누적적(cumulative)이고 학습적(learning)인 속성을 가져야 한다. 기술스톡이 축적되고 활용범위와 기간이 증가할수록 경제적 가치가 커져야 하는 것이다. 따라서 첨단기술이 지니는 전략적 속성으로 인해 하나의 기술이 갖는 잠재적 효과가 다른 분야로 확산될수록 또한 기술도입의 시간이 경과할수록 수확의 증가율이 커질 수 있는 것이다. 이 과정에서 핵심적인 역할을 하는 개념은 이른바 학습효과(learning effect)이다. 신기술의 거부나 사멸과 관련된 전통적인 설명방식은 그 기술이 경쟁기술보다 본질적으로 열등하기 때문이라는 것이다. 그러나 어떤 기술의 본질적인 열등 또는 우수함은 두 기술이 동등한 발전수준에 도달했을 때에야 객관적인 판단이 가능하다. 최근의 연구들에 따르면 기술은 효율저이기(is efficient) 때문에 채택되는 것이 아니라 채택

되었기 때문에 효율적이 된다.(becomes efficient) 두 경쟁기술 중 하나
가 상대적 우위를 점하게 만드는 많은 특징들은 해당기술이 확산되는
과정에서 획득된다. 어떤 기술이 채택되면 될수록 그 실행을 통해 더
많이 배우게 되고 더욱 개선되어 본질적인 우위나 열위와 관계없이 결
과적으로 우위기술이 되며 이러한 학습효과를 통해 그 기술이 발전되
고 유용하게 될수록 확산에 의한 수익체증효과가 발생되는 것이다.

셋째는 잠금효과(lock-in effect)와 외부성(externality)을 들 수 있
다. 비록 더 나은 기술이 아니라고 할지라도 이미 채택과정에서 선택
된 기술을 수행하거나 전환하는 것은 극히 어려워진다. 위에서 언급한
대로 경쟁관계에 있는 복수의 기술 가운데 일단 하나의 기술이 채택
되면 전체적인 기술선택과정은 채택된 기술의 테두리 안에서 움직이
는 이른바 '잠금효과'를 유발하게 된다. 이러한 현상은 무엇보다도 정
보의 부족, 사용자 상호 간의 조정의 결여 및 기술적 상호연관성의 결
여에 기인한다. 따라서 선도기술을 축출한다는 것은 사실상 불가능하
기 때문에 근본적인 대체나 전환이 이루어지기보다는 보완적 관계가
형성되거나 기존기술에 새로운 잠재력을 추가시키는 형태로 확산이
이루어지게 된다. 이렇게 되면 확산에 의한 이른바 '네트워크 외부효
과'가 발생하게 된다. 즉 사용경험의 축적에 의한 기술적 개선, 사용자
의 증가에 따른 시장확대, 대량생산에 의한 가격의 하락 등에 의해 기
술이 확산될수록 수익체증이 가능하게 되는 것이다.

5.2 사적 수익률과 사회적 수익률의 차이
(social and private rates of return)

거시적 관점에서 기술개발투자의 정당성은 기술혁신으로 인해 개별
기업이 획득할 수 있는 수익보다도 사회 전체적 이득이 훨씬 크다는

사실에 토대하고 있다. 이러한 주장의 핵심은 기술확산에 의한 외부경제효과(external economy)를 가지기 때문이다. 즉 개별기업의 혁신노력의 결과인 지식은 공공재적 속성으로 인해 다른 기업으로 이전되면서 사회 전체의 수익을 증대시킨다.

새로운 공정이나 제품의 개발을 위해 연구개발에 투자할 것인가, 아니면 다른 무형투자를 할 것인가를 결정할 때 기업은 비용-수익분석(cost-benefit analysis)을 한다. 예를 들어, 연구개발을 통해 혁신기술을 창출하고 마케팅을 수행하는 데 소요되는 비용과 그 기술로부터 얻을 수 있는 이윤을 뺀 순 이윤(net profit)에 대한 기댓값에 기초하여 혁신에 의한 사적 수익을 파악한다. 또는 혁신기술의 개발에 대한 투자가 단기적으로는 손실이 될지라도 시장점유율을 확대하거나 기술력을 제고할 수 있다는 전략적 고려를 토대로 투자를 결정할 수도 있다. 동시에 수익성과 상충관계에 있는 것은 기술혁신이 가지는 공공재적 성격과 이로 인한 불확실성과 위험요인이다. 기술혁신을 통해 가시적인 성과를 창출하더라도 그 성과가 외부로 확산됨에 따라 혁신의 상품화를 통해 얻을 수 있는 독점적 미래수익은 불확실해지거나 감소한다. 혁신기업의 입장에서는 기술의 확산을 기술의 유출(leakage)로 파악하고 이로 인한 수익의 감소를 부당한 손실(loss)로 간주할 수밖에 없다. 기술혁신을 통한 독점적 이익의 확보와 기술확산으로 인한 독점이익의 감소는 개별기업의 기술혁신에 대한 의사결정에 양면적 영향을 미치게 되는 것이다.

그러나 개별기업의 차원을 넘어 사회 전체적 차원에서는 혁신의 성과가 신속하게 확산되는 것이 사회후생의 증대와 전반적인 기술력의 향상에 필수불가결한 조건이 된다. 혁신적 기술과 장비를 사용하는 기업이 많아질수록 사회적 차원의 수이이 더욱 커진다. 멘스필드(Mansfield,

1985)의 연구에 따르면 미국에서 신제품 및 신공정을 '채택한 기업'의 투자수익률의 중간 값(median)은 56%로 나타났다. 그러나 혁신기술을 '개발하고 상품화한 기업'의 투자수익률은 25%에 그치고 있는 것으로 나타났다. 이러한 결과는 혁신기업의 사적 수익률보다 기술확산을 통해 얻을 수 있는 사회적 수익률이 훨씬 크다는 사실을 실증적으로 증명하고 있다.

정책적 관점에서, 사적 수익률과 사회적 수익률의 차이는 혁신에 대한 사적 이해와 공적 이해 사이에 잠재적인 갈등요인으로 작용한다. 기술확산정책은 선도적 혁신기업의 이익을 보장함으로써 혁신활동을 촉진시킴과 동시에 혁신의 성과에 대한 외부의 접근도를 높이고 가격을 낮게 유도함으로써 모방, 채택, 확산을 유인할 수 있는 상반된 정책목표를 조화시키는 방향으로 수립되어야 하는 것이다.

5.3 생산성의 이전효과(transfer of productivity)

기술확산은 산업 내(intra-industry) 또는 산업 간(inter-industry)의 유통채널을 통해 생산성(productivity)의 향상을 가져온다. 실증연구의 결과에 의하면 한 산업의 생산성 증가는 해당산업 및 기업내부의 자체적인 기술혁신에 의해 이루어지는 것보다 타 산업에서 창출된 혁신이 체화적 또는 비체화적 경로를 통해 확산되는 효과에 의해 이루어지는 비중이 더 크다는 사실을 보여주고 있다. 이러한 사실은 기술확산이 가져오는 생산성의 이전효과(productivity transfer effect)를 의미한다. 결국 기술혁신이 갖는 전체적인 효과는 전체산업과의 연관관계에서 파악되어야 한다. 기술혁신은 산업활동의 전문화(specialization)를 야기한다.(Rosenberg, 1982) 예를 들어 섬유산업의 경우 섬유기계는 기계산업에 의존하며, 섬유소재는 화학산업에 의존한다. 섬유기계는 기계산업에 의한 전문화가 소재는 화학산업에 의한 전문화가 유발되며, 이들 산업의 혁신은 섬유산업의 혁신에 영향을 미친다. 반대로 섬유산업의 요구가 공급산업의 혁신 유인으로서 작용하게 된다.

테렉키(Terleckyj, 1974)는 미국기업들을 대상으로 한 실증분석을 통해 타 산업에서 제조된 장비에 체화된 기술에 대한 연구개발의 수익성이 자체기술에 대한 연구개발의 수익성보다 두 배 정도 높다는 사실을 밝히고 있다. 그릴리치와 리첸버그(Griliches & Lichtenberg, 1984)도 구매한 장비에 체화된 기술이 기업 자체적으로 개발한 기술보다 생산성에 기여하는 정도가 높다는 사실을 밝힘으로써 이러한 주장을 뒷받침하고 있다.

기술확산에 의한 생산성의 이전효과는 체화기술을 통해서만 일어나는 것이 아니라 비체화기술의 파급(spill-over)에 의해서도 발생한다. 고토 등(Goto et al, 1989)은 일본의 전자산업이 다른 산업에 미치는 기술확산효과를 분석한 결과 장비의 구매에 의한 효과보다 기술지식의 전파에 의한 효과가 생산성의 향상에 미치는 영향이 더 크다는 사실을 발견하였다.

이러한 연구결과들을 종합해 보면 한 산업에서 일어난 기술혁신은 (특히 산업연관성이 높은 첨단산업의 경우) 기술확산을 통해 다른 관련산업의 생산성 향상에 큰 영향을 미친다. 또한 이러한 생산성 이전효과는 산업특성이나 이전채널의 특성에 따라 체화적 확산에 의한 경우도 있고 비체화적 확산에 의한 경우도 있다.(기술 혹은 지식의 확산(파급)에 따른 효과는 7장 참조)

5.4 기술혁신 유인효과(incentives to innovation)

기술확산이 새로운 기술혁신을 유인하는 효과도 중요한 주제의 하나이다. 어떤 기업이 기업외부에서 개발된 기술을 활용할 수 있다는 사실이 자체적인 기술혁신을 유인할 것인가 아니면 감소시킬 것인가? 다시 말해 기술혁신과 기술확산은 서로 대체적 관계인가 아니면 보완적 관계인가? 하는 문제에 대한 분석은 오랫동안 기술혁신연구의 중요한 주제가 되어 왔다. 그러나 아직 보편적이고 일관된 결론은 도출되지 못하고 있다. 분석대상의 기업, 산업 또는 시기의 특성에 따라 서로 상반되는 연구결과가 존재하기 때문이다.

우선 첫 번째의 견해는 기술확산이 기술혁신(연구개발)을 억제 내지 감소시킨다는 주장이다. 번스타인과 나드리(Bernstein & Nadri, 1989)는 미국의 4개 산업(화학, 석유, 기계류, 기구)에 대한 실증분석을 통해 각 산업 내의 확산이 증가될수록 R&D투자가 장기적, 단기적 모두 감소한다는 사실을 보여주고 있다. 즉 자체적인 R&D투자가 외부의 연구개발성과를 구매하는 것으로 대체되는 경향을 보인다는 것이다.

두 번째의 견해는 기술확산이 기술혁신을 유인한다는 주장이다. 번스타인(Bernstein, 1989)은 다른 자료와 방법론을 이용한 실증연구를 통해 기업이 속한 산업의 특성에 따라 혁신과 확산은 대체적 관계를 보이기도 하고, 보완적 관계를 보이기도 한다는 사실을 발견하였다. 연구개발에 대한 투자 성향이 낮은 산업에 속한 기업은 경쟁자의 혁신성과를 이용하는 경향이 큰 데 반해 연구개발집약도가 높은 산업에서는 자체 연구개발과 외부기술의 활용 간에 보완적인 관계가 나타난다는 것이다. 이 경우에는 기술확산이 오히려 연구개발활동을 촉진시

키는 효과를 가지게 된다. 레빈(Levin, 1988) 역시 기술확산의 수준이
가장 높은 산업(전자관련산업)이 자체연구개발에 의존하는 산업보다
기술혁신율이 높다는 사실을 보여줌으로써 유사한 결론을 제시하고
있다.

　실증연구의 결과가 서로 상충되는 근거들을 다양하게 제시하고 있
지만 기술혁신을 창출된 기술의 이용을 통한 점진적이고 지속적인 개
선과 그러한 개선을 위한 제반노력까지 포괄하는 과정으로 본다면 기
술혁신과 기술확산은 보완적인 관계에 있다고 보는 것이 타당하다.

5.5 고용에 대한 이중 효과(dual effect on employment)

　기술확산의 중요한 경제적 효과의 하나는 고용의 양적 및 질적 변
화의 측면이다. 고용문제는 최근 서구경제의 가장 심각한 현안의 하나
로서 특히 기술진보에 의한 기술실업(technical unemployment) 내지
구조실업(structural unemployment)의 문제가 부각되면서 많은 관심
을 끌고 있다. 일반적으로 신기술의 창출과 확산은 거시적인 산업구조
및 미시적인 기업조직에 이른바 '창조적 파괴(creative destructiion)'를
야기함으로써 고용구조에도 큰 영향을 미치게 된다.

　기술확산이 고용에 미치는 영향은 부정적 측면과 긍정적 측면이 동
시에 존재한다. 이러한 결과는 기술확산의 속도와 범위가 산업부문 또
한 개별기업의 특성과 능력에 따라 달라짐으로써 생산성이나 성장효
과도 달라진다는 데 기인한다. 따라서 특정산업에 있어서의 노동수요
의 증가는 다른 산업에 있어서 노동수요를 감소시킬 수도 있고 증가
시킬 수도 있다. 이러한 대체적 또는 보완적 효과는 같은 산업 내에서
개별기업 간에도 일어날 수 있다. 나아가 정보통신 및 수송기술의 발

전은 노동시장의 국제적 이동성(mobility)을 제고함으로써 국가 간에
도 기술확산에 따른 고용효과가 달라지는 결과를 낳고 있다.

신기술에 대한 응용효과가 구조적으로 낮거나 신기술의 흡수능력이
취약한 산업이나 기업의 경우 기술진보에 따른 시장구조, 생산방법 및
직무내용의 변화에 제대로 적응하지 못함으로써 고용능력도 낮아지고
실업의 증가가 나타나게 된다. 이러한 현상은 특히 국내외적 시장경쟁
이 치열한 성숙산업에서 더욱 두드러지게 일어난다. 또한 자동화기술
등 인력 대체적 내지 노동 절약적인 신기술의 도입은 단기적으로 고
용감소효과를 가져오기도 한다. 흔히 생산성의 역설(productivity
paradox)로 불리는 현상, 즉 기술진보에 의한 생산성의 긍정적 효과
(잠재적인)가 새로운 시스템을 운용하는 조직과 제도의 미비로 인해
제대로 구현되지 못할 때에도 고용에는 부정적 효과로 나타난다.

그러나 장기적이고 근본적인 관점에서 볼 때 기술확산은 고용에 긍
정적인 영향을 미친다는 것이 정설이다. 즉 신기술의 확산은 생산공정
의 효율성을 제고하고 생산비용을 감소시키는 공정혁신을 가져올 뿐
만 아니라 신제품의 개발을 통한 제품혁신을 촉진시켜 시장수요의 확
대와 새로운 시장의 개척을 가능하게 한다. 이러한 현상은 궁극적으로
고용의 확대 내지 창출로 연결된다. OECD(1996)의 실증연구는 첨단
기술을 도입하고 혁신지향적 경영방식을 채택한 기업과 산업에 있어
서의 생산성향상과 고용증가의 비율이 전체평균보다 훨씬 높게 나타
났다는 사실을 밝히고 있다.

특히 이러한 현상은 컴퓨터, 전자, 항공기와 같은 첨단산업의 제조
업 분야와 정보통신과 같이 기술집약적인 서비스 분야에서 두드러지
게 나타나고 있다. 기술집약도가 비교적 낮은 중급 또는 저급산업의
경우에도 개별기업에 따라 신기술을 도입, 활용한 경우에는 생산성과

고용증가율이 평균 이상을 보이고 있다.

전술한 대로 기술확산이 고용에 중요한 영향을 미친다는 것은 사실이지만 그 효과가 긍정적인지 부정적인지를 한마디로 결론짓기는 어렵다. 그러나 오늘날의 경제사회구조가 이른바 지식기반화, 학습지향화로 특징짓는 이상 새로운 기술지식의 확산에 효과적으로 대응함으로써 기술확산이 고용에 미치는 긍정적 효과를 극대화시키는 것이 중요한 정책과제로 등장하고 있다.

제 3 장

기술혁신 및 확산의 구조

제1절 혁신 및 확산의 구조적 접근: 혁신시스템

1. 혁신시스템 개요

2장에서 고찰한 기술혁신모형과 비교하여 혁신시스템 접근은 매우 포괄적인 개념이다. 기술혁신의 양상과 과정은 갈수록 복잡해지고 다양해지고 있으며 더구나 시간에 따른 동태적 변화도 존재한다. 그러나 이러한 복잡성(complexity), 다양성(diversity), 동태성(dynamism)을 분석하고 설명하기에는 기존의 모형들은 구조적 한계를 안고 있다. 이 문제에 대한 궁극적인 대안으로 제시된 것이 분석의 설계에 있어 가장 포괄적이고, 분석의 방법에 있어 가장 신축적인 시스템 접근이다. 따라서 시스템모형은 거대하고 복잡한 현재의 기술혁신을 설명할 수 있는 최선의 모형으로 평가되고 있다.

시스템모형은 기술혁신 연구에서 매우 범용적으로 활용할 수 있는 모형이다. 규모가 크고 과정이 복잡한 모든 기술혁신 문제는 시스템적으로 접근할 수 있기 때문이다. 통상 국가 차원에서 기술혁신을 분석하는 국가혁신 시스템모형, 산업(기술 분야) 차원에서 기술혁신을 분석하는 산업혁신 시스템모형, 그리고 지역 차원에서 기술혁신을 분석하는 지역혁신시스템모형을 가리킨다.

특히, 국가혁신시스템 출현 배경은 이른바 선진국과 개도국 간의 경쟁력 차이에 대한 논쟁에 있다. 이 논쟁에 대한 연구는 다음 두 개의 상반된 가설(hypothesis)에 대한 실증적 검증이 주축을 이룬다. 하나의 가설은 선진국과 개도국 간의 기술력의 격차가 클수록 개도국의 경제성장이 가속화되어 양자 간의 간격이 점점 좁아진다는 주장이다. 그 이유는 개도국의 경우 선진국과 비교한 기술력의 격차가 클수록 모방 능력(imitative capacity)과 확산 효과가 크게 나타나기 때문이다. 이에 반하는 다른 가설은 양자 간의 기술력의 격차가 클수록 경제성장률의 차이가 더 커지면서 결국 간격이 더욱 넓어진다는 주장이다. 그 이유는 선진국의 기술력이 앞설수록 혁신 능력(innovative capacity)이 배가되어 후진국의 추격이 불가능할 정도로 계속해서 앞서가기 때문이다. 이렇듯 국가혁신시스템에 대한 개념과 분석은 많은 정책 당국자들에게 주요 관심 이슈가 되고 있다. 본 절에서는 국가혁신시스템에 대해서 보다 자세히 고찰하고 산업혁신시스템 및 지역혁신시스템에 대해서는 간략히 살펴본다.

2. 국가혁신시스템 접근의 개요

국가혁신시스템에 의한 접근은 기술혁신과 확산이 일어나는 구조와 양상을 개별국가가 지니는 혁신시스템의 차이에서 파악해야 한다는 관점이다. 기술혁신을 연구해 온 학자들은 기술혁신이 단순히 기술 그 자체만의 규칙성에 의하여 일어나지 않는 다고 주장한다. 지금까지의 연구결과는 대체로 기술이 사회, 문화, 제도 등 다양한 주변 환경과 연관되어 혁신이 일어나고 또 기술혁신은 또 그들에게 많은 영향을 미치게 된다는 인과 관계를 인정한다.(과학기술정책관리연구소, 1998)

기술혁신이 왕성하게 그리고 효율적으로 일어나기 위해서는 기업, 정부, 대학, 연구소 등 다양한 기관들이 각기 다른 역할을 협력하여 조화롭게 수행하는 조건을 필요로 한다. 각 기관들이 많은 자원을 투입하여 열심히 기술혁신활동을 추진해도 이들 간의 연계가 원활하지 않을 경우 시스템의 실패(systematic failure)가 나타나고 결국 국가 전체의 기술혁신은 약화된다. 다시 말하면 기술혁신은 한 나라가 갖고 있는 시스템 전체의 효율적인 작동에 의하여 융성하고 이것이 경제활동을 촉진하여 국가 경쟁력을 강화, 제고시킬 수 있는 것이다. 국가혁신시스템의 연구 초점은 여기서 찾을 수 있다. '국가'라는 용어를 사용하는 근본적인 이유는 국가라는 테두리 안에서 사람들은 오랜 세월을 통해 독특한 제도와 문화를 형성하게 되고, 이것이 다양한 혁신 주체가 기술혁신을 유발케 하는 상호작용적 학습을 효율적으로 수행하는 데에 큰 영향을 미치기 때문이다. 따라서 한 국가의 혁신시스템을 사회경제적 제도(문화, 관습, 기준 등의 비가시적 제도와 기업, 시장, 산업구조, 연구개발기능 등의 명시적 제도를 모두 포함하는)와 공공정책(금융, 조세, 규제, 경쟁 정책 등)으로 구성된다고 할 때 국가의 특성과 상황에 따라 혁신시스템의 구조와 운용원리는 다르며 이로 인해 국가 간 경쟁력 및 혁신성과에 차이가 발생한다.

그러므로 국가혁신시스템적 접근은 학습과정을 통한 지식의 축적, 혁신의 창출 및 활용, 경제시스템 내에서 기술확산에 직·간접적으로 관여하는 주체들과 그들 간의 유기적 관계를 종합적으로 파악하는 구조적 접근법이다. 그러므로 기술혁신능력을 갖춘 주체들의 구성과 그러한 능력의 축적과 발전을 위한 주체들 간의 연계관계 혹은 상호작용을 위한 유인체제, 조직 및 제도의 조정과 구성이 중요한 관심대상이 된다. 국가혁신시스템적 접근의 궁극적 목표는 개별국가들의 혁신시스템에 대한 비교분석을 통해 보편타당한 최선의 정책(best practice)을 모색하거나 개별국가의 특성과 수요에 맞는 국가특수형(country-specific) 정책모형을 수립하는 데 있다.

3. 국가혁신시스템의 개념과 구성요소

국가혁신시스템이라는 개념과 접근방법은 근본적으로 새로운 기술패러다임의 등장과 함께 생겨났다. 즉 기술자체와 기술혁신과정의 복잡성이 심화되면서 기술혁신의 양상과 구조는 '시스템'이라는 개념을 도입하지 않고서는 설명하기 어려운 특성을 지니게 된 것이다. 이러한 수요에 따라 먼저 미시단위의 기술시스템(technological system)이라는 개념이 도입되고 이를 일반적인 기술혁신으로 확대시켜 기술혁신시스템(technological innovation system)이라는 개념이 제시되었다. 이러한 시스템에는 기술지식의 공급자로서의 연구자, 기술을 활용하여 제품을 만드는 제작자, 그리고 그 제품을 사용하는 사용자 등 다양한 주체가 포함되는데 이들을 국가단위에서 모두 포괄하여 기술혁신의 행태를 분석하는 시도로 발전된 것이 이른바 국가혁신시스템의 개념이다. 따라서 국가혁신시스템의 대상은 기업수준, 산업부문수준, 지역수준, 국가 수준을 포괄하며 국가의 틀 안에서 오랜 역사를 통해 생성된 독특한 제도와 문화도 중요한 요인으로 포함된다.

국가혁신시스템 개념은 '80년대 중반 룬드발(Lundvall, 1982)에 의해 공식적으로 제시되었다. 룬드발은 리스트(List, 1841)의 '정치경제의 국가시스템(The National System of Political Economy)[3]'의 개념

---

3) Friedrich List는 그의 저서 The National System of Political Economy(1841)에서 19세기 상대적으로 낙후된 그의 조국 독일이 영국을

과 용어를 빌어 국가혁신시스템(The National System of Innovation)의 개념을 개발하고 연구를 수행하였다.(Freeman, 1995) 그는 국가혁신시스템을 탐구활동(searching and exploring)에 관련된 모든 조직과 제도(R&D부서, 기업연구소 및 대학 등) 그리고 기술혁신을 촉진하는 학습(learning)에 영향을 미치는 국가의 모든 조직 및 제도(국가의 생산시스템, 마케팅시스템, 재정시스템 등)를 포함하는 시스템으로 정의하였다.(Lundvall, 1982, 1988, 1992)

특히 효과적인 혁신시스템은 하위시스템들 간의 상호학습을 지원하는 부수적인 네트워크(예를 들어 기술하부구조, 전략적 제휴, 생산자·사용자관계 등)의 구성 및 상호작용에 큰 영향을 받는다는 점을 강조하였다. 그 후 국가혁신시스템의 개념과 접근방법은 다양한 전문가들에 의해 부분적인 보완과 수정의 과정을 밟아왔다.(Freeman, 1988; Nelson, 1988; Niosi & Bellon, 1994, 등)

국가혁신시스템의 접근은 구체적인 혁신시스템이 어떠한 형태로 정의되든지 간에 기술혁신은 상이한 조직들 간의 상호작용(interaction)에 의해 일어난다는 점에 초점을 맞춘다. 즉 어떤 특정부문 예를 들어 정부, 특정산업, 특정연구기관, 생산자 혹은 사용자 등이 각자 독립적으로 기술혁신을 위한 제반 활동을 수행하는 것이 아니라 상호 유기적인 관계하에서 각 부문의 활동을 유기적, 동태적으로 수행해야 함을 강조하고 있는 것이다. 따라서 국가혁신시스템은 기술혁신활동이 수행되는 전체적인 시스템 내에서 각각의 구성요소 간의 상호작용과 인적자본, 유·무형 자본의 흐름을 국가 수준에서 거시적이고 장기적인 관

극복하기 위한 제반 정책 문제를 다루고 있다. 신생산업의 육성을 위한 보호정책, 산업화 촉진과 경제성장을 위한 폭넓은 정책문제와 그 대안을 심도 있게 제시하였다.(C. Freeman, 1995, p.5-6 참조)

점에서 분석하는 개념이라고 할 수 있다.

국가혁신시스템은 혁신시스템을 설명하는 모형과 범위에 따라 다르게 구성될 수 있다. 룬드발(1992)은 국가혁신시스템의 구성요소로 기업의 내부조직(internal organizational of firms), 기업 간의 관계(inter-firm relationships), 공공부문의 역할(role of the public sector), 금융재정제도(institutional set-up of the financial sector), 연구개발 및 교육훈련조직과 집약도(R&D intensity and R&D organization)를 포함하고 있다. 한편 레옹키니(Leoncini, 1996)는 국가기술시스템(national technological systems)의 개념에서 국가시스템을 혁신하위시스템(innovative subsystem), 산업하위시스템(industrial subsystem), 시장(market), 제도 간 상호작용(institutional interface)으로 구분하고 있다. 기술혁신과 관련된 하부 시스템과 시스템 간의 연계로 국가혁신시스템은 구조화된다. [그림 3-1]은 시스템 관점에서 국가혁신시스템의 구조를 사면체 혹은 피라미드 형태로 표현한 것으로 정책시스템은 공공부문을, 혁신/생산시스템은 기업, 기업 간, 산업 간의 상호작용을, 지식시스템은 순수 지식 및 응용 지식을 창출하고 보급하는 대학이나 연구 단체를, 그리고 하부 시스템은 사회간접자본, 정보통신망, 기술하부구조, 기타 사회제도 등이 포함된다. 이들 시스템을 구성하는 주체들 간의 복잡하고 빈번한 상호작용은 피라미드의 내부의 암흑상자(Black Box)로 표현될 수 있다.

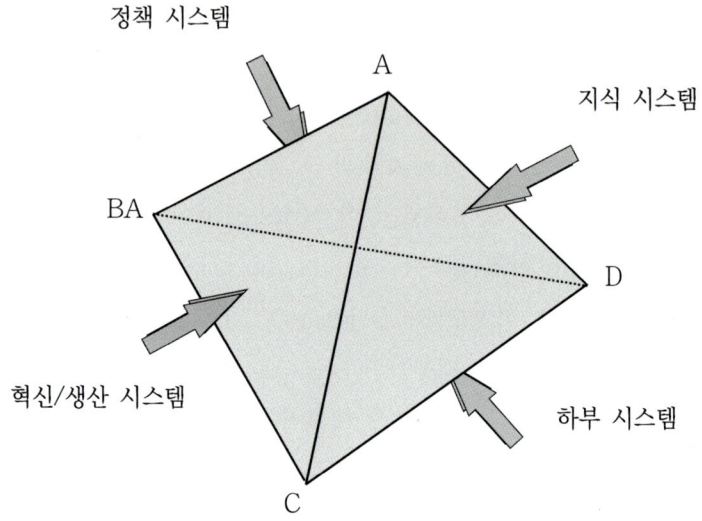

[그림 3-1] 국가혁신시스템의 구조

국가혁신시스템과 그 구체적인 구성요소는 연구자의 관점이나 정책 입안자의 목적과 대상에 따라 달라질 수 있으나, 핵심적인 주요주체들로서 기술의 공급자로서의 대학 및 연구기관, 기술지식의 사용을 통한 제품혁신이나 공정혁신을 수행하는 산업부문, 제반여건을 조성하고 제도의 틀을 조정하고 입안하는 정부, 이러한 주체들 간의 정보, 지식, 제도, 인적 자본 등의 흐름을 원활히 수행되도록 촉매작용을 하는 혁신하부구조로 구성된다. 국가혁신시스템을 주요 구성인자들의 관점에서 이들 구성인자들 간의 상호작용을 표현하면 다음 [그림 3-2]와 같다.

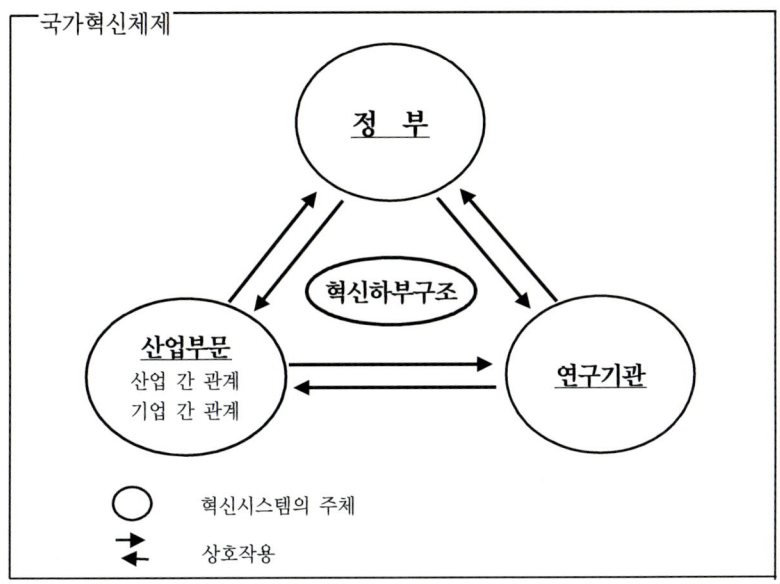

[그림 3-2] 국가혁신시스템의 구성요소 간의 상호작용

4. 국가혁신시스템에서의 제도(institution)의 기능

4.1 제도의 개념과 중요성

문화는 인간과 사회의 인식 그리고 행동의 중심개념이다. 행동의 규제는 습관이라는 가장 간단한 형태에 의해 이루어진다. 습관(habits)과 일상적 지침(routine)이 사람들에게 일반화될 때, 사회적 규제의 형태로 야기되는데 기준(norms), 관례(customs), 전통(tradition), 규칙(rules) 및 법(laws) 등이다. 특히 경제적 활동에서 나타나는 기업, 시장, 계약 행위(relational contracting) 등은 중요한 경제적 제도가 된다.(Williamson, 1985)

　제도는 사람들 사이의 관계를 규제하고, 사람들 간의 상호작용을 형성하는 습관, 일상적 지침(routine), 규칙, 기준과 법 등의 집합으로 정의된다. 이러한 기준, 관례, 규칙 등에 따라서 행동하고 판단하므로 제도는 사회생활의 지침으로 작용하게 되고 다른 사람들 혹은 조직들의 행위를 예측할 수 있으며 판단의 근거가 되는 정보를 제공하고 여러 측면에서의 불확실성을 감소시킨다.(Johnson, 1992) 따라서 제도는 모든 사회의 핵심적 기능을 갖는다. 예컨대 은행이라는 형식적 제도는 이자와 부채에 대한 기준을 근거로 조직된 제도이다.

　과거 지식들의 조합(combination), 새로운 지식을 창출하고 축적하는 학습과정은 지식스톡의 양을 증가시키며, 이는 경제 발전 과정의 근거가 된다. 경제를 자본, 노동, 정보 및 지식의 교류와 축적의 과정으로서 본다면 학습(learning)은 기술혁신의 근원이 되며, 혁신은 어떤 공간과 어떤 시간에서 불연속적으로 발생되는 사건이라기보다는 하나의 과정으로 볼 수 있다. 제도(institution)와 제도적 변화(institutional change)가 혁신과정에 따르는 기술변화에 영향을 끼치며 제도들에 의해 형성된 기술변화가 다시 제도적 변화를 야기한다. 그러나 베블린(Veblen, 1919)은 '제도적 견인 가설(institutional drag hypothesis)'로 제도가 비유연적인 경직성(rigidity)으로 인해 쉽게 변화하지 않는 특성을 가지며 이는 기술 변화의 방해가 된다고 보았다. 이러한 제도적 측면은 국가라는 측면에서 비교되며, 제도적 틀의 적용, 변화, 학습 능력은 국제 경쟁력 확보에 매우 중요한 요소가 된다. 따라서 혁신을 둘러싸고 있는 제반 구성요소들의 학습을 혁신의 원천으로 보며, 학습 효과를 창출하여 이를 혁신으로 이르게 하는 제도적인 구성의 중요성을 강조하는 것이다.

4.2 제도 및 기술의 변화

제도는 서비스를 제공하고 기능의 수행을 통해서 존재한다. 제도의 기본적인 기능은 정보의 길잡이(informational signpost)의 역할이다. 이러한 기능은 여러 하위 기능으로 구분되는데 불확실성을 감소시키기거나, 지식이용의 조화 및 결합, 분쟁의 조정 그리고 유인체계를 제공하는 등의 기능을 갖는다. 이러한 기능을 통해서 제도들은 사회의 재생산을 위한 안정성을 확보하게 된다. 따라서 사회의 급진적인 변화 없이 제도들의 변화는 한계를 가지며, 이러한 한계는 제도의 기본적인 특성인 타성 혹은 관성(inertia)으로서 나타난다. 기술적 변화에서도 제도적 안정성이 요구되는데 이는 이미 형성된 기술궤적상에서 혁신과정은 일상화(routinization)되기 때문이다. 즉 기업가나 기술자들이 기술문제의 해결책에 공통적인 기반을 공유하고 기술 방향 설정에 일치되는 견해를 가지면서 조직된 틀 안에서 체계적으로 집중된 노력을 투입함으로써 좀 더 빠른 기술진보가 가능하기 때문이다. 제도는 기술 진보에 양과 음의 유인(positive and negative incentives)을 제공한다. 이미 구축된 기술궤적상에서의 점진적 기술혁신과 급진적 기술혁신 사이에 종종 긴장이 존재하며, 만약 새로운 기술-경제 패러다임이 출현하는 시기에 기존 기술궤적에 유용한 유인체계를 만들기 위한 제도적 준비(institutional set-up)가 지연되면 국가 경쟁력의 상실과 지연이라는 막대한 비용이 될 수 있다.

4.3 제도, 학습 및 혁신과의 관계

혁신을 생산과정에서 이용된 기술과 지식의 조합 및 재발견을 경제에 응용하는 것으로 이해한다면 제도가 생산과 관련하여 학습과정을 통해서 혁신에 어떻게 영향을 미치는지가 관심의 대상이 된다. 제도는 지식의 축적과 발전에 중요한 역할을 담당한다. 규칙, 전통, 관례, 기준, 습관 등은 지식이 한 세대에서 다음 세대로 어떤 장소에서 다른 장소로 이전하는 데 큰 도움을 준다. 이렇게 이전되는 지식 중 어떤 것은 발전되면서 축적되지만 어떤 것은 사고의 비생산적인 습관으로 발전과 축적을 이루지 못한다. 그러나 이러한 제도적 도움이 없다면 지식의 축적 및 발전은 불가능하다. 기업의 경우에 개인의 지식 보유와는 별도로 개인 지식의 이용, 조정, 축적하는 것은 관리구조와 일상업무를 통해 이루어진다. 따라서 경제생산지식은 제도의 도움으로 저장, 조정, 확산되며 이용된다. 학습은 축적의 과정이며 시간에 따라 축적량은 증가하나, 그러기 위해서는 인간과 자본의 지속적인 투자가 요구된다.

지식은 학습뿐만 아니라 망각에 의해서도 변화한다. 기업의 특정 공정의 중지, 특정 부서의 폐쇄, 인력과 자본의 재배치는 혁신을 위한 사전조건이 된다. 이러한 과거 지식의 청산 혹은 망각은 과거에 투자된 시간, 자본, 노력 그리고 명성 때문에 쉽게 이루어지지 않을 수도 있으며 개인이나 집단에서 사회적, 경제적 저항을 부를 수도 있다. 이러한 창조적 망각의 상충적 측면은 불합리하게 자원을 낭비하는 위험을 야기하는데, 조세정책, 자본시장, 경쟁 그리고 다른 제도적 요인으로 조정할 수 있다.

학습은 상호작용의 정도에 따라서 단순 기억(imprinting), 논리적 근거의 이해가 필요 없는 반복적 암기학습(rote learning), 상호작용에 의한 학습으로 결과를 분석하여 재학습이 이루어지는 되먹임 학습(feedback learning), 대학, 연구기관 등 여러 사람과 기관 간의 상호작용을 통한 체계적이고 조직화된 학습(systematic and organized learning) 등 네 가지로 구분된다.(Lundvall, 1992) 학습은 상호작용의 형태로 이루어지므로 제도들에 의해 형성된다.

 기술혁신은 기업내부, 기업 간에 다른 수준에서, 서로 다른 부서에서의 서로 다른 종류의 사람들 간의 대화와 업무 처리를 기본으로 하며 좀 더 과학적, 기술적으로 진보된 혁신은 좀 더 복잡한 정보교환과정이 필요하다. 현대의 기초 및 응용연구는 대학, 연구기관, R&D부서 등의 제도화와 복잡한 연결을 통해 이루어지고 이는 서로 다른 수준의 지식을 공유하는 사람들 간의 지속적이고 심도 있는 상호작용이 반영되고 있음을 의미한다. 혁신을 자극하기 위한 지식의 증가를 위한 활동을 탐색에 의한 학습(learning by searching)이라고 부르며, 현대의 기업들은 새로운 공정, 제품과 관련된 혁신에 이용할 지식을 체계적이고 조직적으로 탐색한다. 이러한 탐색과정은 여러 가지 경로와 제약 조건이 존재하는데, 첫째 기술경쟁하에서 기업의 탐색 학습은 곧바로 다른 기업이 사용할 수는 없다. 둘째 기업의 연구인력의 교육 정도, 지식, 경험, 기능은 문제를 구성하고 해결하는 과정, 즉 혁신과정에 기여하며, 셋째 기업의 특정의 기술적 기회와 생산제품 영역에서의 병목현상(bottleneck)으로 탐색학습은 특정한 기술궤적을 따른다. 넷째 지배적인 '기술-경제 패러다임'은 사회 모든 수준에서 탐구와 학습에 영향을 미친다. 이는 지배적 패러다임에 의해 생성된 사고의 틀은 연구자들에게 문제의 형성, 방법의 선택 그리고 문제해결을 위한 실마리를 제공하기 때문이다. 이것은 모든 학습이 기술패러다임과 기술궤적에 의해 좌우됨을 의미하지는 않는다. 대학 같은 비영리 연구기관에서의 기초연구는 때때로 신지식의 상업적인 잠재적 유용성이 무시되기도 하지만 전체 지식의 창조에 중요한 역할을 담당한다. 따라서 지식의 창조와 발전을 위해 두 가지의 탐구가 존재하는데 하나는 기업 혹은 산업부문에서의 상품과 공정과 관련된 탐색에 의한 학습

(learning by searching)과 다른 하나는 대학과 같은 비영리의 기초 탐구 활동(learning by exploring)이다. 또한 기업 간 통상적 연결 (linkage), 기업의 일상적인 조달, 생산, 판매행위 등으로부터 학습이 이루어지기도 하는데 이를 생산에 의한 학습(learning by producing) 이라고 한다. 학습과 탐구 활동은 경제발전의 중요한 역할을 담당하며, 여러 형태의 제도를 통해서 형성되고, 혁신의 내생적 과정의 형태를 따르게 한다. 다음 [그림 3-3]은 학습과 혁신의 성장 그리고 제도의 영향과의 관계를 묘사하고 있다.

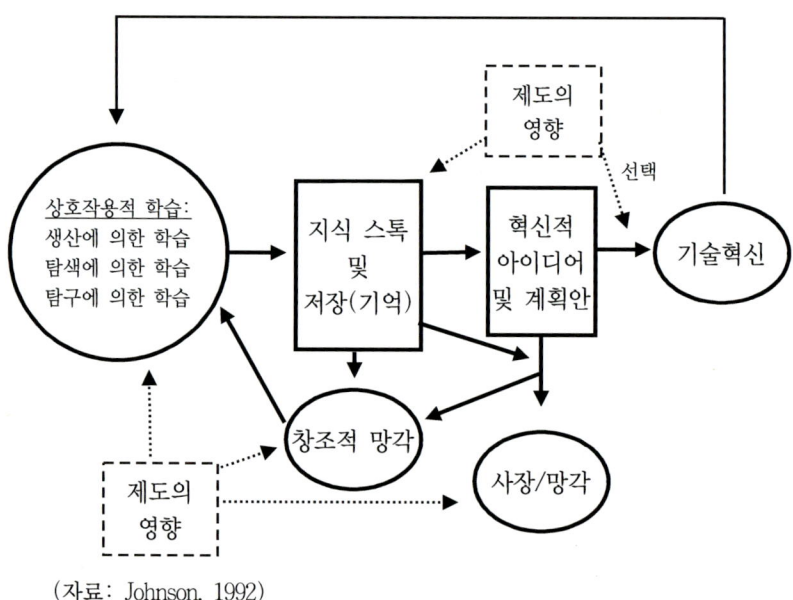

(자료: Johnson, 1992)

[그림 3-3] 학습, 지식성장, 혁신 간의 관계

생산에 의한, 탐색에 의한, 탐구에 의한 학습의 형태를 갖는 상호작용적 학습이 경제적으로 유용한 지식의 축적을 가능하게 하며 이러한 지식의 축적은 망각으로 인해 감소되기도 하나 피드백 메커니즘으로 상호작용적 학습에 의해 간접적으로 지식을 확대시킨다. 새로운 지식은 혁신의 형태로 생산에 반영되는데 이는 선택적 메커니즘에 의해 이루어진다. 새로운 지식으로 창출된 프로젝트나 혁신 아이템을 선택하여 새로운 공정, 신제품이 개발되고 지속적으로 운영 관리할 방법이 모색된다. 또한 학습, 기억, 망각, 선택 메커니즘은 모두 제도적 요인에 의해 영향을 받는다.

5. 국가혁신시스템에서의 사용자-생산자 관계

룬드발(1988, 1992)은 시장에서 가격과 같은 정량적 정보에 기초하여 효용극대화에 따른 소비자 결정과 이윤극대화에 따른 생산자 결정 문제를 주로 다룬 기존의 전통적인 미시경제 논의와는 다르게 시장에 참여하고 있는 생산자와 사용자 간의 지속적으로 변화하는 정보를 바탕으로 학습과정에 초점을 맞추어 기술혁신과정을 이해하려고 하였다.

혁신이 도처에 어느 시간대이든 발생하고 노동이 계층화된 경제에서 모든 혁신활동은 외부혁신근원(outside the innovating unit), 즉 사용자에 지향된다. 따라서 사용자의 요구 정보가 중요하며 이러한 지식은 생산자의 기술적 기회의 기반이 된다. 생산자와 소비자가 분리된 순수시장(pure market), 즉 완전경쟁시장에서는 가격과 가치와 같은 정량적 정보만 존재하기 때문에 사용자와 생산자의 익명적 관계는 잠재 사용자의 요구에 관한 정보와 신제품의 사용가치 정보가 생산자들에게는 알 수 없다. 따라서 순수시장에서는 제품혁신은 우연히 발생하거나 예외적인 사건이다.

윌리암슨(Williamson, 1975, 1985)은 거래비용(transaction costs)이

론에서 시장이 소수의 공급자와 다수의 사용자로 구성되고, 불확실성, 한정된 이성(bounded rationality), 기회적 행동의 특성을 가정하면, 시장은 계층구조(hierarchy)화되는 경향이 있다고 지적하고 있다. 즉 거래비용이 증가할수록 수직 통합화(vertical integration)를 초래하게 된다. 이처럼 계층화가 심화되면 사용자와 생산자 사이의 정보의 불공평한 분배가 이루어진다. 즉 제품혁신에서의 정보는 사용자보다는 생산자가 보다 많이 보유하게 되고 결국 제품혁신보다는 공정혁신에 치중하게 된다. 룬드발은 혁신의 중요성을 갖는 시장으로서 현실시장이 순수시장이나 계층화된 시장보다는 생산자와 소비자와의 상호작용이 이루어지는 조직화된 시장(organized market)으로 상정하였다.

조직화된 시장은 가격과 생산량에 대한 정보의 흐름과 참여한 개체들 간의 거래와 조직화된 형태들 간의 관계로 특성화된다. 그러한 관계는 정성적인 정보의 흐름과 직접적인 협력을 바탕으로 한다. 또한 시장 내에 존재하는 불확실성을 극복하기 위해서는 상호신뢰와 공통언어가 필요하다.

혁신은 사용자의 필요와 공급자의 기회의 충돌을 통하여 창출되며, 이러한 충돌은 자연스럽게 일어나는 것이 아니라 이 시장을 구성하는 사용자와 공급자가 상호작용적인 학습(interactive learning)을 활발히 수행하며 이를 바탕으로 쌍방 간의 질적인 정보(qualitative information)가 흐름으로써 창출되고 궁극적으로 혁신으로 이어진다. 조직화된 시장을 구성하는 중요한 요소로서 사용자와 생산자 간의 질적인 정보의 교환, 상호 간의 협력, 위계질서, 상호신뢰가 요구된다. 그러나 이러한 구성요소를 구축하는 데는 적지 않은 시간과 비용이 요구되며, 관계를 강화시키려는 유인과 관성(inertia)은 생산자와 사용자 모두에게서 존재한다.

6. 기술확산과 국가혁신시스템

국가혁신시스템적 접근에서는 기술확산을 독립적으로 파악하지 않고 기술혁신과정의 일부로 해석한다. 즉 확산은 새로운 기술지식의 창출을 혁신시스템 내의 주체들에 전달, 축적시킬 뿐 아니라 피드백(feedback)을 통해 또 다른 창출을 유인하는 순환적, 상호작용적 관계를 가짐으로써 기술혁신의 한 과정이자 새로운 기술혁신을 견인하는 활동으로 보는 것이다.

이러한 기본 인식하에 국가혁신시스템에 의한 기술확산이론의 핵심은 제도(institution)라는 측면이다. 전술한 바와 같이 제도는 넓은 의미에서 경제적, 사회적 활동의 준거가 될 뿐 아니라 좁은 의미에서 기술확산의 핵심적 기준과 원리를 제공한다. 국가혁신시스템이론에서는 과거 지식들의 조합(combination), 새로운 지식의 창출 및 축적의 학습과정(learning process)이 지식 스톡(stock)의 양을 증가시키며, 이는 기술혁신의 기반과 궁극적인 경제발전의 근거를 제공한다고 전제한다. 또한 제도와 제도적 변화(institutional change)가 혁신 및 확산과정에 따르는 기술변화에 영향을 끼치며 제도들에 의해 형성된 기술변화에 의해 다시 제도적 변화가 야기되는 상호순환적 관계를 갖는다고 설명한다. 따라서 국가혁신시스템에서 혁신을 둘러싸고 있는 제반 구성주체들(연구기관, 대학, 기업, 정부 등)의 학습이 혁신의 원천이 되며, 학습효과를 창출하고 이를 혁신 및 확산의 과정으로 이르게 하는 제도적인 구성이 중요한 역할을 하게 된다.

따라서 기술혁신의 창출과 확산을 위한 제도가 국가 차원에서 효율적으로 구성되는 것이 매우 중요하며 이것은 결국 국가혁신시스템이라는 형태로서 구체화된다. [그림 3-4]에 나타나 있는 것처럼 국가경쟁력에 기여하는 혁신을 창출하기 위한 기술적 학습(technological learning)은 기술혁신과 진보로 이어지고, 제도적 기반에 의해 학습과정을 통한 기술확산, 즉 제도적 학습(institutional learning)이 일어나며 이 과정에서 새로운 기술혁신이 생겨나고 이는 다시 제도의 변화 혹은 제도의 혁신으로 이어지는 순환적 관계가 형성된다.(정선양, 1996)

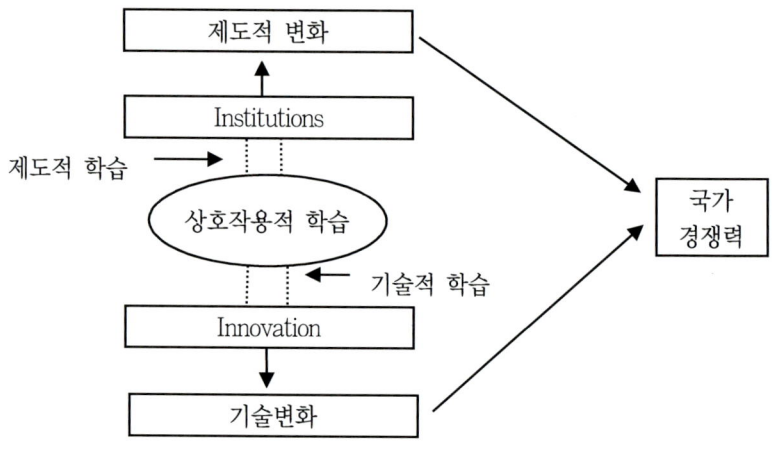

[그림 3-4] 기술혁신, 확산 및 제도혁신의 순환관계

7. 기타 혁신시스템 유형

7.1 지역혁신시스템(regional innovation system)

지역혁신시스템(regional innovation system: RIS)은 국가혁신시스템의 축소형이라고 할 수 있다. 지역혁신시스템은 국가혁신시스템 모형의 한계가 국가라는 시스템이 너무 크고 넓기 때문이라는 문제의식에서 출발한다. 이 문제에 대한 대안으로서 지리적 범위를 제한하고

(limitation of geographical boundary), 동일 내지 유사한 기능을 갖는 지역(regions with same(similar) functions)이나 특정산업에 특화된 지역(regions for specialized industries)을 대상으로 기술혁신 구조나 양상을 분석하고, 비교하는 접근을 제안하고 있는데 그것이 바로 지역혁신시스템이라는 개념이다.

지역혁신시스템이 기술혁신 연구에서 큰 관심을 끌게 된 계기는 역시 미국 Silicon Valley와 같은 대규모의 첨단산업 단지가 성공을 거두면서 이를 벤치마킹하는 노력이 활발히 진행되면서부터이다. 지역혁신시스템의 내부 요소는 국가혁신시스템과 유사하다. 물론 국가와 지역이라는 지리적 범위의 차이는 있지만 본질적으로 시스템의 구성요소가 다르지는 않은 것이다. 국가혁신시스템과 비교하여 외부요소는 더 다양하게 포함된다. 예를 들어, 중앙정부의 지원과 규제제도, 전국적 하부구조(infrastructure), 외부 시장 등이 시스템 구성에 반영되어야 하는 것이다. 지역혁신시스템과 유사한 모형으로 최근에 큰 관심을 끌고 있는 모형으로 지역산업클러스터를 들 수 있다. 클러스터(cluster), 즉 집적단지라는 개념은 지리적으로 제한된 범위 안에 산업 요소와 기술 요소가 함께 존재하면서, 그 단지의 특화산업을 육성하는 시스템을 뜻한다. 산업 요소로는 생산업체, 수요업체, 판매업체, 중개업체 등이 포함되고 기술 요소로는 연구조직, 교육기관, 연계조직 등이 포함된다. 지역산업클러스터의 핵심은 시장적 네트워크에 의한 규모의 경제와 범위의 경제, 기술적 네트워크에 의한 지식창출 능력과 지식 확산효과의 확대에 있다.

7.2 산업혁신시스템(sectoral innovation system)

국가혁신시스템이 기술혁신이 국가 간의 경쟁력이나 경제성장에 미치는 영향을 분석하는 동기에서 출발한 것처럼 산업혁신시스템(sectoral innovation system: SIS)은 왜 산업 간에 기술혁신이 일어나는 양상이 다른지, 기술혁신을 유인하는 요소와 조건은 어떻게 다른지를 분석하기 위해 제시된 모형이다.

산업혁신시스템은 [그림 3-5]에 도시되어 있는 산업별 기술혁신 패턴(sectoral pattern of innovation)이라는 개념을 토대로 하고 있다. 그림에서 알 수 있듯이 각 산업의 기술혁신 양상은 기술자체의 본질적 성격, 기술혁신 주체의 특성, 산업구조의 특성 등의 요인에 의해 상이하게 나타난다. 따라서 이 패턴의 차이를 분석하여 각 산업의 특성에 맞는 기술혁신 전략이나 정책을 수립하는 것을 궁극적인 목적으로 한다.

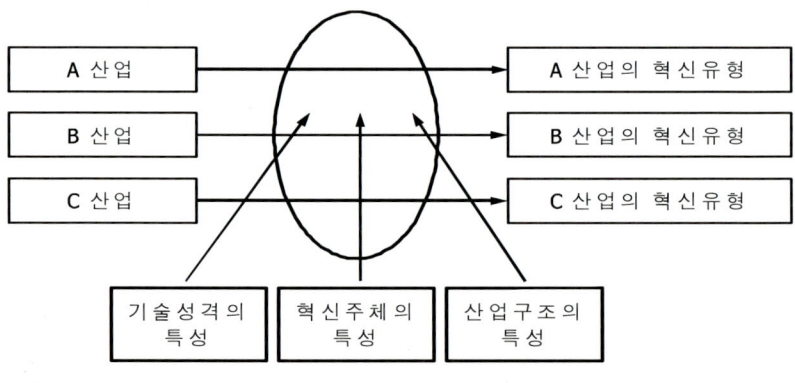

(자료: 박용태, 2007)

[그림 3-5] 산업별 기술혁신 패턴의 개념

산업혁신시스템은 다음 세 가지를 핵심적인 내용을 다룬다. 첫째, 산업별로 기술혁신 패턴이 어떻게 차이가 나는가 하는 문제이다 급진적 혁신 중심인지 점진적 혁신 중심인지, 제품혁신 중심인지 공정혁신 중심인지, 기초연구 중심인지, 산업기술 중심인지, 대기업 중심인지, 중소기업 중심인지 등의 다양한 측면에서 차이를 설명할 수 있다. 둘째, 산업별 기술혁신 패턴의 차이를 가져오는 결정요인이 무엇인가에 관한 문제이다. 앞에서 언급한 대로 해당산업의 기술이 지니는 본질적 속성, 해당산업의 기술혁신을 주도하는 주체들의 차별적 특성, 해당산업의 시장구조나 경쟁형태의 특성, 기술자산을 관리하는 전유체제의 차이 등의 요인이 포함될 수 있다. 셋째, 기술혁신 패턴의 차이에 따른 산업의 분류체계 문제이다. 산업을 분류하는 기준은 다양하다. 이 가운데 가장 공식적이고 보편적인 체계는 표준산업분류(Standard Industry Classification)이다. 그러나 이러한 전통적인 분류는 기술혁신 연구의 관점에서는 그 유용성이 제한될 수밖에 없다. 따라서 기술혁신의 양상의 차별적 특성을 기준으로 산업을 나누는 시도들이 이루어졌다. 그 가운데 가장 많이 인용되는 패빗(Pavitt, 1984)의 분류체계가 [표 3-1]에 요약되어 있다. 표에서 보듯이 이 분류체계에서는 산업을 크게 자원집약형 산업, 공급자주도형 산업, 규모집약형 산업, 전문공급자형 산업, 과학기반형 산업으로 분류하고 있다.

[표 3-1] 산업혁신시스템 접근에 의한 산업분류체계

산업분류	대표산업	기술원천	사용자	전유체제	기업규모
자원집약형 (resource - intensive)	가구, 정유	-	중간 소비자	-	대기업
공급자주도형 (supplier - Dominated)	섬유, 의복 인쇄, 출판	타산업의 자본재, 원재료 공급자	최종수요자 개인소비자	상표, 비기술적 노하우	중소기업
규모집약형 (scale-intensive)	자동차, 가전, 철강, 식품	엔지니어링 연구개발	중간소비자 최종소비자	특허, 노하우	대기업
전문공급자형 specialized -supplier)	공작기계, 정밀기기	설계, 사용자와의 관계	제조업체	노하우, 영업비밀	중소기업
과학기반형 (science - based)	항공, 컴퓨터, 의약품	연구개발, 엔지니어링	제조업체	특허	대기업 벤쳐기업

(자료: Pavitt, 1984)

제2절 혁신 및 확산의 순환 메커니즘: 네트워크

1. 네트워크의 개념 및 구성요소

네트워크 접근은 기술혁신 및 기술확산을 기업들 간의 상호보완적 협력, 제휴관계로 파악한다. 국가혁신시스템 접근이 '시스템'을 기본모형으로 보다 거시적이고 종합적인 접근을 하는 데 비해 네트워크 접근은 '네트워크'를 기본모형으로 상대적으로 미시적이고 부분적인 접근을 시도한다.

네트워크는 기본적으로 노드(node)와 링크(link)로 구성된다. 노드
는 개인, 기업, 조직, 지역, 산업, 그리고 국가 등 의사결정 및 활동의
주체들을 의미하고, 링크는 노드 간의 관계나 흐름을 뜻하는 것으로
기본적으로 유·무형의 자산요소(지식, 물자, 인력의 흐름)가 내재되
어 있다. 실제로 노드 간의 지속적인 투자가 없으면 네트워크는 소
멸하게 된다. 네트워크 관계를 유지하기 위해서는 지속적인 신뢰와
투자 그리고 시간이 요구된다. 그러나 이러한 요소들은 한번 투입되
면 회수되지 못하는 매몰비용이 되고 이러한 투자의 비가역적 특성
(irreversibility)은 네트워크의 경직성(rigidity)과 경제적 주체 간의 상
호작용적 구조로 이어지게 한다.

두 노드 간의 관계는 제3자에 의한 우월한 혁신성과가 존재하지 않
으면 안정적이 된다. 이는 반대로 새로운 파트너가 기존의 매몰비용
이상의 우월성을 가지면 새로운 관계가 생성됨을 의미하기도 한다. 결
국 경제에서의 네트워크들은 거래비용(transaction cost), 심화된 경쟁
상황과 복잡한 환경에서의 위험감소에 의해 유인된 기업과 시장 사이
의 틈새(niche)로 파악하기도 한다.(Johansson & Karlsson, 1994) 또
한 네트워크는 상호관계의 시스템으로 파악될 수 있으며 일반적인 시
스템과 비교해 볼 때 상대적으로 비공식적이고 암묵적이며 분해 및
재결합이 가능한 느슨한 형태를 띠고 있다.(성소미, 1995) 네트워크
내에 제한된 수의 기업이 존재하더라도 그러한 네트워크는 공급자 및
사용자 관계를 맺고 있는 기업들을 포함하는 일련의 연계관계를 포함
하게 되므로 특정 프로젝트의 효과 범위를 넘어서는 효과를 발휘한다.
이는 기업들 간의 상호작용이 반복적일 뿐만 아니라 내용, 시간, 공간
에 있어서 광범위하게 걸쳐 있기 때문에 모든 관계들의 완전한 집합
을 의미하기 때문이다.

한편 혁신의 특성인 총합적 과정, 복잡하고 상호작용적 과정, 노하우와 특정기술의 창조적 결합과정, 기술경제를 창조하는 본질적 창조과정으로 이해된다면, 혁신 네트워크는 다양한 참가자들에 의한 노하우의 시너지적 결합(synergistic combination)에 근거한 선택적 학습과정(collective learning process)의 지속적인 발전을 통해서 혁신과정(innovation process)을 조직화하는 진화적 형태(evolutionary mode)로 정의할 수 있다.(Maillat et al. 1994)

경제사회시스템에서 네트워크가 갖는 의의는 개별주체들 간의 보완적 협력관계를 통해 사회 전체적인 기술혁신의 상승효과(synergy effect)를 만들어내는 데 있다. 오늘날의 경제활동에서 개별기업이 자체적인 투자와 능력만으로 새로운 기술지식을 창출하고 기술혁신을 통해 신제품을 개발하며 시장의 여러 정보를 수집하여 다시 이를 기술혁신과 생산에 반영하는 일련의 기업 활동을 수행한다는 것은 거의 불가능한 일이다. 이러한 현상은 과학기술의 첨단화, 시스템화, 융합화가 심화되면서 더욱 두드러지게 나타나고 있다. 더구나 시장의 통합과 세계화·지방화가 진행되면서 국가경제 간 뿐 아니라 개별기업들도 국내외의 다른 기업과의 관계에 의해 직·간접적으로 영향을 받을 수밖에 없다. 모기업, 하청기업, 생산자, 사용자, 대학 및 연구기관, 정부기관, 심지어 경쟁기업과도 보완적 협력을 모색할 수밖에 없는 것이다. 이러한 협력의 조직된 형태가 바로 네트워크이며 이것이 기술확산의 요체가 된다. 설사 네트워크 내에 제한된 수의 기업이 존재하더라도 공급자 및 사용자 관계를 맺고 있는 기업들을 포함하는 일련의 연계관계를 형성하게 되므로 협력을 통한 효과는 개별적인 투자효과를 넘어서는 크기로 나타난다.

네트워크가 구성되는 양상과 방법은 다양하다. 공식적인 계약을 통해 네트워크가 구성되거나, 비공식적인 접촉이나 단순한 정보의 공유를 위한 느슨한 형태의 네트워크도 존재한다. 기업은 이러한 네트워크에 참여함으로써 기술혁신을 위한 정보와 기술을 획득한다. 또한 네트워크 내에서 창출된 지식과 기술혁신은 각 참가자에게로 급속히 확산됨으로써 기술확산을 활성화시킨다.

또한 네트워크는 기술의 동태적이고 지속적인 진보를 견인한다. 경제시스템 내에서 모기업과 하청기업 간, 생산자와 사용자 간, R&D 프로젝트에서 참여 주체들 간의 협력 등은 네트워크 구조를 가지며 또한 산업 간 교역에서 네트워크 자본(network capital)으로 표현하는 총합적 연계(aggregated links)도 역시 네트워크 상황으로 상정되고 분석되고 있다.

네트워크의 형성과 네트워크 간의 긴밀한 상호작용을 통해 지식 스톡이 증가하면서 기술진보가 이루어진다. 그러나 네트워크의 경직성 혹은 타성(inertia)에 의해 기술진보는 정체되는 현상이 발생하고 이러한 시기에 새로운 지식을 보유한 주체들 간의 네트워크가 형성되어 상호작용에 의한 시너지효과로 지식의 총량은 다시 증가하면서 새로운 기술진보가 일어난다. 퇸크비스트(Törnqvist, 1990)는 [그림 3-6]과 같이 지식성장과 네트워크 간의 관계를 통해 동태적인 기술진보가 일어나는 현상을 학습곡선을 이용하여 설명하고 있다.

114

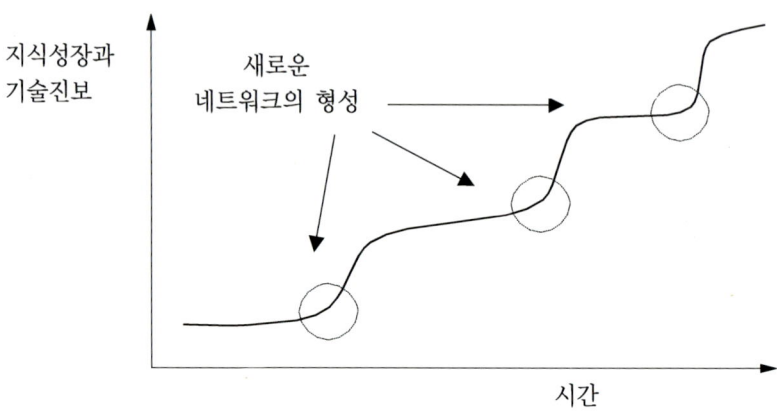

지식성장과
기술진보

새로운
네트워크의 형성

시간

(자료: Karlsson, 1994, 재인용)

[그림 3-6] 네트워크를 통한 기술진보과정

2. 기술혁신 및 확산과 네트워크

네트워크 분석은 사회학, 경영학, 공학 분야에서 상당히 많은 연구
가 이루어지고 있다. 특히 현대의 정보통신기술의 급격한 발전과 더불
어 기업들의 기술혁신과 확산을 위한 적절한 조직형태로 네트워크가
큰 각광을 받고 있다.

우선 제품을 구성하는 요소기술의 복잡화는 기술을 체계화하며 이
를 소화하고 융합할 수 있는 능력의 중요성을 부각시키고 있다. 따라
서 기업 내에서도 각 부서들 간의 네트워크와 정보 및 지식의 공유가
중요해지고, 관련기업들 간의 연계, 그리고 기업과 대학 및 연구소들
간의 연계를 통한 공동연구의 필요성도 증가하고 있다. 특히 '80년대
이후 여러 제조업 분야에서 일본기업의 상대적 경쟁력이 제고되면서
경영방식 및 기술혁신과 확산과정에 있어서의 일본기업의 대한 관심
이 집중되었다. 일본기업에 대한 사례연구에 의하면 기업내부의 유기

적 네트워크를 통해 연구개발, 생산, 판매를 통합적으로 관리하고 그 결과 기술개발 기간도 단축시킬 수 있었을 뿐 아니라 품질 면에서도 경쟁기업들보다 나은 제품을 만들 수 있었다는 사실을 알 수 있었다. 기업특유의 기술지식축적이 근간을 이루지만 기업외부의 공식적, 비공식적 네트워크를 활용한 과학지식의 습득도 매우 중요하다. 기업내부 및 기업외부의 학습 네트워크의 정확한 유형은 기업규모에 따라 달라지지만 모든 기업들은 외부의 지식원천을 활용한다.

네트워크 접근이 기술혁신의 특징과 그 과정을 이해하는 데 유용하게 된 기술적, 경제적 배경은 다음과 같다. 전자기술과 여타 첨단기술들 간의 광범위한 융합화와 기술의 복합화가 두드러짐에 따라 하나의 기술은 수많은 요소기술들로 이루어진 커다란 시스템을 이루는 경향을 보이고 있다. 따라서 개별 연구개발주체들의 독자적 능력만으로는 모든 기술적 가능성을 탐색하고 활용하는 데는 한계가 있을 수밖에 없고 외부의 기술 및 지식원천을 활용할 필요성이 커지고 있으며, 서로 다른 조직 간의 상호작용과 연계에 근거한 복합적인 메커니즘을 통해 창출하고 확산되는 경향을 보이고 있다.

정보화의 진전에 따라 이제 지역 간의 거리는 기업경영의 제약요인이 될 수 없으며 각 기업은 최소비용으로 최대의 전문지식과 기술을 활용할 목적으로 범세계적 부가가치 네트워크에 자사의 인원과 자원을 재배치하고 있다. 이러한 기술의 복잡화 및 시스템화 경향과 기업활동의 세계화 추세에 따른 기술혁신과정의 변화로 인해 네트워크는 기술혁신과정을 이해하는 유용한 방법으로 인식되고 있다.(Debresson, 1991) 네트워크 경제는 독립된 주체 간의 공동협력과 위험공유의 쌍방적 구조를 갖는다. 따라서 네트워크는 복잡한 새로운 형태를 다루며, 통신시스템, 경제 네트워크와 사회 간의 상호작용을 강화시키는 작용을 하며, 시간에 따른 변화와 조정 등 동적 측면을 다루고 있기 때문에 필요하다.(Johansson et al., 1994) 또한 보완적 기술자산의 교환이나 공유를 목적으로 하는 국제기업 간의 전략적 제휴(strategic alliance)도 외부네트워크의 중요한 수단으로 활용되고 있다. 나아가 경제활동의 세계화(globalization)가 진행되면서 기업의 활동조직은 본부를 중심으로 부채살 모양(fanning out)으로 국제화되는 단계를 넘어 세계 전 지역에 노드(node)들이 거미줄처럼 흩어져 망조직(network or web)으로 연결되는 단계까지 발전하는 추세이다.

이러한 기업내부 및 기업외부의 네트워크를 통해 이루어지는 이른바 네트워크경제(network economy)가 곧 기술확산의 동인이자 매개가 된다. 보완적 협력을 목적으로 기업들이 네트워크를 구축함으로써 기술자산의 풀(pool)이 확대되고 기술지식의 유통망이 구축되며 피드백활동을 통해 새로운 기술의 재창출이나 기존기술의 개선이 이루지는 과정이 곧 기술확산이며 이 과정에서 발생하는 경제적 효과는 기술확산을 더욱 촉진시키는 유인으로 연결된다는 것이다.

3. 네트워크의 유형

네트워크는 기업규모뿐만 아니라 기술 및 혁신의 유형에 따라서 산업부문별로, 그리고 국가혁신시스템의 환경에 따라서 변화하며 학습방법에 따라서 네트워크의 내용, 형태 그리고 상호작용이 구분된다. 네트워크의 유형론(typology) 혹은 분류론(taxonomy)은 아직 완전히 정립되지는 않았으나 여타 기술 및 경제 환경(milieu)과 기업의 생산시스템(production)에 네트워크가 미치는 영향에 따라서 구분될 수 있다.

기업규모뿐만 아니라 기술 및 혁신의 유형에 따라서 산업부문별로,

그리고 국가혁신시스템의 환경에 따라서 변화하며 학습방법에 따라서 달라진다. 여기서 환경은 네트워크에 보다 직접적으로 영향을 미치는 것으로 예를 들어 외부로부터 기술적 지식이나 조언, 연구기관으로부터의 도움 등과 같은 기술적 환경과 정부의 규제제도나 유인제도 그리고 경쟁기업 혹은 경쟁 네트워크의 경제적 환경 등을 포함한다.

기업 간 측면에서 네트워크의 유형은 기술 및 시장환경에 혁신이 미치는 영향, 네트워크 참가자의 전문화 정도, 네트워크 형성 및 유지를 위한 참여자 간의 규칙과 기준, 지식의 공유 정도, 환경의 영향을 근거로 선도 기업이 존재하는 네트워크(network with leader firm), 중심기업군이 존재하는 네트워크(network with hub network) 그리고 합의 네트워크(compact network)로 구분된다.(Maillat et al., 1994) 다음 [표 3-2]는 기업 간 측면에서 네트워크의 분류의 기준과 네트워크 유형을 정리한 것이다.

[표 3-2] 네트워크 유형과 기준

네트워크 유형	혁 신	노동의 분화	규 칙	know-how	환경의 기능
네트워크 유형	기술 및 시장 환경에 미치는 혁신의 영향	상대 파트너의 전문화 정도	네트워크 형성 시 규칙의 공식화 정도 및 근원	새로운 지식의 보유 정도	아이디어 형성 과정에서의 네트워크에 대한 환경의 중요성
선도기업이 존재하는 네트워크(network with leader firm)	기존 제품에서의 부품의 대체	엄격한 노동 전문화 및 분업화	쌍방 합의(계약)에 의한 규칙 혹은 기준	새로운 지식은 각자 소유	외부환경의 기술능력을 이용
중심기업군이 존재하는 네트워크(network with hub firm)	기존 제품의 변환	노동의 모듈화	고객규칙 (customary rules)	쌍방적 지식의 확산 및 공유	외부환경의 혁신능력에 근거
합의 네트워크 (compact network)	신제품의 창조	노동의 불안전한 분화	공동체 의식에 근거한 규칙의 확산	모든 파트너에게로의 지식 확산	외부환경은 다양한 참가자를 위한 기회를 창조

자료: Maillat, et al., 1994.

한편, 케스나이스(Chesnais, 1988)는 기업 간 네트워크[4]를 생산, 교환, 기술의 상업적 공동 활용이라는 관점에서 경쟁 이전 단계와 경쟁 이후 단계로 나누고 경쟁 이후 단계는 다시 기술협력과 제조 및 마케팅 협력으로 구분하여 유형화를 시도하였다. [표 3-3]에서 상단은 대학과 산업 간의 네트워크를 나타내며, 하단은 공동생산과 기술 이전이라는 가장 고전적인 형태를 나타내고 있다. 그리고 보다 최근의 네트워크 형태는 표의 중앙에 표현되었다.

[표 3-3] 기업 간 연구, 기술, 제조, 마케팅에 의한 네트워크의 유형

단계	협력 형태	유형	주요 내용	네트워크의 크기
경쟁 이 전 단 계	연구 개발 협력	A	관련기업에 의해 자금 지원되는 대학 중심의 협력연구 (공공보조연구 존재 가능)	다수의 참여 기업
		B	대학과 공공연구기관이 참여하는 정부-산업 협력 연구개발	
		C	민간기업 간 합작에 기초한 연구개발 기업(유럽의 컴퓨터 리서치 센터, 미국의 21개 기업이 참여하는 MCTC)	소수의 참여 기업
경 쟁 단 계	기술 협력	D	소규모 첨단기술기업들에 대한 기업 내 벤처 캐피털 투자(개별기업이 단독으로 참여하거나 몇몇 기업이 참여)	소 수 또 는 극 소 수 의 참여기업
		E	선별적 영역에서 두 기업 간의 非지분 협력 연구개발 네트워크	
		F	완성된 기술에 관한 기업 간 기술 네트워크(기술공유, 복제 생산, 복합적 상호 라이센싱, 특정 제품 시장에서의 상호 라이센싱: 미·일의 CMOS 반도체 기술 분야의 협정)	
	제조 and/or 마케팅 협력	G	합자기업 또는 포괄적인 연구개발, 제조 및 마케팅 컨소시엄	소 수 또 는 극 소 수 의 참여기업
		H	고객-사용자 네트워크(제휴)	
		I	라이센스, 마케팅 네트워크(OEM 판매 포함)	

MCTC: Micro-electronics and Computer Technology Corporation
자료: Chesnais, 1988.

---

4) 케스나이스는 네트워크라는 용어보다는 협력 혹은 협성이라는 표현을 사용.

특히 C 유형은 연구기업형태의 네트워크를 나타내는 것으로 많은 기업들이 주주로 참여하여 자금을 조달하는 민간부문의 합작기업이다. 독립된 연구소나 연구시설을 설립하여 각 기업에서 차출된 연구원 혹은 특별히 고용된 인력으로 해당 프로젝트를 수행하며, 기업의 경쟁력 강화에 관련된 기반기술에 초점을 맞춘다. 연구결과는 소유권적 형태로 전유되며, 명확한 상업적 초점을 가진다. D 유형은 소규모의 조직 내에서 혁신활동을 수행하고 시장에서 새로운 기술발전의 모니터는 대기업이 수행한다. 이를 통해 대기업은 중소기업들에 의해 생산되는 지속적인 신기술 흐름을 효과적으로 이용할 수 있게 된다. 기업 내 벤처캐피털을 통해 대기업은 소규모 혁신단위들의 활동을 방해하지 않으면서도 개발 중인 기술과 제품에 대한 자신의 이해관계를 신속하게 평가할 수 있다. E 유형은 기업들이 주주로서 참여하지 않는 매우 유연한 구조를 갖는다. 보완적인 기업 내 기초연구 기반을 보유하고 있는 극소수의 기업들이 참여하고 네트워크의 관계 혹은 협정은 제한된 기간 동안만 지속되며 엄밀하게 정의된 연구결과를 획득하는 것을 목표로 한다. F 유형에서의 네트워크의 구체적인 형태는 산업이나 기술의 특성에 따라 달라지며 기업이 추구하는 유연성이 반영된다. 협력관계가 아니라면 강력한 경쟁관계에 있을 기업들 간의 기술공유 등이 주요 예가 된다.

제 4 장

지식기반경제에서의 기술지식

제1절 기술지식의 중요성

도래하는 지식기반경제의 핵심이 지식이지만 지식의 중요성에 대한 관심자체는 새로운 것이 아니다. 이미 1960년대부터 벨(D. Bell)과 같은 미래학자나 사회학자들은 후기 산업사회(post-industrialized society)에서는 지식이 가치창출의 핵심 요인이 될 것이라고 예견했다. 또한 드러커(Drucker, 1993)는 '후기자본주의사회(Post Capital Society)'라는 저서에서 인류문명은 200-300년마다 그 모습을 바꾸는데 새로운 사회를 만들기 위한 '전환의 시대'가 50-70년간 이어지며, 자본주의 이후의 사회는 1970년경부터 시작되어 적어도 2010년까지는 전환의 시대가 된다고 보았다. 여기서 전환의 원동력이 바로 지식이라는 것이다.

산업 측면에서의 지식산업에 대한 중요성도 이미 60-70년대부터 논의되어 왔다. 일본의 경우 1971년 통산성에서 발간된 보고서를 통해 지식집약 산업을 강화하기 위한 노력을 기울여야 한다고 권고한 바 있다. 그러나 통산성 보고서가 지적한 지식은 훨씬 좁은 의미로 사용됐다. 당시 일본 전문가들에게 지식산업이란 자동차, 컴퓨터, 로봇, 생명공학 등과 같이 고성장산업을 뜻하는 것이었다. 그러나 지금 이런 산업들 중에는 더 이상 고성장을 이루지 못하거나 하이테크 산업이라고 보기 어려운 분야도 많다. 몇몇 하이테크 산업을 육성해서 산업기반을 강화하려는 노력은 일본에서만 있었던 것이 아니다. 유럽의 여러 국가들이 자동차, 컴퓨터, 항공우주산업의 육성을 위해 정부보조금을 지급했을 뿐 아니라 주요 기업의 국유화나 국가 프로젝트 추진, 무역 장벽 강화 등 여러 방법으로 지원을 실시하였다.

80년대 들어서면서 이런 인위적인 정책들이 상업적 측면에서 큰 성공을 거두지 못한 결과로 나타났다. 하이테크 산업에 대한 집착현상은 한국을 포함하여 여러 아시아 국가들에서도 나타난 일반적인 현상이었다. 그러나 경제위기가 닥치자 대부분 포기하거나 연기되었다. 또한 기술개발을 통해 새로운 시장을 개척하는 데 성공한 혁신기업들이 신흥 시장(emerging market)이나 성숙단계에 들어선 시장에서 모두 발견되고 있다. 결국 지식기반경제란 하이테크 산업과 같은 특정 경제 분야를 가리키는 의미가 아니다.

그리고 80년대 후반 이후 여러 국가단위의 경제가 하나의 세계시장(Global market)으로 통합되고, 기술과 시장에 관한 정보가 급속히 전파되면서 제조업과 서비스산업 등 모든 산업은 세계적인 경쟁상황에 돌입하게 되었다. 보다 좋은 제품을 보다 낮은 가격으로 시장에 내놓는 기업만이 생존할 수 있다. 기업은 경쟁에서 이기기 위해 기술개발뿐만 아니라 모든 직급의 노동 숙련도를 높이고 새로운 아이디어를 창출하며 노동력을 조직하는 혁신적인 방법을 개발해야 한다. 또한 장기 경제성장을 이끄는 원동력이 지식과 기술이라는 경제 이론적 접근이 로머(Romer)와 그로스만(Grossman) 등에 의한 '신성장론(new growth theory)'에서 제기되어 활발히 논의되었다.

가치는 이제 생산성과 혁신에 의해 창조되며 생산성과 혁신은 지식을 개인과 조직 그리고 기업의 행위(작업, 경영, 기술개발, 생산, 판매, 마케팅 등)에 적용한 결과이다. 결국 지식 사회의 주도적 사회집단은

'지식 근로자(knowledge worker)'5)들이다.(Drucker, 1993) 가치를 창출하는 창의적 능력이 지식에 해당되며, 지식은 이제 생산성뿐만 아니라 개인, 기업, 산업, 국가 경쟁력을 결정하는 주요요인이 된 것이다. 지식을 성공적으로 창출하고, 경제 주체들 간의 지속적인 활용에 의해서 성장하는 경제가 지식기반경제(knowledge-based economy)인 것이다.

제2절 기술지식의 개념과 유형

1. 기술지식의 개념과 특성

우선 기술6)(technics; technique)의 개념을 먼저 알아보자. 어원적으로 볼 때 테크네(techne)라는 말로 거슬러 올라간다. '테크네'는 '토이코(teucho)'라는 동사에서 도출된 단어인데, 이는 물질적인 것을 '제작하다', '생산하다' 또는 '건조하다'라는 의미를 지닌 단어이다. 그러다가 플라톤(Platon)에 이르러서 '무엇을 야기하다', '무엇이 되도록 하다'라는 식으로 보편화되었다. 테크네의 의미가 목적을 추구하는 인간 행위의 전 영역으로 확대되고, 수공업적인 행위와 능력뿐만이 아니라 고차원적인 예술과 미술까지도 포함하는 개념이 되었다.

그리고 이를 보다 풀어 해석한다면, 기술이란 결국 이미 존재하는 것을 새로운 존재로 만드는 또는 존재하는 것과 다른 존재를 만드는,

---

5) 마치 생산적인 곳에 자본을 배분할 줄 아는 자본가처럼 생산성 있는 곳에 지식을 배분할 줄 아는 지식 경영자(지식 전문가), 지식 피고용자들을 의미.
6) technique의 우리말 번역은 기술, 기법, 기량으로 technology와 다소 차이가 있음.

아니면 지금까지 존재하지 않은 것을 만드는 능력과 방식, 절차 그리고 이에 필요한 일체의 지식을 가리키는 말이다. 즉 기술은 지식이 구체적으로 실행된 결과로 파악될 수 있다. 그러나 여기서 기술과 지식은 동일시되지 않으며, 분명한 차이가 존재한다. 지식은 근본적으로 존재하는 것을 지향한다. 즉 숨겨진, 알려지지 않은 것을 발견하고 탐구하며 분석하여 체계적인 결과의 형태로 얻어진다. 따라서 일차적으로 실제적인 목적을 추구하지 않으며, 추구하는 것은 사실이요 진실이자 진리인 것이다. 이에 반해서 기술은 존재하는 것을 변형시켜서 이전에 존재하지 않는 것, 무엇인가 새로운 것을 창출하고자 한다. 기술은 적극적으로 자연을 지배하고자 하며, 일차적으로 실제적인 목적을 추구한다. 그러나 기술은 지식과 분리해서 생각할 수 없다. 지식은 기술이 추구하는 실제적인 목적에 투입된다. 지식은 기술이라고 하는 인간의 실제적 창조 능력의 정신적인 측면이자 요소로서 결국 기술을 가리켜 실제적 지식이라 부를 수 있고, 또한 역으로 지식을 가리켜 이념적 기술이라고 부를 수 있다.[7]

이제 기술(technology)의 의미를 파악해 보면 앞서 고찰한 'techne'와 지식을 조직하고 체계화하고 목적지향적으로 정리하는 것을 뜻하는 'logy'의 합성어이다. 그리고 지식(knowledge)은 '안다(know)는 것'과 '알고 있는 것에 대한 체계(logic)'의 합성어로 어떤 사실, 자연의 법칙이나 원리, 목적하는 바를 실행할 수 있는 능력이나 기능, 정보의 원천이나 소유자에 대한 정보 등을 포함하는 종합적인 개념이다.(OECD, 1996a) 따라서 'technology'는 'techne'보다 좀 더 지식(knowledge)의 개념에 가까운 의미가 되며, 또한 지식이 기술을 포괄하는 개념으로 파악할 수 있다.

---

7) 김덕영(2005), p.16, 재인용.

앞서 설명한 바와 같이 지식이 'techne'와의 근본적인 차이는 지식이 '존재 지향성'이라는 점이다. 그러나 'technology'는 특정 분야 혹은 모든 분야에서의 특정 사실을 탐구하고 분석한 결과를 바탕으로 한다. 따라서 지식의 개념처럼 존재 지향성, 진리성을 추구한다. 또한 'techne'의 실제적인 목적도 지향한다. 따라서 기술은 실제적인 목적을 지향하는 지식을 의미하고 이러한 점을 강조하기 위해서 기술지식이라는 용어를 기술이라는 단어와 혼용하여 사용한다.

기술의 의미는 여러 학자들에 의해서 다양하게 정의되었는데 인간의 욕구를 만족시키기 위해서 물질세계를 조작 혹은 제어하는 테크 (technique)의 집합 및 지식의 총체를 의미한다.(Girifalco, 1991) 또는 사건(events)과 활동(activities)의 집합을 나타내는 지식체계로 작업을 수행하는 혹은 어떤 방법으로 어떤 결과로 나타나도록 하는 테크닉 (techniqes), 방법(methods), 설계(design)의 지식을 의미한다.(Rosenberg, 1982) 반면 신슘페터주의는 기술을 광범위하게 정의하여 "실제적 및 이론적 지식들, 절차, 경험 및 물적인 장비의 집합"으로 정의한다.(Dosi, 1984) 이 외에 많은 연구자들에 의해서 각자의 관심 범위와 대상에 따라 매우 다양한 기술지식의 정의를 내리고 있다. 다음 [표 4-1]은 여러 연구자에 의한 기술지식의 정의를 정리한 것이다.

[표 4-1] 기술지식에 대한 여러 정의

연구자	정 의
Sowa(1984)	객체(object) 혹은 실체(entity), 운영, 관계에 있어서의 암묵적, 명시적 제한 및 모형화된 상황에 포함된 특정한 발견적(heuristics)이고, 추론적인(inference) 절차(procedures)를 모두 포함하는 것
Woolf(1990)	문제해결에 적용될 수 있는 조직화된(organized) 정보(information)
Turban(1992)	문제해결과 의사결정에 있어서 이해되고 적용될 수 있도록 조직화되고, 분석된(analyzed) 정보
Wiig(1993)	진실(truth), 소신(belief), 전망(perspective), 개념(concept), 판단(judgment), 예상(expectation), 방법론(methodology) 그리고 노하우(know how)
Myers(1996)	활동을 가능하게 하는 절차와 프로세스에 체화된(embedded) 가공된(processed) 정보이며, 조직의 시스템, 프로세스, 제품, 규칙, 문화 등에서 찾을 수 있는 것
Brooking(1996)	인간 중심적인 자산(human centered assets), 지식재산권 자산(intellectual property assets), 인프라 자산(infrastructure assets), 시장 자산(market assets)의 총합
Van der Spek & Spijkervet(1997)	올바르고 맞는(true and correct) 것으로 간주되어 사람들의 생각(thoughts), 행동(behaviors), 의사소통(communications)을 이끄는 통찰력(insight), 경험(experience), 절차(procedure)의 총합
Beckman(1997)	수행하고(perform), 배우고(learn), 가르치기(teach) 위해서 과업 수행, 문제 해결, 의사결정을 능동적으로 이끄는 정보에 관한 추론

자료: 김선우, 2006.

이러한 다양한 정의하에서도 기술지식의 일반적인 특성으로 크게 세 가지 측면을 파악할 수 있다. 우선 기술은 인간 삶의 모든 부분에 존재한다. 즉 도처에 존재하는 편재성(ubiquity)을 갖는다. 인간이 추구하는 목적과 이것의 실현을 위해서 필요한 매개물, 곧 수단을 구분할 수 있는 모든 행위에 기술은 존재한다. 기술은 다른 활동과 구별되는 별개의 활동이 아니라, 모든 활동은 자신의 기술을 가지고 있다. 또한 어떤 기술은 서로 다른 몇몇 활동들에 공통적일 수 있다. 이를 가리켜서 기술의 편재성이라고 한다.

둘째, 기술은 가치중립성을 갖는다. 기술이 무엇이냐 하는 문제는 옳으냐 그르냐, 긍정적이냐 부정이냐, 선하냐 악하냐 또는 바람직하냐 바람직하지 않냐 하는 문제와는 상관없다. 막스 베버(Max Weber, 1973)에 의하면 기술은 "그 누구에게도 결코 무엇을 해야만 하는지는 가르칠 수 없으며, 단지 그가 무엇을 할 수 있는지를 그리고 경우에 따라서는 그가 무엇을 원하는지를 가르쳐 줄 수 있을 뿐이다"라고 지적하고 있다. 예컨대 핵기술은 그것을 에너지원으로 사용해야만 하는지, 아니면 대량 살상과 파괴의 무기로 사용해야만 하는지 가르쳐 줄 수 없다. 다만 핵 발전에 이용하면 저렴한 비용으로 막대한 에너지를 얻을 수 있고 핵폭탄을 제조하면 순식간에 엄청난 살상과 파괴를 불러올 수 있다고 가르쳐 줄 수 있다. 또 하나의 예를 들면, 홍분제와 전기충격기술을 사용하여 노예를 만드는 기술의 비인간성과 비윤리성을 폭로하는 것을 그것에 대한 '과학적, 객관적 분석과 설명'이라고 착각해서는 안 된다. 이것은 어디까지나 규범적인 철학과 윤리학의 영역이지 기술의 영역은 아니다. 즉 기술은 선과 악에 대한 판단이 배제된다. 이러한 기술의 특성이 가치중립성이다.

마지막으로 보다 현실적인 예컨대 산업기술의 특성이라 할 수 있는 이중성을 들 수 있다. 기술은 보편성(universality) 대 특수성(specificity), 명시성(articulateness) 대 암묵성(tacitness) 그리고 공공성(publicness) 대 사저성(privatcness)이라는 세 측면에서 이중성을 갖는다.(Nelson and Winter, 1982) 보편성과 특수성이란 기술에 따라 광범위하게 적용될 수 있는 것이 있는 반면에 특정한 생산이나 사용영역만 해당되는 것이 있다는 것을 뜻한다. 명시성 대 암묵성은 어떤 기술은 교육에 의해 또는 문서화(혹은 기호화)된 전달기구에 의해 분명히 습득할 수 있는 것이 있는 반면에 어떤 기술은 쉽게 문서화되지 않아서 구체적인 실행과 경험을 통해서만 획득될 수 있다는 것을 뜻한다. 또한 공적이냐 사적이냐 하는 것은 기술에 따라서 아주 싼 비용으로 제한 없이 이전, 획득될 수 있는 것이 있는 반면에, 어떤 것은 자연적 혹은 물리적(법적 보호) 제약에 의해 싼 비용에 습득할 수 없는 것이 있음을 의미한다.

2. 기술지식의 유형

지식은 여러 학자들에 의해 나름대로 개념화되고 유형화되었다. 인식론 학자인 폴라니(Polany, 1958, 1961)에 의하면 지식은 형식지(explicit knowledge)와 암묵지(tacit knowledge)로 구분된다. 암묵지란 언어나 문장으로 표현하기 어려운 주관적이고 개인적인 지식을 의미하며, 기술적 측면에서의 암묵지는 반복된 경험을 통해 개인에게 체화된 사고력과 숙련도 혹은 개인적인 노하우(know-how)를 의미한다. 따라서 암묵지는 무형자산의 형태를 갖는다. 반면 형식지는 언어, 문장 혹은 기호(code)로 표현할 수 있는 객관적이고 이성적인 지식을 의미하는 것으로 이론이나 문제해결기법, 설계도, 매뉴얼 등이 대표적인 형식지이다.

스펜더(Spender, 1996)는 지식을 개인이나 조직이 쉽게 받아들이거나 이해할 수 있고 공유하는 의식적 지식(자동적 지식)과 논리적이고 객관적인 집합적 지식(객관적 지식)으로 구분하였다. 반면에 OECD (1996a)는 지식의 유형을 네 가지로 구분하였다. 즉 'Know-what', 'Know-why', 'Know-how' 그리고 'Know-who'가 그것이다. 'Know-what'은 사실에 관한 지식으로 지식 개념의 근본인 존재성, 즉 진실과 진리를 핵심 내용으로 한다. 'Know-why'는 자연의 법칙과 원리에 관한 과학적 지식을 의미하는 것으로 기술개발, 제품 및 공정 개선을 위한 근원적 지식이다. 이러한 지식은 대학이나, 연구소 등 특정 조직에서 창출되고 발전된다. 따라서 기업이 'Know-why'를 획득하기 위해서는 이러한 조직과 직·간접적으로 연관관계를 구축해야 한다.(과학자를 채용하거나, 조직 내에서 재교육 및 훈련) 'Know-how'는 특정 목적을 실행할 수 있는 능력이나 기능(skills)을 의미하는 것으로 경영자가 신제품에 대한 시장동향을 파악하는 능력이나 숙련 노동자가 복잡한 기계를 다루는 기법 등이 예가 될 수 있다. 'Know-how'는 기업 특유 기술(firm-specific technology)에 속하는 지식으로 기업들이 지식을 공유하고 결합 발전시키기 위한 네트워크 구축의 가장 중요한 원인 중에 하나이다. 'Know-who'는 누가 지식을 가지고 있으며, 방법을 알고 있는가에 대한 지식으로 특정 지식 전문가와 그들의 지식을 효율적으로 이용하기 위해서는 사회적 관계 구축이 필요하다. 지식기반경제에서 다양한 노동 및 직업의 분화로 특정 전문가의 지식은 매우 필요하며 다른 종류의 지식보다 Know-who에 관한 지식이 높은 수준으로 조직에 내재되어야 한다. 또한 세계은행[8]

---

[8] 세계은행은 지식의 유형에 따라 국가별로 상이한 문제를 안고 있음을 지적하고 있다. 기술에 관한 지식의 양과 질에 있어서 선진국, 개발도상국, 저개발국 간의 상당한 편이가 존재하며 이러한 차이를 지식격차(knowledge gap)라고 부른다. 이를 좁히기 위해서는 국제 교역이 증대, 외국인 직접투자 유치, 여행과 이민의 장려, 기술합작, 정보화 달성, 교육기회의 확충을

(World Bank, 1998)에서는 지식을 기술에 관한 지식(Knowledge about technology)과 속성에 관한 지식(Knowledge about attributes)으로 구분하였는데 전자는 영양섭취(nutrition), 산아제한(birth control), 소프트웨어 엔지니어링, 회계 등의 'Know-how'에 해당하는 지식이며, 후자는 제품의 질, 작업자의 성실(the diligence of a worker), 기업의 신용도(the credit worthiness of firm) 등 주로 조직과 사물에 관한 지식을 의미한다.

여기서 특히 OECD의 네 가지의 지식 중에서 'Know-what'과 'Know-why'는 형식적인 지식의 형태로 기호화가 다른 종류의 지식보다 용이하다. 따라서 폴라니의 분류상의 형식지에 가깝고, 'Know-how'와 'Know-who'는 보통 인간에 내재되어 인간관계를 통해 이전되므로 무형자산의 형태를 보이므로 암묵지에 가깝다.

이상의 지식의 유형은 포괄적인 의미를 함축하고 있다. 지식에 대한 유형이 특정 관심영역으로 한정되거나 기업 혹은 조직 수준에서 분류한 연구들도 존재한다. 주보프(Zuboff, 1988)는 인간, 특정 조직, 기업의 활동상에서 이용되거나 체계화되는 상태에 따라 활동중심적 기술, 활동과 같이 이루어지는 기술, 지적 기술로 구분하였다. 헨더슨과 클락(Henderson & Clark, 1990)은 제품 혹은 구성체(architecture)의 구성요소를 발전시키는 구성요소지식과 완전히 새로운, 진보된 구성체를 충족하는 구성체계지식으로 구분하였으며, 바다르코(Badarcco, 1991)는 지식의 이전 용이성에 따라 이동성 지식과 비이동성 지식으로 구

통한 지식의 습득, 흡수, 교류가 필요하다. 또한 속성에 관한 지식이 부족하거나 불확실함으로써 발생하는 어려움을 정보문제(information problem)라고 하며, 이를 해결하기 위해서는 효과적인 회계 시스템 마련, 각종 제도의 투명성 제고, 환경 정보 공유 및 정책 수립 그리고 시장고립을 해소하기위한 방안 등이 마련되어야 함을 강조하고 있다.

분하였다.([표 4-2] 참조)

또한 본(Bohn, 1994)은 재화와 서비스를 생산하는 방법으로서의 기술지식을 지식의 수준 혹은 단계로서 무지(complete ignorance), 인식(awareness), 측정(measure), 수단의 조정(control of the mean), 공정 능력(process capability), 공정 특성화(process characterization), 원리 추구(know-why), 완전지식(complete knowledge)으로 구분하였다.

지식은 연구 대상에 따라, 그리고 지식을 요구하는 조직의 수준에 따라 매우 다양하게 분류된다. 그러나 지식기반경제에서는 매우 다양한 지식이 창출되고 확산되며, 정보통신기술의 발전으로 무형의 지식 혹은 인간에 체화된 지식들이 기호화될 가능성이 커지고 있다. 따라서 형식지와 암묵지로 구분하거나 OECD의 네 가지 유형의 구분이 보다 의미가 있을 것으로 보인다.

[표 4-2] 지식의 유형

연구자	분류	주요 내용
Polany (1958, 1961)	형식지 (explicit knowledge)	언어, 문장 혹은 기호(code)로 표현할 수 있는 객관적이고 이성적인 지식
	암묵지 (tacit knowledge)	언어나 문장으로 표현하기 어려운 주관적이고 개인적인 지식
Spender (1996)	의식적 지식/자동적 지식	개인 혹은 조직 내에 원천적으로 존재하는 지식
	객관적 지식/집합적 지식	논리적이며 체계화된 지식
OECD (1996a)	Know-what	사실에 관한 지식
	Know-why	자연의 법칙과 원리에 관한 과학적 지식
	Know-how	특정 목적을 실행할 수 있는 능력이나 기능에 관한 지식
	Know-who	누가 지식을 가지고 있으며, 방법을 알고 있는가에 대한 지식

연구자	분 류	주요 내용
World Bank (1998)	Knowledge about Technology	know-how 등
	Knowledge about Attributes	조직과 사물에 관한 지식
Zuboff (1988)	활동 중심적 기술	활동에 적용되는 기능, 기법 등
	활동과 같이 이루어지는 기술	활동을 통해서 습득, 축적된 기술
	지적 기술	새로운 지식을 창출하거나, 할 수 있게끔 체계화된 기술
Henderson과 Clark(1990)	구성요소지식	제품의 구성요소들에 관계된 지술 혹은 지식
	구성체계지식	구성요소들이 하나의 체계(architecture)를 형성하거나 완전히 새로운 것으로 변환이 가능케 하는 기술 혹은 지식
Badarcco (1991)	이동성 지식	포장되고, 명확히 표현되고, 이동할 수 있는 지식
	비이동성 지식	개인과 단체들 사이의 특수한 관계 속에 그리고 특정한 규범, 태도, 의사결정 방법들에 머물러 있는 지식

한편, 이러한 다양한 지식 유형과 더불어 기업수준에서의 지식의 창조, 축적 과정에 관심이 집중되면서 노나카(1995)는 일본기업에 대한 경험적 연구를 통해서 지식 창조 과정에 대한 모형, 즉 지식창조이론을 제시하였다. 지식의 창조란 암묵지와 형식지의 상호교환과 순환 프로세스를 통한 지식의 질적, 양적발전이다. 지식은 그 형태를 상호 간에 변환하면서 창출된다는 것으로 이러한 과정을 설명하는 것이 아래 [그림 4-1]의 지식 변환의 '4가지 창'이다.

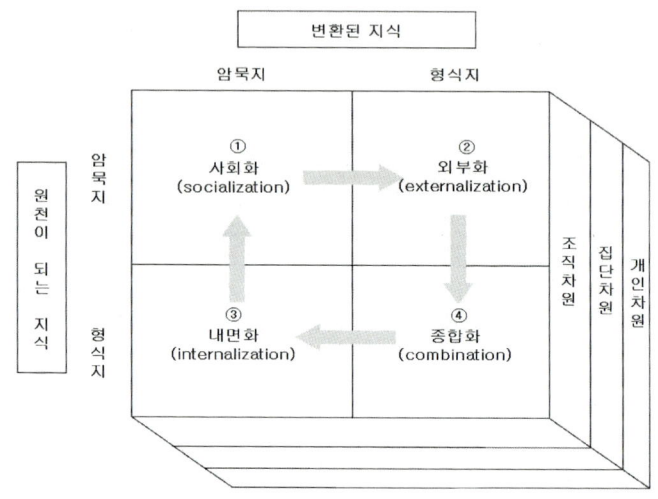

(자료: Nonaka & Takeuchi, 1995)

[그림 4-1] 지식변환의 4가지 창

지식변환(knowledge conversion)은 조직에서 이루어지는 지식활동의 프로세스를 정의한 것이다. 지식변환이란 암묵지와 형식지의 상호작용으로 지식의 원천과 변환된 지식이라는 두 개의 축으로 구성된 매트릭스이다. [그림 4-1]의 네 가지 활동은 각 유형별 지식 변화를 의미한다. 이러한 과정은 일회성이 아니며 지속적으로 개인, 집단, 조직의 차원에서 공유하면서 전체 지식의 양과 질이 증대 및 발전한다. 각 단계는 다음과 같은 특성을 갖는다.

① 사회화: 암묵지가 암묵지로 변환

암묵지에서 암묵지로 변환하는 과정으로 기능의 전수나 마이스터 제도가 그 사례이다. 이 과정은 주로 체험, 관찰, 모방 등의 신체적이고 감각적인 경험을 통하여 변환된다. 공유의 과정에서 많은 시간이 필요하여 지식의 변환이 1:1의 관계로만 가능하다.

② 외부화: 암묵지가 형식지로 변환

사회화로 체득한 암묵지를 형식지로 변환하는 과정으로 개인이나 집단의 암묵지가 공유되거나 통합되는 단계이다. 제품개발 과정의 컨셉 창출, 기업의 비전을 구체적으로 문자로 표시하는 것, 기능공의 노하우 서술 등의 그 예이며 공유와 전달이 용이한 형식지가 최종적으로 산출된다.

③ 내면화: 형식지가 암묵지로 변환

새로운 제품이나 기업의 비전이 조직 내에서 공유되고 확산되는 과정처럼 형식지를 암묵지로 변환시키는 단계이다. 호텔이나 항공과 같은 서비스 기업에서 고객 서비스 매뉴얼을 읽고 직원이 학습하여 고객에게 서비스 제공 관련 지식을 습득하는 과정이 내면화의 전형이다. 따라서 서비스업에서 내면화는 기업의 핵심 경쟁력이며 맥도널드의 '햄버거 대학'은 직원들의 지식 내면화를 지원하기 위한 기관이다.

④ 종합화: 형식지가 형식지로 변환

개인이나 집단이 외부화로 형성된 형식지를 종합하여 새로운 지식을 창조하는 단계이다. 명확하게 정의된 신제품 개발단계에 따라 고객의 니즈를 충족시키는 새로운 자동차의 개발이 그 전형이다. 기존의 설계도, 데이터베이스, 고객의 선호도, 색과 형태에 대한 사람의 일반적 취향 정보를 종합하여 30대 여성을 목표로 한 자동차의 디자인 설계는 기존의 형식지를 종합하여 새로운 자동차 디자인이라는 새로운 지식을 창조한다. 그러나 기존의 형식지에 근거를 두고 있기 때문에 제품의 개선과 같은 지식은 형성될 수 있지만, 인터넷과 같은 혁신적인 지식이 창조되기는 어려운 한계가 있다.

제3절 지식기반경제 지표

경제활동, 즉 투입, 과정 그리고 결과를 측정하는 것은 통상 경제 지표로 표현된다. 즉 경제지표는 경제시스템의 작동 과정과 성과를 요약, 설명해 주는 척도가 된다고 할 수 있다. 우리가 익숙하게 사용하는 경제지표로 국내 총 생산, 투자, 소비 및 공용 등과 같은 국민계정 지표들은 1930년대부터 개발되어 2차 대전 이후 OECD 국가들의 표준 경제지표들로 사용되고 있다. 또한 이러한 지표들은 정부 정책 결정뿐 아니라 기업, 소비자 및 노동자를 포함하는 광범위한 경제주체들의 의사결정에 핵심 참고 자료로 활용되었다. 그러나 지식기반경제는 전통적인 경제이론과는 많은 차이를 가지기 때문에 기존 지표들의 활용에 많은 한계점을 가지게 된다. 따라서 지식기반경제하에서 지식 특히 기술지식과 관련한 기술지식투입, 기술지식흐름, 기술지식산출 그리고 지식기반경제 내의 주체들 간의 기술지식네트워크 등을 적절히 측정할 수 있는 지표의 개발과 이러한 지표를 산출하기 위한 통계자료 구성의 필요성이 대두되고 있는 것이다.

그러나 현재까지 지식기반경제를 효과적으로 설명하거나, 주요 경제 주체들이 안정적으로 사용되는 지표는 개발되지 못하고 있는 실정이다. 이는 근본적으로 기술지식이 갖는 특성에 기인한다. 지식의 경우 자본, 노동과 같은 전통적인 투입요소와는 전혀 다른 특성에 갖는다. 전통적인 투입요소의 경우 기존의 경제이론에 따라서 추가적인 투입이 경제 성과에 미치는 영향을 파악할 수 있다. 그러나 지식의 경우 기업가 정신, 경쟁 정도 그리고 다른 경제 환경에 따라서 새로운 지식이 커다란 영향을 줄 수도 있으나 반대로 전혀 변화를 초래하지 않을 수도 있다.

즉 다른 투입요소와는 달리 지식의 경우 전통적인 생산함수에 의해서 설명할 수 없는 특성을 지닌다. 또한 지식의 경우 시장이 존재하지 않거나 그와 관련된 정보가 공개되지 않아서 객관적인 가격이 존재하지 않는다. 따라서 지식기반경제의 성과와 행동양태를 적절히 설명해 주는 지표의 개발은 매우 어려울 뿐 아니라, 새로운 지표의 개발에 대한 어려움 그 자체가 지식기반경제의 독특한 특성이라 할 수 있다.

이러한 어려움에도 불구하고 지식 측정을 위한 노력이 국제기구를 중심으로 이루어지고 있다. 예를 들어 OECD(1996a, 2001)는 지식지표로 연구개발과 관련된 지표, 기술수지지표, 혁신지표, 특허지표, 인력지표 등을 지식의 대용지표로 제시하고 이들을 측정하기 위한 매뉴얼을 제시하고 있다.

[표 4-3] 지식 지표를 위한 OECD 매뉴얼

데이터의 유형	매뉴얼
R&D	Proposed Standard Practice for Surveys of Research and Experimental Development(Frascati Manual, 1993)
R&D	Main Definitions and Conventions for the Measurement of Research and Experimental Development (A Summary of the Frascati Manual, 1993)
TBP	Proposed Standard Method of Compiling and Interpreting Technology Balance of Payments Data(TBP Manual, 1990)
Innovation	OECD Proposed Guidelines for Collecting and Interpreting Technological Innovation Data(Oslo Manual, 1992)
Patents	Using Patent Data as Science and Technology Indicators (Patent Manual, 1994)
Human Resources	The Measurement of Human Resources Devoted to Science and Technology(Canverra Manual, 1995)

자료: OECD, 1996a, 2001.

[표 4-3]의 OECD 관련 매뉴얼들은 최초 발표 후에도 지속적으로 개정, 보완되고 있으며, 또한 최근에는 국제 인력이동에 따른 지식흐름의 측정 등을 위한 매뉴얼도 준비되고 있는 상황이다.(박광만, 2004) OECD 등을 포함하여 지금까지 이용되고 있는 기술지식을 측정하기 위한 주요 지표들을 지식의 투입과 산출 측면으로 구분하여 고찰한다. 또한 기술지식의 특성상 시간이 지나감에 따라 창출된 지식은 지속적으로 누적되고 새로운 기술지식을 재생산하는 데 활용된다. 그러나 오래된 기술지식은 활용가치를 감소화되는 경향을 보인다. 이러한 누적과 진부화를 고려한 개념이 스톡(stock)이고 이를 기술지식의 크기에 반영한 지표에 대해서도 고찰한다.

1. 기술지식 투입 측면의 지표

투입 측면에서의 기술지식은 기술지식을 창출하기 위해서 투입되는 자원을 의미하는 것으로 연구개발비용과 연구개발인력을 대표적으로 들 수 있다. 연구개발비용은 연구개발활동에 들어가는 비용을 의미한다. 여기서 연구개발활동은 과학기술 분야의 지식을 축적하거나 새로운 적용방법을 찾아내기 위하여 축적된 지식을 활용하는 조직적이고 창조적인 활동으로서 다음과 같은 세 가지 활동을 포함한다.(과학기술부, 2002) 첫째, 사물, 기능, 현상 등에 관하여 새로운 지식을 획득하거나 기존 지식을 활용하여 새로운 방법을 찾아내기 위한 창조적인 노력 및 탐구활동을 포함한다. 둘째, 연구개발과정에서 직접 필요한 시험, 측정, 분석 활동, 기계, 기구, 장치의 구입 및 설치 활동 그리고 건설, 동식물의 육성 및 문헌조사 등의 활동, 마지막으로 연구개발활동 부서들의 운영을 직접 지원하기 위한 서무, 회계 등의 지원활동이 포함된다.

연구개발활동은 신제품의 개발, 공정개선 및 신공정 구축 등의 혁신 성과에 일차적으로 영향을 미치는 것으로 널리 인식되고 있으며, 따라서 연구개발활동에 소요되는 연구개발비용은 혁신에 대한 투입지표로 널리 활용되고 있다. 많은 연구들에서 연구개발비용과 혁신성과와의 관계 분석이 이루어졌다. 즉 연구개발비용과 직접적인 혁신성과로 인식되는 특허나 신제품 개발과 같은 일차적 산출과의 관계를 고찰하거나 아니면 생산성 향상과 같은 최종 산출지표와의 인과분석이 주가 된다.(Wakelin, 2001)

기술지식의 투입지표로서 연구개발비용은 다시 비용의 재원별로 또는 연구개발의 성격에 따라서 구분된다. 재원별로는 정부, 공공부분의 연구개발 투자비용을 의미하는 GERD(Government Expenditure on R&D), 민간부문의 연구개발 투자비용을 의미하는 BERD(Business Expenditure on R&D) 및 외국부문 등으로 구분할 수 있다. 그리고 성격별로는 기초연구비, 응용연구비, 개발비 등으로 구분된다. 또한 고등교육기관의 연구개발에 대한 투자를 의미하는 HERD(Higher Education Expenditure on R&D) 등이 광의의 연구개발비용 지표에 포함되기도 한다.

이상의 연구개발비용은 기술지식을 창출하기 위한 투입 비용의 개념으로 측정된 지표이며, 실제로 지식을 창출하는 주체인 인력수를 지식의 크기로 측정하기도 한다. 특히, 연구개발인력은 주로 거시적인 수준에서, 즉 국가 수준이나 산업수준에서 기술지식의 양을 대용하는 지표로 활용된다. 인력을 기술지식의 대용지표로 활용하는 기본적인 가정은 연구개발을 위한 인력이 많을수록 국가나 산업의 보유 지식량은 크다는 것이다. 결국 지식을 창출하고 축적하고 다시 재생산하는 것은 사람의 지적능력과 경험 그리고 다른 사람과의 상호작용 의해서 발생하기 때문에 타당성을 갖는다고 하겠다.(Leoncini et al, 1996; Kim & Park, 2004)

연구개발인력은 범위에 따라서 연구원만을 포함하는 경우와 연구보조원, 기타 기술 및 기능직 종사자 그리고 지원업무 종사자 등 연구지원인력을 포함하는 연구개발인력으로 구분할 수 있다. 또한 인력수의 측정에 있어서도 단순히 인원수만을 측정하는 방법과 상근상당 개념으로 측정하는 방법 있는데, 인원수는 연구개발에 연관된 인원수를 의미하고, 상근상당 개념은 일정 기간 동안 상근으로 근무하는 한 사람을 표시하는 측정단위로 겸직 연구개발인력수를 상근 연구개발수로 환산하고 여기에 상근 연구개발인력수를 합한 수를 의미한다.

2. 기술지식 산출 측면의 지표

기술지식의 크기를 지식의 창출과 축적을 위한 투입 차원에서의 연구개발투자비용이나 연구인력은 기술지식의 크기와의 큰 상관관계를 가지고 있다는 경험적 사실에 기초하여 대용 지표(proxy index) 성격을 갖는 반면에 산출 측면의 지표는 기술개발활동의 결과로 나타난 것이므로, 예컨대 특허나 발명, 보고서 등을 기술지식의 크기로 파악하는 것은 보다 타당하다고 할 수 있다.

산출 측면에서 기술지식의 크기로 가장 많이 사용되는 것이 창의적인 발명활동의 결과인 특허이다. 특허는 장시간에 걸쳐서 등록된 데이터베이스가 존재하며, 등록 데이터 자체에 상당한 정보를 보유하고 있다는 점에서 최근에 많은 연구자들이 활용하고 있다. 특허자료를 경제학적 분석에 활용한 첫 연구자는 슈무클러(Schmookler, 1966)로 특허자료를 이용하여 산업 간 기술지식흐름의 관계를 고찰하였다. 이후 특허를 이용한 많은 분석이 수행되었고, 특히 산업수준에서 투입지표인 연구개발과 특허 간의 관계분석이나, 기업수준에서 특허와 기업가치와의 관계 분석 등이 있다.

특허 이외에 보다 거시적인 측면에서 기술무역수지를 활용하기도 한다. 기술무역수지는 기술도입 및 수출에 따른 수지를 나타낸 것으로 국가 간 기술지식흐름표를 이용한다. 또한 논문의 수도 기술지식의 대리 지표로 활용되나 기술무역수지와 마찬가지로 부가적인 지표로 활용된다.

3. 기술지식스톡

투입 및 산출 측면에서 기술지식의 측정 대용 지표로 연구개발투자 혹은 비용, 연구인력 그리고 특허 등에 대하여 살펴보았다. 그러나 이들 지표들을 시간의 경과에 따른 누적과 진부화 개념을 반영한 스톡(stock)의 개념을 활용하여 기술지식의 크기를 측정하기도 한다. 스톡의 개념은 경제학에서 자본의 누적적 특성과 진부화를 반영한 자본스톡의 개념으로 널리 이용되었고 이를 기술지식에 반영한 것이 연구개발스톡 그리고 특허스톡이다.

연구개발스톡(R&D stock)은 "기업의 실제 생산 활동에 직접 이용되면서 장래의 기술혁신을 촉진하는 데 기술적으로 유용한 정보, 지식의 보유량"이라고 정의할 수 있다.(박광만, 2004) 그러나 연구개발스톡은 기본적으로 그 추계 과정에서 기술혁신의 노력의 성과가 아닌 투입자원, 즉 연구개발투자액을 바탕으로 추계된다는 점에서 기본적인 한계를 지닌다. 그럼에도 불구하고 단순히 연구개발투자액만으로 기술지식의 크기로 추정하는 것보다는 포괄적인 개념으로 활용[9]할 수 있어 기술지식의 크기로 보다 유용한 개념이라 할 수 있다.

연구개발스톡의 추계방법은 자본스톡의 추계방법과 유사하여 특정 기업, 산업의 기술혁신노력에 의해 새로운 기술지식이 형성되고, 이는 다시 기존의 연구개발스톡에 누적적으로 합산된다. 또한 자본스톡이 감가상각되는 것과 같은 논리에 의해 진부화가 이루어진다. 즉 보다 우수하고 진보된 형태의 지식과 경험이 형성되면 기존 지식과 경험은 존재하지만 더 이상 생산에 사용되지 않게 되며 그 가치가 감소하고 진부화된다는 논리이다. 이를 반영하기 위해서 연구개발스톡은 진부화율이라는 개념이 적용된다.(장진규 외, 1994; 홍순기 외, 1991) 또한 연구개발스톡에는 시차분포라는 개념이 필요하다. 연구개발과정은 그 자체가 시간이 소요되며, 현재 수행 중인 연구개발이 실제로 생산성 증가에 영향을 미치기까지 일정한 시간이 필요하기 때문이다. 진부화율과 시차분포를 반영하여 자본스톡을 추정하는 방식과 유사하게 연구개발스톡을 추정하여 이를 기술지식의 대용지표로 사용하게 된다.

한편, 산출 측면의 기술지식의 대용지표로 특허가 있는데 특허 자체보다도 연구개발스톡과 유사한 개념으로 특허스톡을 기술지식의 대용지표로 활용하기도 한다. 특허스톡을 추정하는 있어서 먼저 고려되어야 할 부분은 개별 특허마다 그 경제적 가치가 다르고 따라서 해당 특허가 보유하고 있는 지식의 양도 상이하다는 점을 고려해야 한다. 특히 특허의 경제적 가치를 평가한다는 측면에서 스톡의 개념보다는 가치평가의 개념이 보다 정확할 것이다. 평가방법은 크게 상대적인 평가방법과 절대적인 평가방법으로 구분할 수 있는데, 상대적 평가방법

---

9) 단순 연구개발투자액은 기술변화를 초래하는 여러 요인들 중에서 일부밖에는 설명해 줄 수 없다는 주장이 있음. Denison(1985)의 의하면 연구개발은 전체 기술변화의 약 20% 수준 정도만을 설명해 준다고 지적.

은 개별 특허의 중요성을 가중치를 주어 상대적으로 평가하는 방법이며, 절대적 평가방법은 개별 특허의 가치를 화폐단위로 절대적으로 평가하는 방법을 의미한다.

상대적인 평가방법으로는 개별 특허가치를 그 특허의 피인용 횟수에 기반을 두어 평가하는 방법(patent citation-based approach)과 특허 수명에 기반을 두어 평가하는 방법(patent life-based approach)으로 다시 구분할 수 있다. 특허 인용횟수에 기반을 둔 접근방법은 특정 특허의 경제적 가치가 그 특허가 향후 등록되는 특허들로부터 수령하는 피인용 횟수에 비례한다는 전제하에 해당 특허의 가치평가를 상대적인 관점에서 수행하는 방법으로 이를 활용하는 분석에서의 대상 초점은 주로 미시적 관점에서 특정 기업의 기술적 경쟁력 평가나 성과 및 시장에서의 가치평가, 즉 주가와의 상관관계를 고찰하는 것 등에 주로 활용된다.(Albert et al, 1991)

한편, 특허 수명에 기반을 둔 접근 방법은 등록 이후 특허권의 최대 기간까지 법적 권리를 보장받기 위해서는 특허유지비용을 출원자가 등록기관에 납부하여야 한다. 따라서 경제행위의 합리적인 의사결정을 가정하면 출원자는 해당 특허의 권리를 유지할 만한 가치가 해당 특허에 있다고 판단할 때만 유지비용을 납부할 것이므로, 따라서 경제적 가치가 특허 수명에 비례할 것으로 가정하고 이에 기반을 두어 특허 가치를 평가하는 방식이다. 예를 들어 갑의 특허 수명이 5년이고 을의 특허 수명은 10년이라고 한다면 을이 갑의 경제적 가치보다 두 배 높은 것으로 추정하는 것이다. 이러한 방식은 상대적 관점의 특허가치 평가방법으로 고려할 수 있으나 현실적으로 이를 활용하는 경우는 거의 존재하지 않는다.(박광만, 2004)

절대적 평가방법은 주로 금액으로 환산하여 특허의 가치를 산출하는 방식으로 비용접근법(cost-based approach), 시장접근법(market-based approach), 수익접근법(income-based approach), 옵션접근법(option-based approach) 등으로 다양하게 존재한다. 비용접근법의 기본개념은 대상자산이 보유하고 있는 가치와 동일한 수준의 가치를 얻기 위한 필요한 금액을 산출함으로써 해당 자산의 미래이익을 측정할 수 있다는 가정에 근거한다. 따라서 현재 특허와 같은 대상자산과 동등한 가치를 갖는 다른 자산을 입수하기 위해서 필요한 비용인 재생산원가 또는 동등한 효용을 가지고 있는 자산의 취득에 소요되는 비용인 대체원가를 산정하는 방식과 동일하다. 즉 비용접근법은 새롭게 취득한 자산의 가격은 그 자산이 내용기간 중에 제공하는 서비스의 경제적 가치와 일치하다고 가정하고 있으며, 이 가격은 시장이 정상적인 기능을 수행하고 있는 한 공정시장가격과 일치하다고 전제한다.

시장접근법은 기술거래시장에서 이루어졌거나 이루어지고 있는 거래의 정보를 종합해서 특허의 가치를 평가하는 방법이다. 즉 시장접근법의 기본 근거는 평가대상이 되는 특허와 동등 내지는 유사하다고 판단되는 특허들이 시장에서 실제 거래되는 가치를 토대로 가치를 간접적으로 추정하는 방식이다. 따라서 시장접근법을 적용하기 위해서는 활발하고 투명한 기술거래의 공개시장이 존재해야 하며, 해당기술과 비교가 가능한 유사자산이 거래 시장에 존재해야 한다는 조건이 필요하다.

수익접근법은 특허와 같은 기술자산이 창출한 미래의 수익성 분석에 초점을 맞추는 방법이다. 따라서 수익접근법의 기본 원리는 기술자산의 가치를 해당기술의 내용기간 동안 거둘 수 있는 경제적 가치를 해당기술의 내용기간(life cycle) 동안 거둘 수 있는 경제적 이익의 현재가치 중에서 기술의 기여도를 반영하여 산정한다. 따라서 수익접근법은 경제적 내용기간, 현금흐름의 총액 그리고 미래의 불확실성이나 위험도 등을 반영한 할인율 등 세 가지 요소를 갖추어야 한다. 현실적으로 기술거래시장이 존재하지 않는 상황에서 기술자산을 개발비용을 근거로 하여 그 가치를 측정하고 매각 또는 매입할 수 없기 때문에 기술자산의 잠재적 미래가치를 토대로 기술가치를 산정하는 수익접근법이 실질적인 대안이 될 수 있다. 그러나 미래 가치를 산정하므로 위험도나 불확실성을 반영한 할인율을 추정하는 것이 매우 어렵고, 또한 미래에 발생하는 현금흐름의 크기나 시기 역시 정확히 추정하는 것도 어렵다. 또한 추정된 현재가치 중에서 대상 기술자산의 기여도가 어느 정도인가를 파악하는 것도 매우 어렵다는 단점이 있다.

한편, 옵션(option)접근법은 연구개발과 같이 중도에 확대나 포기가 가능한 투자 사업 등은 옵션의 개념가 유사하게 적용할 수 있어 기술자산의 가치를 산정하는 데 활용할 수 있다.(한국과학기술평가원, 2001) 옵션이란 옵션매입자가 일정 기간 동안에 미리 약정한 가격, 즉 행사가격으로 자산을 사거나 팔 수 있는 권리를 의미하는 것으로 특히, 살 수 있는 권리를 콜옵션(call option), 팔 수 있는 권리를 풋옵션(put option)이라 한다. 옵션에 대한 대표적인 연구는 블랙(Black), 머튼(Merton), 숄즈(Scholes)에 의한 블랙-숄즈 모형을 들 수 있다. 실물옵션은 좁은 의미에서 실물자산, 즉 비금융자산에 대한 금융옵션 이론의 연장으로 생각할 수 있으나, 금융옵션은 계약서상에 옵션의 세부사항이 기술되는 데 반해 실물옵션은 옵션의 경우에 따라 개별적으로 규정되어야 한다는 점에서 차이가 있다. 특허가치 산정은 기존 블랙-숄즈 방정식을 통해서 산출한다. 실물투자(연구개발투자 등)에 대한 블랙-숄즈 방정식은 주식 투자에 대한 경우와 동일하며 단지 기초자산이 특허, 연구개발 프로젝트 또는 벤처기업과 같이 실물이라는 점이 다를 뿐이다.

제 5 장

산업기술지식의 흐름과 네트워크

본 장에서는 산업을 대상으로 실제 기술지식의 크기 및 흐름의 양을 어떻게 측정하고 실제 측정된 산업기술지식의 크기와 산업 간 기술지식흐름의 크기를 기존 연구들을 중심으로 살펴보고, 또한 산업 간 기술지식흐름을 시각화하여 분석하는 산업기술지식네트워크의 개념을 고찰한다.

제1절 우리나라 산업기술지식의 측정

1. 인력에 근거한 산업기술지식의 측정

일반적으로 기술지식의 크기를 측정하는 지표로서 앞서 언급한 연구개발인력(과학기술인력), 연구개발투자,[10] 특허, TBP(technology balance of payments; licensing fees, direct purchases of knowledge,

---

10) 연구개발인력과 연구개발투자액은 매우 강한 양의 상관관계를 갖고 있다. 1990년 34개 산업별 연구개발투자액과 연구인력 간의 상관계수는 0.984로 매우 높은 양의 상관관계를 가짐.(박용태 외, 2001)

etc) 등을 들 수 있으며, 이 중에서 기술지식의 창출과 축적 그리고 활용이라는 측면에서 각 산업이 보유하고 있는 연구개발 인력수[11]를 기술지식의 크기를 나타내는 지표로 사용한다. 즉 각 산업의 연구 인력수가 많을수록 그 산업의 보유 지식량은 크다고 가정한다.

인구인력은 연구원만을 포함하는 경우와 연구보조원, 기타 기술 및 기능직 종사자 그리고 지원업무 종사자 등 연구지원인력을 포함하는 연구개발인력으로 구분할 수 있다. 다음 [표 5-1] 34개의 산업별 순수 연구인력만을 가지고 기술지식의 크기를 산출한 것이다. 시기별로 연구인력수는 급증하는 추세를 보이고 있다. 그러나 산업별 비중을 살펴보면, '80년대 중반의 경우 가전 분야의 연구인력이 전체 18.5%, 자동차 부문이 9.7%, 음향, 영상 및 통신 분야가 8.7%로 집중되어 있으며, 이는 90년대 초반에서도 이들 분야가 각각 25.5%, 17.0%, 9.3%로 보다 강화되는 양상을 보이고 있다. 반면에 식음료, 섬유, 전자부품, 기계 분야의 비중은 감소되고, 이들 IT 분야와 자동차 부분의 연구인력 비중이 보다 확대되는 양상으로 90년대 IT 산업 및 자동차 산업의 비약적 발전의 원동력이 된 것으로 파악된다.

---

11) R. Leoncini, M. A. Maggioni, S. Montressor(1996)는 연구인력수(각 산업에서 창출된 기술혁신의 크기)와 중간재 흐름을 이용하여 이탈리아와 독일의 산업 간 기술혁신흐름구조의 특성을 비교 분석하였다.

[표 5-1] 연구인력에 의한 국내 산업별 기술지식의 크기

산업번호	산업명	1984년	1987년	1990년
1	식음료	793	1,228	1,711
2	섬유	613	1,024	1,959
3	나무, 목재	73	3	8
4	종이, 인쇄 출판	110	88	112
5	유기, 무기화학	347	1,238	1,939
6	염료, 도료	306	338	158
7	비료, 농약	128	206	313
8	의약품	350	931	1,338
9	세정제, 화장품	175	401	580
10	기타 화학제품	157	332	567
11	석유정제	111	392	543
12	석탄제품	45	63	117
13	고무제품	152	389	634
14	플라스틱	57	77	140
15	도자기, 토기	20	48	78
16	유리제품	54	154	265
17	시멘트, 콘크리트, 토석제품	189	362	690
18	1차 철강	336	315	852
19	1차 비철금속	180	265	457
20	조립금속	77	560	795
21	보일러, 터어빈	73	110	164
22	특수산업용 기계	695	1,065	1,712
23	공작기계	14	200	303
24	컴퓨터, 사무·서비스용 기계	226	207	356
25	기타 산업기계	30	160	233
26	산업용 전기기기	303	1,346	2,056
27	음향·영상·통신기기	1,034	2,932	4,477
28	가정용 전기기기	2,204	8,061	12,470
29	반도체, 전자부품	756	1,083	1,797
30	기타 전기기기	131	426	702
31	조선	351	277	545
32	자동차	1,155	3,753	8,213
33	기타 수송기기	500	435	730
34	정밀기기	161	751	1,289

자료: 김문수(1999).12)

2. 연구개발투자와 연구개발스톡

연구개발투자는 각 산업별 투입된 연구개발인력의 인건비, 연구개발을 위한 자본재 및 실험, 실습비용, 재료비 및 각종 간접비 등이 포함된 연구개발투자액수를, 연구개발스톡은 연구개발결과 생산되는 지식이 시간의 경과와 함께 축적된 것을 정량적으로 표현한 것이다. 연구개발투자가 단순히 투입 차원의 기술지식의 대용지표라면 연구개발스톡은 투입, 과정 그리고 산출의 전 과정을 고려한 기술지식의 대용지표라 할 수 있다.

연구개발스톡은 경제학에서의 자본스톡과 비슷한 과정을 거쳐 계측된다. 우선 기준 연도의 연구개발스톡에 연구개발결과 새로운 지식이 형성되고 새로이 공급되는 지식이 스톡에 편입되고, 반대로 축적된 지식이 일정 비율로 진부화되어 소멸되는 것을 제외하게 된다. 그러나 자본스톡과 다르게 연구개발의 결과가 스톡으로 편입되는 데는 다소 시간이 소요된다는 점이다. 즉 지식화하기까지 시차가 존재하게 되고 이를 스톡으로 계측하는 데 반영하여야 한다. 또한 연구개발투자가 시간에 따라 발생하므로 화폐의 가치에 시간의 개념을 보정하는 디플레이터 개념이 도입된다. 이러한 여러 모수를 추정해야 하는 어려움이 있으나 다른 대용 지표에 비해 보다 기술지식을 정확히 추정이 가능하게 된다. 다음 [표 5-2]는 우리나라의 연도별 연구개발투자액수와 연구개발스톡을 추계한 결과를 나타낸 것이다.

---

12) 김문수(1999)는 산업 간 기술지식의 흐름을 측정하기 위해서 연구인력과 연구인력들의 학문적 배경, 학위와 관련된 통계치를 산업기술진흥협회의 '산업기술개발실태조사(1984~1991 각 연도)'를 참조하여, 34개의 산업에 대해서 산업기술지식을 산출하였다.

[표 5-2] 국내 연구개발투자액수와 연구개발스톡의 추계(단위: 10억원)

	연구개발 투자			연구개발스톡		
	정부부문	민간부문	계	정부부문	민간부문	계
1975	229.7	114.7	344.4	819.3	352.9	1172.2
1976	407.2	226.1	633.3	827.9	517.3	1345.3
1977	383.2	426.9	810.1	905.7	567.3	1473.0
1978	402.1	428.7	830.8	1022.2	722.5	1744.7
1979	436.3	394.8	831.1	1301.6	1059.1	2360.8
1980	427.6	431.0	858.7	1522.1	1355.4	2877.5
1981	509.8	443.1	953.0	1733.9	1580.7	3314.7
1982	634.6	650.0	1284.6	1953.5	1814.2	3767.7
1983	523.7	1030.3	1554.0	2136.9	2030.6	4167.5
1984	527.9	1427.3	1955.2	2379.7	2426.7	4806.4
1985	627.5	1953.2	2550.7	2716.8	3153.7	5870.5
1986	731.0	2419.8	3150.8	2900.9	4186.7	7087.6
1987	906.0	2777.1	3683.1	3066.2	5586.6	8652.8
1988	890.6	3290.7	4181.4	3310.4	7308.1	10618.5
1989	937.6	3658.4	4595.9	3627.6	9171.7	12799.2
1990	957.1	3976.5	4933.6	4080.2	11316.0	15396.1
1991	1072.8	4457.0	5529.8	4460.8	13559.8	18020.6
1992	1059.4	5099.9	6159.3	4840.7	15841.3	20682.1
1993	1185.2	5911.7	7096.9	5192.8	18318.2	23510.9
1994	1345.4	7116.2	8461.6	5616.4	21128.2	26744.7
1995	1784.3	7656.3	9440.6	5973.8	24398.9	30372.7
1996	2313.8	8156.0	10469.8	6412.2	28465.3	34877.5
1997	2660.0	8707.4	11367.4	6956.1	32563.5	39519.6
1998	2708.3	7359.7	10068.0	7870.9	36649.0	44519.9
1999	2907.5	7901.0	10808.5	9200.8	40775.2	49976.1
2000	3175.2	9576.6	12751.8	10710.7	43038.1	53748.8
2001	3745.7	10665.5	14411.2	12080.2	45559.3	57639.5
2002	4001.6	11240.8	15242.4	13477.6	49441.1	62918.7
연평균 증가율(%)	11.2	18.5	15.1	10.9	20.1	15.9

자료: 신태영, 2004.

3. 특허의 수와 특허스톡

특허의 수와 특허스톡은 제도적으로 사적 재산으로 인정되는 연구개발의 결과를 바탕으로 기술지식을 측정하는 지표이다. 즉 산출 측면으로서 그리고 경제적 이익을 법적으로 보호할 수 있는 측면에서 현재 이론적, 실증적 그리고 정책 및 전략적 연구에서 활용되고 있는 상황이다.

특허의 수는 단순히 기술별로 출원된 특허의 수 혹은 등록수를 기술지식의 크기로 산출하는 반면에 특허스톡은 연구개발스톡과 유사하게 기술지식의 누적적 특성과 진부화 특성을 반영하여 측정한다. 특히, 특허스톡은 실제 산업에 활용할 수 있는 혹은 활용하고 있는 기술지식의 크기를 산출한다는 의미에서 앞서 논의한 연구개발인력, 연구개발투자 및 연구개발스톡보다는 보다 의의가 있다 할 수 있다. 그러나 기술지식의 측정치로 특허스톡을 추계하기 위해서는 연구개발스톡과 마찬가지로 여러 가정과 추정할 모수가 많기 때문에 추정상의 어려움이 있다는 단점이 있다.

산업별로 특허스톡을 추정하기 위해서는 특허가 기술 분야 단위로 자료가 축적되기 때문에 특허 분류를 위한 기술분류체계와 산업분류체계를 대응하여야 한다. 예를 들어 미국 특허청(United States Patent Classification System: USPCS)의 특허분류와 국제 표준산업분류체계(International Standard Industrial Classification: ISIC)의 대응을 나타내면 다음 [표 5-3]과 같다.

[표 5-3] 특허분류와 산업분류체계의 대응

산업 번호	ISIC code	산업분류명	USPCS class
1	15	음식료품	99, 127, 426, 452, 460
2	16	담배	131
3	17	섬유제품(봉제의복 제외)	2, 8, 19, 26, 28, 38, 57, 66, 68, 87, 139, 442
4	18	봉제의복 및 모피제품	112, 450
5	19	가죽, 가방 및 신발	12, 24, 36, 54, 69, 150
6	20	목재 및 나무제품(가구제외)	142, 144, 212, 217
7	21	펄프, 종이 및 종이제품	162, 229, 281, 493
8	22	출판, 인쇄 및 기록매체복제업	84, 101, 276, 283, 462
9	23	코크스, 석유정제품 및 핵연료	44, 184, 208, 376, 507, 508
10	24	화합물 및 화학제품	23, 48, 55, 71, 95, 96, 102, 134, 137, 149, 201, 203, 204, 205, 239, 250, 401, 416, 422, 423, 424, 427, 429, 430, 435, 436, 501, 502, 504, 510, 512, 514, 516, 518, 520, 521, 522, 523, 524, 525, 526, 527, 528, 530, 534, 536, 540, 544, 546, 548, 549, 552, 554, 556, 558, 560, 562, 564, 568, 570, 585, 800
11	25	고무 및 플라스틱제품	106, 152, 264, 383
12	26	비금속광물제품	65, 125, 215, 451
13	27	제1차 금속산업	29, 72, 75, 82, 83, 141, 148, 164, 168, 199, 216, 228, 241, 242, 249, 260, 270, 420
14	28	조립금속제품 (기계 및 가구 제외)	30, 51, 59, 70, 76, 81, 117, 118, 122, 138, 140, 163, 165, 173, 175, 182, 211, 221, 222, 225, 227, 234, 237, 245, 254, 256, 267, 289, 407, 408, 413, 414, 419, 432, 470
15	29	기타 기계 및 장비	7, 42, 56, 62, 74, 86, 89, 100, 110, 124, 126, 132, 156, 159, 166, 169, 171, 172, 177, 187, 193, 194, 196, 198, 202, 210, 223, 224, 236, 251, 261, 266, 269, 271, 291, 294, 373, 384, 402, 406, 409, 411, 412, 417, 431, 453, 454, 474, 475, 476, 482, 483, 492
16	30	컴퓨터 및 사무용 기기	235, 341, 345, 347, 360, 365, 369, 380, 382, 395, 400, 700, 701, 702, 704, 706, 707, 708, 709, 710, 711, 712, 713
17	31	기타 전기기계 및 전기변환장치	60, 116, 123, 136, 174, 191, 200, 218, 219, 257, 279, 290, 310, 313, 314, 315, 318, 322, 323, 327, 330, 331, 333, 335, 336, 337, 346, 361, 362, 363, 366, 372, 377, 388, 445
18	32	전자부품, 영상, 음향 및 통신장비	178, 181, 307, 320, 326, 329, 332, 334, 338, 340, 342, 343, 348, 349, 358, 367, 370, 375, 379, 381, 385, 386, 392, 438, 439, 455, 505, 714
19	33	의료, 정밀, 광학기기 및 시계	33, 73, 128, 324, 351, 352, 353, 355, 356, 359, 368, 374, 378, 396, 399, 433, 494, 503, 600, 601, 602, 604, 606, 607, 623
20	34	자동차 및 트레일러	91, 180, 185, 188, 192, 293, 298, 301, 303, 415, 418, 464, 477
21	35	기타 운송장비	104, 105, 114, 157, 213, 238, 246, 278, 280, 295, 296, 305, 410, 440, 441
22	36	가구 및 기타제품 제조업	4, 5, 15, 49, 63, 79, 135, 160, 273, 297, 300, 312, 446, 463, 472, 473
23	37	재생용 가공원료 생산업	588

자료: 박광만, 2004.

산업기술지식 측정 차원에서 특허분류와 산업분류체계의 대응이 구성되면, 각 산업별 특허 자료를 연도별로 집계하고, 기술지식의 진부화율을 추정하게 된다. 진부화율 추정은 실제 관련 대상 기업의 전문가들에게 설문을 통해서 조사하는 방법, 특허의 갱신데이터를 이용하는 방법, 갱신이론(renewal theory)을 적용하는 방법, 계량경제학적 방법 그리고 기술수명주기(Technology Life Cycle)를 이용하는 방법 등으로 구분된다. 각 방법에 대해서 간략히 살펴보면 다음과 같다.

설문조사 방법에 진부화율은 기술 또는 특허의 기대수명이 개별 기업에 대한 설문조사를 통해 추정된다. 여기서 기술의 기대수명은 특허권의 유지 기간을 의미하는 것이 아니라, 그들의 특허가 로열티 수입을 창출하는 기간 또는 해당 특허가 체화된 제품이 이윤을 창출하는 평균 기간을 의미한다. 그리고 기술지식스톡은 매년 정률적으로 일정한 비율로 그 가치가 감소한다고 가정하여, 해당 산업에 속한 특허의 평균 기대수명의 역수를 취하여 진부화율을 추정하고 있다. 이 같은 방법으로 진부화율을 추정한 대표적인 연구로는 일본 과학기술청의 연구를 들 수 있고, 우리나라의 경우 과학기술정책연구원에서 이와 같은 방식으로 연구개발스톡을 추계하고 있다. 이 방법의 장점으로는 직접 각 산업에 속한 기업에 설문조사를 실시하여 진부화율을 추정하기 때문에 산업별로 진부화율을 추정하는 것이 가능하다는 점을 들 수 있다. 그러나 설문조사는 설문조사 자체의 속성에 따른 응답자의 임의적인 해석과 응답의 여지가 존재하고, 진부화율 추정이 기업 차원에서 이루어지므로 이것이 산업 차원의 진부화율과 동일하지 않을 수 있으며, 각 산업에 속한 기업들의 경쟁으로 인해 각 기업의 지식스톡은 침식될 가능성이 존재하는바 전체 산업의 진부화율보다 높을 가능성이 있다는 점이 주요 단점이다.(Goto & Suzuki, 1989; Schott, 1976)

특허의 갱신데이터를 이용하는 방법은 좀 더 단순하고 직접적인 방법으로 특허의 갱신데이터를 이용하여 특허의 잔존건수 자료를 구성하고, 신기술의 창출에서부터 폐기에 이르기까지의 수명에 대한 통계 분석에 바탕을 둔다. 각국별로 특허제도가 약간씩 다르기는 하지만 일단 등록된 특허는 자동적으로 몇 년 동안 독점적인 권리를 인정받는다. 그러나 이 기간에 지나면 특허권자는 특허권의 계속적인 유지를 위해서는 유지비용을 지불해야 한다. 유지비용이 지불된 경우 또 얼마동안 특허권이 유지되며 그 기간이 경과하면 특허권의 유지를 위해서 유지비용을 다시 지불해야 한다. 이와 같은 유지비용은 특허권의 법적인 최대권리 보장 기간까지 지속되며, 만일 비용이 지불되지 않으면 특허권은 소멸되게 된다. 이러한 과정에서 특정 연도에 등록된 특허들의 갱신 이력 데이터를 이용하여 기술지식의 진부화율을 추정한다.(Bosworth, 1978)

갱신 이론을 이용한 접근방법은 갱신데이터를 이용한 방법과 마찬가지로 특허의 갱신데이터를 이용하여 진부화율을 추정하고 있으나, 추정 과정에서 이론적인 확률모형인 갱신이론(renewal theory)을 도입하여 특허의 경제적 가치에 대한 확률분포를 유도하고 있으며, 이 과정에서 진부화율이 추정한다.(Pakes & Schankerman, 1984) 특허의 갱신데이터를 이용하는 방법이나 갱신이론을 이용한 접근방법이나 모두 특허의 갱신데이터를 이용하고 있다. 따라서 갱신데이터의 정확도와 양에 절대적으로 의존한다는 점이다. 통상 특허권의 법적 최대소멸 시점까지의 갱신데이터가 필요하며, 일반적으로 이 기간은 국가별로 차이가 있으나 17-20년에 이른다. 따라서 특허의 갱신데이터를 이용하는 두 방법은 보다 최근의 경향을 반영하지 못하며, 이와 같은 이유로 특허의 갱신데이터를 이용하는 대부분의 분석이 1970년대 말까지를 통상 대상으로 한다. 또한 대부분의 국가에서 한해에 등록된 특허의 규모가 작게는 몇 만 건에서 크게는 십만 건을 넘고 있어, 보통 샘플링을 하여 특정 시점에 등록된 특허의 갱신 분포가 추정된다. 그런데 이 같은 추정에서 대부분의 연구에서 매우 낮은 비율, 예컨대 수백 건의 샘플링을 통해서 추정하므로 자료의 대표성에도 문제점이 있다. 그리고 이들 접근방법의 기본가정은 특허권자가 특허의 순수익을 최대화한다는 것이다. 그런데 특허의 잠재적인 수익을 평가하는 것은 쉬운 일이 아니며, 게다가 많은 국가에서 특허의 유지비용은 상대적으로 작아서 특허권자는 그 특허의 경제적 수명이 다했음에도 불구하고 다른 이유로 인하여 특허권을 유지하려는 경향이 존재한다. 이와 같은 단점에도 불구하고, 특허의 갱신데이터를 이용한 방법은 진부화율의 추정에 있어서 이론적인 접근을 하고 있고, 특허의 가치분포에 대한 정보를 도출할 수 있다는 점에서 장점을 가진다.

계량 경제학적 접근방법으로는 나드리와 프루차(Nadri & Prucha, 1993)의 연구를 들 수 있다. 그들은 미국 제조업의 물적스톡(physical stock)과 연구개발스톡의 진부화율을 요소 수요 모델(factor demand model)을 이용하여 추정하고 있다. 그러나 이러한 계량경제학적 모델에서 투입요소의 일차동차성(constant return to scale) 및 일정한 진부화율을 가정함으로써 현실적인 검증이 요구되고, 또한 각 입력변수에 대한 추가적인 가공이 필요하다는 단점을 가지고 있다.

마지막으로 기술수명주기(Technology Life Cycle)를 이용하는 방법은 대상 기술의 기술수명주기를 추정하여 활용하는 방식이다. 특허 출원 및 등록과 관련한 데이터베이스 시스템이 전산화됨에 따라 기술진보의 속도를 측정하고자 하는 연구가 본격화되었다. 미국의 과학재단(National Science Foundation: NSF)의 지원을 받아 CHI 연구센터가 제안한 기술주기(technology cycle time: TCT)가 대표적인 지표라 할 수 있다.(Kayal & Waters, 1999) 기술주기는 특허문서에 나타나 있는 기존 특허에 대한 인용관련 정보를 이용하고 있으며, 역인용시차 (backward citation lag)의 중앙값으로 기술주기를 정의하고 있다. 역인용시차[13]란 특정 특허가 인용하고 있는 기존의 특허들에 초점을 맞추어, 인용하는 특허와 인용 받는 특허의 출원시점의 차이를 의미하는 것이다. 이와 같은 기술주기 추정의 기본 가정은 보다 최근의 특허를 인용할수록 그 기술 분야에서의 기술진보 속도가 빠르다는 것이다. 특정 산업 기술진보의 속도를 반영하는 기술주기가 추정되면, 특정 산업 분야 기술지식의 진부화율은 기술주기의 역수로 정의된다.

특허스톡에 진부화율 반영 이외 연구개발스톡 추정과 유사하게 특허 인용에 따른 시차를 고려해야 한다. 이는 최근 특허가 받을 수 있는 인용 횟수가 과거의 특허에 비해 작을 수밖에 없으므로 이러한 시차를 반영하여 특허스톡을 추정해야 한다.

박광만(2004)은 기술주기에 의한 진부화율 및 시차분포를 추정하여 23개의 산업에 대하여 1979년부터 1999년까지 21년간의 인용기반 특허스톡을 다음 [표 5-4]와 같이 추정하였다. 1979년 기준으로는 산업 10(화합물 및 화학제품)의 비중이 28.3%로 가장 크며, 산업 15(기타 기계 및 장비), 산업 17(기타 전기기계 및 전기변환장치), 그리고 산업 19(의료, 정밀, 광학기기 및 시계)의 비중이 각각 11.2%, 10.4%, 10.4%로 그 뒤를 이었다. 그러나 1999년 기준으로 전체 산업 중 가장 큰 비중을 차지하는 산업은 산업 18(전자부품, 영상, 음향 및 통신장

---

13) 정인용시차(forward citation lag)는 특정 특허가 그 특허의 등록 이후 다른 특허들로부터 수령하는 인용에 초점을 맞추고 있으며, 시차는 역인용시차와 마찬가지로 계산. 또한 기술주기를 평균값이 아니라 중앙값으로 정의하는 것은 아주 오래된 특허에 대한 인용이 전체적으로 평균값을 높이는 것을 피하고자 함.(Kayal & Waters, 1999)

비)로 16.3%였고, 산업 16(컴퓨터 및 사무용 기기), 산업 19(의료, 정밀, 광학기기 및 시계), 산업 10(화합물 및 화학제품)이 각각 15.9%, 15.5%, 14.8%로 그 뒤를 이었다. 따라서 전체적으로는 화학산업의 비중이 크게 감소한 반면, IT산업의 성장을 반영하여 전기·전자산업의 특허스톡 비중이 크게 증가함을 알 수 있다. 이러한 양상은 연구인력 수에 의한 산업기술지식 추정과 유사한 결과를 보이고 있다.

[표 5-4] 국내 산업별 인용기반 특허스톡 추정(1979~1999)

산업	산업분류명	1979	1980	1985	1990	1995	1999
1	음식료품	25,103	28,313	45,480	74,744	101,780	131,353
2	담배	3,405	3,873	5,888	9,571	10,606	12,487
3	섬유제품(봉제의복 제외)	22,974	26,227	47,485	74,159	93,118	121,515
4	봉제의복 및 모피제품	4,561	5,125	7,173	8,537	8,889	11,847
5	가죽, 가방 및 신발	7,342	8,995	18,391	33,208	48,860	66,094
6	목재 및 나무제품(가구 제외)	3,748	4,099	5,657	7,192	8,802	11,108
7	펄프, 종이 및 종이제품	16,057	17,946	27,549	46,297	68,771	75,346
8	출판, 인쇄 및 기록매체복제업	11,563	13,659	20,663	30,228	44,439	79,520
9	코크스, 석유정제품 및 핵연료	44,685	46,591	56,326	64,288	66,388	71,489
10	화합물 및 화학제품	435,403	483,886	752,345	1,152,519	1,567,761	1,886,848
11	고무 및 플라스틱제품	36,506	40,918	66,494	104,512	155,927	199,885
12	비금속광물제품	9,844	11,376	18,502	28,381	39,074	59,784
13	제1차 금속산업	80,883	88,738	129,054	211,327	291,612	355,664
14	조립금속제품(기계 및 가구 제외)	80,048	92,150	159,259	274,650	383,983	518,162
15	기타 기계 및 장비	172,746	197,942	329,122	522,388	698,466	951,313
16	컴퓨터 및 사무용 기기	58,143	72,846	176,442	414,479	840,890	2,026,899
17	기타 전기기계 및 전기변환장치	160,183	184,224	322,219	527,226	766,796	1,192,436
18	전자부품, 영상, 음향 및 통신장비	99,968	125,280	261,074	607,071	1,184,192	2,070,580
19	의료, 정밀, 광학기기 및 시계	159,519	188,935	370,533	805,933	1,370,868	1,977,175
20	자동차 및 트레일러	25,504	30,088	56,486	101,446	138,635	208,962
21	기타 운송장비	25,652	29,404	51,503	98,917	166,972	274,525
22	가구 및 기타제품 제조업	52,508	61,059	96,933	188,188	309,892	409,402
23	재생용 가공원료 생산업	2,412	2,552	4,245	5,355	6,650	10,678

자료: 박광만, 2004.

4. 산업기술지식 측정 간의 관계

산업기술지식을 측정하기 위한 여러 대리 지표들을 살펴보고 기존 연구들을 중심으로 실제 국내 산업별, 연도별 지식의 크기에 대한 측정 결과들을 예시하였다. 이들 산업기술지식 측정은 정책 혹은 전략 목적에 따라서 혹은 연구 목적에 따라서 활용된다. 그러나 실제 이들 대리 지표들을 활용하는 데 있어 현실적인 선택 기준은 아마도 가용하고 신뢰성이 있는 자료를 어느 정도 확보하느냐가 관건일 수밖에 없다.

이들 지표 간의 상관관계가 매우 밀접하고 특히 시간에 따라 변화 양상이 비슷하거나 산업 간 지식 크기의 분포가 유사하다면, 특정 연구나 정책 및 전략적 차원의 필요한 기술지식 측정에 있어 신뢰성 있는 자료가 없는 경우, 보다 편리하게 측정할 수 있는 지표를 활용하는 것도 차선책이 될 수 있다. 즉 여러 산업기술지식의 대리지표 간에 양의 상관관계가 존재한다는 가정하에서, 연구개발스톡이나 특허스톡이 산업기술지식의 개념을 보다 포괄한다는 측면에서 단순히 연구개발인력이나 연구개발투자를 산업기술지식의 지표로 활용하는 것보다 타당하나, 현재 가용 통계 자료나 각종 추정을 위한 이차 자료 확보에 많은 비용과 시간이 소요된다면 차선책으로 연구개발인력이나 연구개발투자를 산업기술지식의 지표로 활용할 수 있다는 의미이다.

실제로 이들 산업기술지식 측정을 위한 대리 지표들 간의 상관관계는 어느 정도인지를 파악할 필요가 있다. [그림 5-1]은 국내 16개 산업에 대하여 연구개발인력, 연구개발스톡 그리고 특허수 간의 상관계수를 1985년에서 1997년까지 연도별로 도시한 것이다. 연구개발인력과 연구개발스톡 간의 상관계수의 연도별 변화추이를 살펴보면 0.92에서 0.99에 이르기까지 매우 상한 양의 상관관계를 나타내고 있다. 그러나 연구개발인력과 특허수 간의 상관계수 그리고 연구개발스톡과 특허수 간의 상관계수는 다른 양상을 보이고 있다. 우선 연구개발인력과 연구개발스톡 간의 상관계수에 비해서 비록 상당한 양의 상관관계를 가지고 있으나 80년대의 경우 매우 낮은 값을 가지고 있다. 그러나 90년대 들어서는 연구개발인력과 특허 간 그리고 연구개발스톡과 특허 간의 상관계수 값이 0.8에서 0.9 사이에 이르고 있으며 두 가지 유형의 상관계수 변화양상도 지속적으로 증가하는 특성을 보이고 있다.

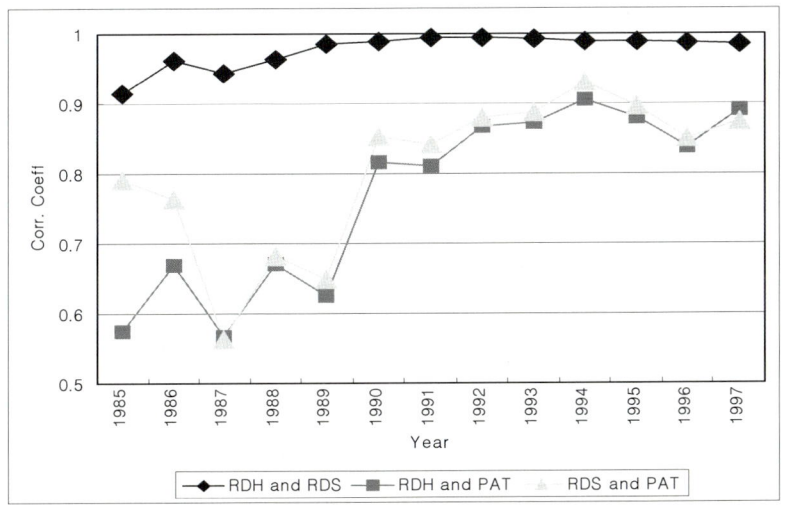

(자료: 박용태 외, 2001)

[그림 5-1] 연구인력(RDH), 연구개발스톡(RDS) 및 특허수(PAT) 간의 연도별
상관계수 추세

[그림 5-1]을 통해서 연구인력수나 연구개발스톡 측면은 매우 유사하여 국내 산업기술지식의 크기를 계측하는 대리 지표로 두 가지 방법을 대안적으로 활용할 수 있음을 시사한다. 그러나 연구개발의 산

출 측면이 특허수와 관계를 고려할 때는 연구인력보다는 연구개발스
톡이 보다 강한 양의 상관관계를 보이므로 연구개발투자와 과정을 보
다 잘 대리하는 연구개발스톡을 대안적으로 활용하는 것이 바람직할
것으로 보인다. 이러한 현상은 연구개발인력(RDH) 및 연구개발스톡
(RDS)을 특허수(PAT), 단순특허스톡(PSC), 인용기반특허스톡(CPS)
와의 상관계수 추이를 미국의 16개 산업에 대하여 분석한 아래 [표 5
-5]에서도 확인할 수 있다.

[표 5-5] 연구개발인력 및 연구개발스톡의 특허관련 지표간의 상관계수

	특허수(PAT)	단순특허스톡 (PSC)	인용기반특허스톡 (CPS)
연구개발인력 (RDH)	0.3896	0.3199	0.3474
연구개발스톡 (RDS)	0.6182	0.5285	0.6178

* 모든 상관계수는 유의수준 0.01에서 통계적으로 유의함.
　자료: 박광만, 2004.

제2절 산업 간 기술지식의 흐름의 유형과 측정방법

산업 간 지식흐름은 특정 산업 기술지식이 다른 산업의 생산 활동
혹은 기술지식 창출 및 활용을 위해서 투입되는 것을 의미하는 것으
로 산업별로 두 가지 역할이 존재한다. 즉 지식을 흡수하는 측면과 방
출하는 측면으로 기술지식의 흐름은 이 두 가지 요소에 의해서 이루
어시시만 산업별 특성에 따라서 어떤 산업은 흡수가 너 많을 수 있을

것이고 반대인 경우도 존재할 수 있다. 또한 자본재나 중간재의 산업 간 흐름과는 다르게 기술지식의 경우, 인력 간의 교류, 공식적 및 비공식 접촉을 통한 비체화(disembodied) 형태의 기술지식흐름과 자본재나 중간재 등에 체화되어 타 산업으로 유입되는 체화(embodied) 형태의 기술지식흐름으로 구분된다. 이러한 기술지식흐름을 파악하기 위해서는 먼저 각 산업의 지식 크기를 산출해야 한다.

1절에서 산업기술지식을 측정하기 위한 여러 지표들과 국내 산업을 대상으로 실제 측정한 연구결과들을 고찰하였다. 산업별 기술지식의 크기를 산업 간 기술지식흐름양으로 측정하기 위해서 다음과 같이 표현하자.

$$H = [h_{ij}]$$

여기서 h_{ii}는 i산업의 총기술지식의 측정치(산업별 연구개발인력수, 연구개발투자액, 연구개발스톡, 특허수, 특허스톡 등), $h_{ij} = 0$으로 H는 대각행렬(diagonal matrix)을 의미하게 된다.

1. 비체화기술지식흐름

산업 간 지식의 흐름은 특정 산업 내의 기업, 연구소의 기술혁신 연구에 참여한 과학자, 기술자들의 다른 산업으로의 이직 등의 이동, 교류, 접촉, 산업 간 특허권 구입, 상호 라이센스, 그리고 학회, 회의, 세미나, 심포지엄 등을 통해서 이루어진다. 그러나 이러한 경로를 통한 흐름양을 측정하기는 어려우므로 통상 대용변수(proxy)로서 기술거리[14] 혹은 유사성 지수를 구하여 산업 간 지식흐름양을 측정한다. 산업 간 유사성은 다음과 같은 방법으로 측정한다. 행렬 S는 산업 간 유사성을 표현하는 것으로서, 예를 들어 전자산업과 기계제작 산업에서 각각 전자 관련 연구원 수와 기계제작 관련 연구원 수가 많다면 두 산업의 지식적 배경이 유사하고 따라서 지식의 흡수나 방출(즉 산업 간 지식의 흐름)이 용이하다고 할 수 있다.

$$S = [s_{ij}]$$

여기서 s_{ij}는 자페(Jaffe, 1986)가 이용한 방법을 사용하여 다음과 같이 측정한다.

$$s_{ij} = \frac{F_i F_j^T}{\sqrt{(F_i F_i^T)(F_j F_j^T)}}$$

F_i는 i산업의 연구원의 전공별(30개 분야), 학위별(박사, 석사, 학사 등) 연구원 수를 나타나는 행벡터(F_i^T는 열벡터)로 다음과 같이 표현된다.

$$F_i = [f_{ikl}]$$

---

14) 기술거리의 측정을 위해서 특허(Jaffe, 1986), 연구개발지표 비율(Goto and Suzuki, 1989), 연구인력의 전공별 자료(이회경, 김정우 1996) 이용을 들 수 있음.

f_{ikl}는 i산업의 k 전공 분야에서 l학위를 가지고 있는 연구원의 수를 의미한다.

s_{ij}는 0과 1 사이의 값으로 1에 가까울수록 두 산업은 기술적으로 유사한 산업이라 할 수 있으며, 따라서 두 산업 간 지식흐름이 용이함을 의미한다. 절대량 기준의 비체화 지식흐름행렬(absolute disembodied knowledge flow matrix; K_a^D)은 행렬 H와 S를 이용하여 다음과 같이 간단하게 얻을 수 있다.

$$K_a^D = H \cdot S = [k_{a,ij}^d]$$

위 행렬의 대각 원소(diagonal elements) $k_{a,ii}^d$는 i산업 자체의 지식의 총량을 의미하고, 다른 원소(off diagonal elements) $k_{a,ij}^d$는 i산업에서 j산업으로 확산되는 지식의 양을 의미한다. 특히 $\sum_{j \neq i} k_{a,ij}^d \geq k_{a,ii}^d$인 경우는 i산업에서 다른 산업으로 확산되는 지식의 총량이 i산업의 지식총량보다 같거나 많은 것으로 이는 i산업 지식이 공공재적 특성으로 여러 산업에서 다양한 확산경로를 통해 흡수, 중복되어 사용되기 때문이다. 또한 $\sum_{j \neq i} k_{a,ij}^d < k_{a,ii}^d$이면서 i산업의 지식총량이 다른 산업에 비해 많은 경우, i산업 지식이 고도로 전문화되고, 지적 재산권 등으로 그 지식의 외부사용이 어느 정도 차단된 산업이라 할 수 있다. 행렬 K_a^D는 지식의 흐름의 절대량(absolute value)을 기준으로 측정되므로 산업 간의 지식흐름 규모가 네트워크 특성으로 나타나는 효과(dimension scale effect)가 반영된다.

산업 간 기술지식연계 구조, 즉 산업기술지식네트워크의 변화를 분석할 수 있는데, 지식흐름양 자체, 즉 절대량을 기준으로 분석하는 것은 산업 간 지식흐름의 규모의 변화가 사간에 따라 전체 산업의 네트워크의 변화로 어떻게 나타나는지에 초점을 맞출 수 있다. 한편, 지식흐름의 규모라는 측면이 아닌 산업 간 네트워크 연계의 중요도에 따라 고찰할 필요가 있다. 시간에 따라 지식의 총량과 산업 간 지식의 흐름양은 증가한다. 또한 산업 간 관계에 있어서도 중요 연계 산업이 변화할 수 있다. 이는 결국 비체화지식네트워크 내의 산업 간 지식흐름의 상대적 효과(proportional scale effect)로 나타나고, 이를 분석하기 위해서 다음과 같은 상대적 비체화 지식흐름행렬(relative knowledge flow matrix; K_r^D)을 K_a^D 행렬로부터 쉽게 산출할 수 있다. 또한 K_r^D는 특정산업의 지식의 흐름양이 적더라도 다른 산업들과 흐름관계를 분석할 수 있다는 점에서 횡단면적 구조 측면을 살펴볼 수 있다. 상대적 지식흐름행렬의 주 대각원소의 값을 0으로 두고, 단지 각 산업 간 지식흐름의 상대적 비율로 지식네트워크의 특성을 파악하게 된다.

$$K_r^D = [\,k_{r,\,ij}^d\,]$$

$$\text{여기서,} \quad k_{r,\,ij}^d = \frac{k_{a,\,ij}^d}{\displaystyle\sum_{j\neq i} k_{a,\,ij}^d} \quad \text{for} \;\; i\neq j$$

$$k_{r,\,ii}^d = 0 \quad \text{for} \;\; i$$

2. 체화기술지식흐름

체화지식의 흐름(overall flows of embodied knowledge)은 보통 산

업연관 관계(input-output techniques)를 이용한다. 투입-산출을 이용한 지식의 흐름은 기본적으로 공급산업에서 수요산업으로의 중간재혹은 자본재의 거래량에 근거하여 그 크기에 비례해서 체화지식의 흐름이 발생한다는 것이다. 즉 거래비율이 하나의 가중치로 작용한다. 투입-산출을 이용하여 가중치를 구하는 방법은 다음과 같이 세 가지로 구분될 수 있다. 첫째, 중간거래량의 합에 대한 각 산업 간의 거래량, 즉 $X_{ij}/\sum_j X_{ij}$(Terleckyi weight)를 이용하는 경우. 둘째, 투입산출표에서의 투입계수($a_{ij} = X_{ij}/Q_j$, 여기서 Q_j는 j산업의 생산액)를 이용하는 경우. 그리고 마지막으로 산업 간 직·간접효과를 고려하는 생산자 유발계수(γ_{ij}; 레온티에프 역행렬 $[I-A]^{-1}$ 의 원소)를 이용하는 경우이다. 생산자 유발계수는 산업 간 일대일 흐름(직접 효과) 이외에 여타 다른 산업에 의한 생산유발 정도(간접 효과)가 포함되므로 앞의 두 경우보다 산업 간 지식흐름을 보다 정확히 계측할 수 있다.(Mohnen, 1996)

레온티에프 역행렬을 고려하여, 다음과 같이 산업 간 체화기술지식 흐름 행렬을 산출할 수 있다.

$$K_a^E = H \cdot T = [\ k_{a,ij}^e\ ]$$

여기서 H는 각 산업의 기술지식의 크기를 나타내는 대각행렬이고, 행렬 T는 각 산업의 공급과 수요관계로 변환시키는 행렬로 다음과 같이 정의된다.(Leoncini et al. 1996)

$$T = X^{-1} \cdot [I-A^d]^{-1} \cdot D = [\ t_{ij}\ ]$$

여기서 X는 각 산업의 생산액을 나타내는 대각행렬, $[I-A^d]^{-1}$는 국산거래 레온티에프 역행렬을, D는 각 산업의 최종수요를 나타내는 대각행렬이다.

K_a^E 행렬의 원소 $k_{a,ii}^e$는 i산업의 체화지식을 통한 자체 지식의 총량을, $k_{a,ij}^e(i{\neq}j)$는 j산업에서 요구하는 i산업의 체화지식량을 의미한다. 비체화기술지식흐름 행렬과 마찬가지로 산업 간 체화기술지식흐름의 상대적 효과(proportional scale effect)를 분석하기 위해서 상대적 체화기술지식흐름 행렬(relative embodied knowledge flow matrix: K_r^E)을 비체화기술지식흐름 행렬에서와 같이 K_a^E 행렬로부터 다음과 같이 구한다.

$$K_r^E = [\ k_{r,ij}^e\ ]$$

여기서, $\quad k_{r,ij}^e = \dfrac{k_{a,ij}^e}{\displaystyle\sum_{j{\neq}i}k_{a,ij}^e} \quad$ for $\ i{\neq}j$

$$k_{r,ii}^e = 0 \quad \text{for}\ i$$

제3절 산업기술지식네트워크

네트워크의 분석은 그래프 기법을 이용하여 시스템의 구성요소(node) 간의 상호작용(linkage)의 구조를 분석하는 정량적 기법이다. 특히 산업기술지식네트워크의 핵심 구성요소는 산업들이며, 이들 산업 간 지식흐름을 '상호작용'으로 다루게 된다. 네트워크 분석은 구조적 특성과 관련하여 다음과 같은 사항을 분석하고 설명하는 데 강조를 두고 있는 것이 특징이다. 첫째, 각 노드(산업)의 행위(전략 및 성과 측면에서)는 구조적 한계와 네트워크 내부적 특성으로 설명되어야 한다. 둘째, 노드 간 관계는 노드 자체와 전체 시스템 측면에서 보완적인 관계로 해석되어야 한다. 셋째, 노드나 노드의 쌍(pair of nodes)을 전체 시스템 구조, 즉 네트워크에서 따로 분리하여 분석하는 것은 큰 의미를 갖지 못한다. 넷째, 시스템은 미시적 수준(노드)과 거시적 수준(전체 시스템 혹은 네트워크)에서 구조적으로 깊은 상호 연관관계를 갖는 요소들로 구성된 양 측면이 복합적으로 작용하는 특성을 가지고 있다. 그리고 마지막으로 네트워크 분석은 전통적인 통계처리나 계량경제학적 기법이 적절하지 못할 경우 상호종속성을 갖는 관찰치[15]의 분석이 가능하다는 것이다(Maggioni & Montressor 1996).

2절에서 논의했던 산업기술지식흐름행렬(K_a^D, K_r^D, K_a^E, K_r^E)은 다음과 같은 기술지식네트워크로 쉽게 변환할 수 있다.[16] 기술지식 네트워크 G_V는 세 개의 집합, 즉 산업들(산업 집합 $N = \{1, 2, 3, . . . , g\}$), 이들 산업 간 상호작용을 표현하는 연결관계들(연계 집합 $L = \{l_{11}, l_{12}, . . . , l_{ij}\}$), 그리고 산업 간 상호작용의 크기를 나타나는 기술지식흐름의 정도(산업 간 기술지식흐름양 집합 $V = \{v_{11}, v_{12}, . . . , v_{ij}\}$, 집합 V의 원소 v_{ij}는 정확히 $k_{a,ij}^d(k_{a,ij}^e)$ 혹은 $k_{r,ij}^d(k_{r,ij}^e)$과 일대일 대응)로 구성된다.

---

15) 이러한 특성을 갖는 데이터를 관계형 데이터(relational data)라고 한다.(Scott, 1991)
16) 기술지식흐름행렬 자체가 하나의 산업기술지식네트워크라고 할 수 있음.

$$K_a^D, \ K_r^D, \ K_a^E, \ K_r^E \ \equiv > \ \ G_V(N, \ L, \ V)^{17)}$$

기술지식네트워크의 연결 관계는 산업 간 기술지식흐름으로 구성되기 때문에 산업 간 연결은 그 연결의 정도와 일대일 대응한다. 따라서 각 기술지식흐름행렬을 그래프로 표현하면 매우 복잡한 형태로 구성되므로, 지식네트워크의 특성을 용이하게 분석하기 위해서 연결 정도가 상대적으로 약한 산업 간 연계를 무시하고 중요 산업들과 이들 간의 연계에 주목하기 위해서 기준 값(cutoff)에 따라 다음과 같이 $K_a^D, \ K_r^D, \ K_a^E, \ K_r^E$ 행렬의 G_V 를 G_D 로 변환(dichotomize)시킨다.

$$G_V \ \equiv > \ G_D(N, \ L_D)$$

여기서, 집합 L_D는 다음과 같다.

$$L_D = \{ \ l_{11}^d, \ l_{12}^d, \ . \ . \ , \ l_{ij}^d \}$$

$$where, \ l_{ij}^d = 1 \ for \ v_{ij} > cutoff$$

$$l_{ij}^d = 0 \ for \ v_{ij} \leq cutoff$$

l_{ij}^d는 i산업에서 j산업으로 지식흐름관계를 나타내는 것으로 값이 1이면 기준 값보다 큰 지식흐름이 존재함을 의미한다.[18]

---

17) 특히 $l_{ij} \neq l_{ji}$ 혹은 $v_{ij} \neq v_{ji}$인 경우의 네트워크를 쌍방향 네트워크 (digraph)라고 한다.

18) $l_{ij}^d = 1$과 $l_{ji}^d = 1$는 의미가 완전히 다르다. 전자는 i산업에서 j산

이렇게 단순화된 산업기술지식네트워크는 보다 쉽게 전체 산업지식 연계구조를 이해하는 데 도움을 주며, 각종 네트워크분석 기법을 활용하여 그 특성을 파악할 수 있고 또한 진화적인 관점에서 시간에 따른 네트워크의 변화를 고찰하여 전체 산업기술지식네트워크의 진화 방향을 예측할 수 있다.

산업기술지식네트워크의 특성을 분석하기 위해서 네트워크 분석에 이용되는 지수를 산출하게 된다. 특히, 네트워크의 구조적 특성을 파악하기 위해 크게 두 가지의 지수를 산출한다. 첫째, 네트워크의 체계적 연계성(systematic connection)을 파악하기 위해 네트워크의 밀도(density of network)를 다음과 같이 측정한다.

$$D = \frac{l^d}{g(g-1)}$$

분모는 모든 노드 간의 연계(방출, 흡수)가 이루어질 때의 경우의 수로(네트워크 내의 노드 간 연계의 최대수 $\binom{g}{2}$를 의미) g는 노드(산업)의 수를 의미하며, 분자 $l^d(=\sum_i\sum_j l_{ij}^d)$은 네트워크 내의 노드 간 실제 총 연계수를 나타낸다. 밀도가 클수록 네트워크는 보다 체계적 연계성이 증가한다. 즉 산업 간 연계가 보다 밀집된 형태를 구성하고 있음을 의미하며 한 산업에서 창출된 지식이 네트워크의 다른 산업까지 도달할 가능성이 커진다.

둘째, 각 산업의 중심성 지수(node centrality index)와 중심화 지수

업으로의 지식흐름, 즉 i산업 입장에서는 지식의 방출, j산업 입장에서는 지식의 흡수관계를 표시한다. 후자는 정반대의 의미를 갖는다.

(group centrality index)를 측정하여 각 산업의 중심적 역할과 네트워크의 위계적 정도를 분석한다. 중심성 지수와 중심화 지수는 연구 대상과 연구자의 관심에 따라 여러 가지 형태로 구분되는데 부분(degree, local), 전체(closeness, global), 매개(betweenness, intermediary) 중심성과 중심화 지수[19]이다. 부분 중심성과 중심화 지수는 다음과 같이 측정된다.

$$C_{D,i}^{O} = \sum_{j} l_{ij}^{d}$$

$$C_{D,j}^{I} = \sum_{i} l_{ij}^{d} , \quad \text{for} \quad i, \ j$$

$$\overline{C_{D}^{O}} = \frac{\sum_{i=1}^{g}[C_{D}^{O}(n^*) - C_{D,i}^{O}(n_i)]}{(g-1)(g-2)}$$

$$\overline{C_{D}^{I}} = \frac{\sum_{i=1}^{g}[C_{D}^{I}(n^*) - C_{D,i}^{I}(n_i)]}{(g-1)(g-2)}$$

여기서 하첨자는 부분 중심성/중심화 지수를 표시하고, 상첨자 O와 I는 지식의 방출(outflow), 지식의 흡수(inflow)관계를 나타내고 있는데 각각 유사한 형태로 산출된다. 중심성 지수는 단순히 각 산업이 지식의 방출(혹은 흡수) 대상이 되는 산업 수를 의미하며 이는 산업 지식의 흐름 관계에서 영향력 있는 산업의 식별을 위한 지수[20]라고 할

---

19) 각 지수의 수학적 도출과정, 측정 방법과 의미는 S. Wasserman, K. Faust(1994), pp.169-219 와 J. Scott(1991) pp.85-102 참조.

20) 예를 들어 i산업의 $C_{D,i}^{O} = 7$이고 j산업의 $C_{D,j}^{O} = 2$라면 전자의 경우에 i산업으로부터 지식을 흡수하는 관계에 있는 산업의 수가 7을 의

수 있다. 중심화 지수는 중심성 지수가 가장 큰 산업에서 각 산업의 중심성 지수의 차이의 합을 한 산업이 가질 수 있는 최대 중심성 지수(n^*는 최대 중심성지수를 갖는 노드를 의미)로 나누어 측정되는데 이는 특정 산업이 시스템 전체 측면에서 그 영향도가 얼마나 큰가를 나타내는 지수이다. 이 지수 값이 클수록 시스템은 특정 산업을 중심으로 집중화된 구조로 판단할 수 있고 이는 시스템의 위계성(hierarchy)을 설명하는 데 유용하다. 부분 중심성 지수는 노드 간 직접적인 연결에 관심을 두고 있는데 실제로 직접적인 연결 흐름 관계를 구성하지 않더라도 몇 단계의 흐름 관계를 통해서 지식의 방출이나 흡수가 가능하다. 이러한 점을 고려하여 측정되는 것이 전체 중심성 지수와 매개 중심성 지수이다. 전체 중심성 지수는 여러 단계를 거쳐 발생할 수 있는 지식의 흐름을 고려하여 부분 중심성 지수와 유사한 방법으로 측정되는 것으로 보통 부분 중심성 지수가 높은 노드들에서 전체 중심성 지수가 높은 노드가 발견된다. 반면, 매개 중심성 지수는 지식흐름의 경로에서 각 노드가 다른 노드들로 얼마나 연결되는가를 측정한다. 이는 산업기술지식의 배경이 서로 다른 산업 간 지식흐름의 연계에 중추적 역할을 하는 산업의 식별이라는 측면에서 매우 중요시되는 지수라고 할 수 있다.

다음 [그림 5-2]는 대칭형 네트워크 분석의 간단한 예를 예시한 것이다. 그림의 네트워크는 각 노드 간의 연계 유·무만을 나타내는 간단한 형태이다. 그림의 네트워크에서 각 노드 간의 관계를 1과 0으로 표시하여 행렬 형태로 전환하면 대칭형 행렬(symmetric matrix)이 구성된다. 실제로 전체구조에서 가장 중심적인 역할을 하는 노드나 노

미하는 것으로 j산업에 비해 지식의 방출 측면에서 보다 중요한 위치에 있다고 할 수 있다.

드들 간의 중계 역할을 하는 노드는 직관적으로 쉽게 파악할 수 있다. 각 지수를 통하여 이를 보다 확실히 파악할 수 있으며, 노드 간의 비교가 가능하다. 또한 다른 네트워크 간의 비교도 이러한 지수를 통해 가능하다.

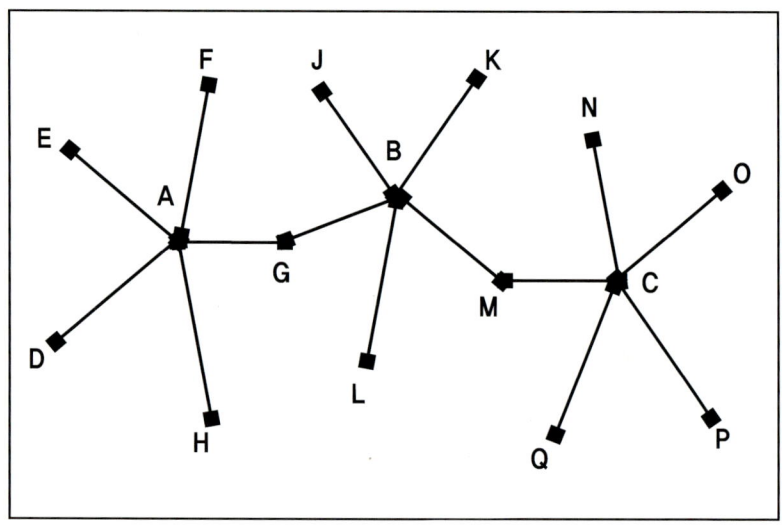

[그림 5-2] 대칭형 네트워크(symmetric network)

[표 5-6]에서 [그림 5-2]에서 예시된 대칭형 네트워크의 각 중심성 및 중심화 지수를 산출한 것이다. 부분중심성 측면에서 볼 때, 노드 A, B, C는 모두 같은 역할을 한다고 할 수 있다. 즉 A, B, C는 노드 간의 관계에서 모두 같은 비중을 갖는다. 이를 전체 중심성 측면에서 보면(값이 작을수록 중요성이 큼), A와 C보다는 B가 다른 노드 간의 관계에서 보다 밀접하다. 이는 위 네트워크의 노드 간의 관계가 정보의 흐름으로 파악한다면, B의 정보가 A와 C보다 빠르게 이전될

수 있으며 반대로 다른 노드들의 정보 역시 빠르게 받을 수 있다. 반면, 노드들 간의 중계 측면에서 보면 B, G, M이 주요 중계 노드임을 알 수 있다. 그리고 각 중심화 지수는 각 중심성 지수가 가장 큰 노드가 전체 구조에서 얼마나 위계적 위치를 나타내는가를 알 수 있다.

[표 5-6] 노드들의 각각의 중심성 지수

지수\노드	A, C	B	G, M	J, K, L	Others	중심화 지수
부분 중심성	5	5	2	1	1	23.81%
(상대적 중심성)*	(0.33)	(0.33)	(0.13)	(0.07)	(0.07)	
전체 중심성	43	33	37	48	57	31.03%
매개 중심성	50	75	50	0	0	58.73%

* 부분 중심성 지수/(g-1)로 부분 중심성 지수의 상대적 크기를 표현.

제 6 장

우리나라 산업기술지식네트워크의
실제와 특성

제1절 산업기술지식네트워크 구성 자료

우리나라 산업기술지식네트워크를 구성하고 시간에 따른 특성을 기술지식유형에 따라 분석하기 위해서 80년대 산업별 자료를 수집하였다. 각 산업의 지식의 양과 비체화 지식흐름행렬의 유사성 지수를 측정하기 위해서 연구인력과 연구인력들의 학문적 배경, 학위와 관련된 통계치를 '산업기술개발실태조사'(산업기술진흥협회, 1984-1991 각 연도)를 참조하여 '80년대 중 3개 연도(1984, 1987, 1990)를 중심으로 자료를 정리하였으며, 체화 지식흐름행렬을 구하기 위한 산업별 생산유발계수는 산업연관표(한국은행, 1983, 1987, 1990)의 자료를 이용하여 계산하였다. 산업의 성장과 쇠퇴에 따라서 투입-산출의 산업 분류는 분석 기간 중에 다소 차이가 나타나고 있으며, 이를 보정하기 위하여 기본적으로 한국표준산업분류(KSIC)에 근거하여 세 개 연도에 대해서 '산업기술개발실태조사'와 산업연관표상의 분류를 일일이 대조하여 자료를 정리하였다. 이러한 분류 및 대조 작업을 통해서 자료의 일관성을 확보하면서 국내 제조업 34개 산업[21]을 분석 대상으로 삼았다.

---

21) 한국표준산업분류(KSIC)를 기준으로 하여 제조업을 대상으로 경공업 분야(식음료, 섬유, 나무·목재, 종이·인쇄출판 등)는 2 digit, 중화학공업 분야와 전기·전자 분야는 3 digit 혹은 4 digit까지 적용하였다. 이는 제조업 분야에서 중화학 및 전기·전자 분야의 연구개발투자 및 연구개발

선택된 34개 산업을 대상으로 비체화 지식흐름행렬(절대량 및 상대
량 근거)과 체화 지식흐름행렬을 계측하여 산업기술지식네트워크를
생성한다. 따라서 3개 연도별, 기술지식의 절대량 및 상대량에 따른
산업기술지식네트워크는 6개가 생성되고, 이들 네트워크 대상으로 앞
서 고찰하였던 네트워크 분석22)과 통계적 분석을 병행하면서 우리나
라 제조업의 산업기술지식네트워크의 구조적 특성과 시간에 따른 변
화를 분석한다.

분석 대상 34개 제조업의 세부 산업은 다음 [표 6-1]과 같다.

[표 6-1] 분석 대상 34개 산업(1990년 기준)

	국내 대상 산업분류	한국 표준산업 분류(KSIC)	I/O상의 분류 (163 sectors)
1	식음료	31	22-27
2	섬유	32	39-52
3	나무, 목재	33	53-55
4	종이, 인쇄 출판	34	56-59
5	유기, 무기화학	3511,2	60-66
6	염료, 도료	3513, 3521	71
7	비료, 농약	3515,6	67,68
8	의약품	3522	69
9	세정제, 화장품	3523	70
10	기타 화학제품	3529	72

인력이 집중되었고 따라서 이 부문을 좀 더 세분류하여 산업 간의 지식
흐름 관계를 조명한다.
22) 네트워크 분석 프로그램인 UCINET Ⅳ ver 1.66과 그래프 작성 프로그
램인 KrackPlot 3.0을 이용.

국내 대상 산업분류		한국 표준산업 분류(KSIC)	I/O상의 분류 (163 sectors)
11	석유정제	353	73−75
12	석탄제품	354	76
13	고무제품	355	77,78
14	플라스틱	356	79
15	도자기, 토기	361	81
16	유리제품	362	80
17	시멘트, 콘크리트, 토석제품	369	82−85
18	1차 철강	371	86−92
19	1차 비철금속	372	93,94
20	조립금속	381	95,96
21	보일러, 터어빈	3821	97
22	특수산업용 기계	3824	101
23	공작기계	3823	100
24	컴퓨터, 사무·서비스용 기계	3825,6	102,103
25	기타 산업기계	3829	98
26	산업용 전기기기	3881	104
27	음향·영상·통신기기	3832	107
28	가정용 전기기기	3833	106
29	반도체, 전자부품	3834	108−110
30	기타 전기기기	3839	105
31	조선	3841	116
32	자동차	3843	114,115
33	기타 수송기기 (철도 차량, 항공기 등)	3842, 3844, 3845, 3849	117−119
34	정밀기기	385	112,113

제2절 제조업의 비체화기술지식네트워크의 특성

1. 절대량기준의 제조업 비체화지식네트워크의 특성과 변화

1.1 비체화지식네트워크의 체계적 연계성(systematic connectivity)

네트워크의 구성요소인 산업들의 연계성은 개략적으로 그 밀도를 통해 살펴볼 수 있다. [그림 6-1]과 [표 6-2]에서 '84년, '87년, '90년의 제조업의 기술지식네트워크의 밀도를 관찰해 보면 각 연도의 네트워크는 기준 값(cutoff)[23]의 수준에 관계없이 항상 증가하고 있다. 이는 산업 간 기술지식흐름의 절대량이 전반적으로 확대되고 있으며, 산업 간 관계가 밀접해 가고 있음을 의미한다. 즉 각 산업에서 요구하는 연구인력들이 각 산업에서의 요구하는 기술지식뿐만 아니라 여타 다른 산업의 지식 또한 필요로 하며 이를 통한 다른 산업의 기술혁신을 흡수할 수 있는 능력을 확보하기 위한 것으로 보인다.

---

23) cutoff는 산업 간 지식흐름양이 대부분의 모든 산업에서 존재하므로 네트워크의 특성을 쉽게 파악하기 위해 그 흐름양이 상대적으로 작은 산업 간의 연결을 무시하기 위해서 설정하는데 본 연구에서는 절대 흐름양의 경우 250, 550, 850, 1150에 대해서 분석하여 주로 1150을 기준으로, 상대 흐름양의 경우 0.01, 0.07, 0.08, 0.09에 대하여 분석하여 주로 0.08을 기준으로 네트워크의 특성을 고찰하였다.

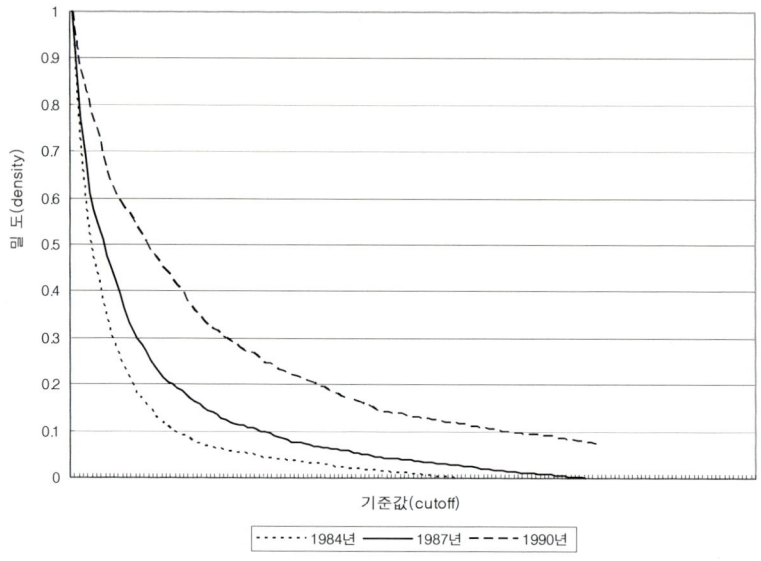

[그림 6-1] 절대량기준 각 연도별 기준 값(cutoff value)과 밀도(density)

또한 기준 값/연도별 연결(linkage)수에 대한 표준편차가 시간에 따라서 증가하고 있는데 이는 특정 산업의 지식 방출 혹은 흡수 등 기술 지식의 흐름으로 표현되는 연계의 수가 산업별로 차이가 크다는 것을 의미한다.

[표 6-2] 절대량 기준의 비체화 지식흐름행렬에서의 밀도와 표준편차

	기준 값: 250			기준 값: 550			기준 값: 1150		
	'84	'87	'90	'84	'87	'90	'84	'87	'90
밀 도	0.1	0.21	0.42	0.04	0.08	0.22	0.01	0.04	0.1
표준편차	0.3	0.4	0.49	0.19	0.28	0.41	0.09	0.19	0.3

네트워크의 연계성이 기존의 연결관계를 통해서 구성되는지를 파악하기 위해서 비교 연도별 네트워크 간 상관분석을 수행하였는데 기술지식네트워크의 상관계수를 보면 84년과 87년의 경우 0.831, 87년과 90년의 경우 0.893, 83년과 90년의 경우 0.870(유의수준 0.05)으로 매우 높은 수준을 보이고 있다. 이는 전반적으로 산업 간 지식흐름이 기존의 지식흐름관계를 보다 확대하는 방향으로 강화되고 있음을 의미한다. 즉 각 산업이 새로운 기술지식연계를 구축하기보다는 기존 연계를 유지, 확대해 가면서 타 산업의 기술지식의 흡수 혹은 방출이 확산되고 있다고 할 수 있다.

1.2 비체화지식네트워크의 구조적 특성: 이중적 지식흐름구조

제조업의 기술지식네트워크의 구조적 특성을 각 시기별 비교하기 위해서 여러 수준의 기준 값(cutoff)에 따라 부분(degree; local), 전체(closeness; global), 매개(betweenness) 중심성 및 중심화 지수를 산출하였다. 다음 [표 6-3]은 부분 중심성 지수를 세 가지 기준 값에 따라서 각 연도별로 정리한 것이다. 부분 중심성 지수는 기준 값에 근거하여 각 산업의 방출 혹은 흡수 관계를 갖는 산업의 수로 표시된다. 표에서 지식방출의 역할을 하는 산업의 분포가 상당히 편이(biased)된 것을 발견할 수 있으며, 이에 반해 지식흡수의 역할을 하는 산업은 보다 고르게 분포되어 있다. 이는 많은 산업들이 특정 몇 개의 산업들의 기술지식에 의존하는 경향이 뚜렷함을 보여주고 있는 것이다.

[표 6-3] 연도/기준 갭별 부분 중심성 지수(degree centrality index)

산 업	기준 값: 250						기준 값: 550						기준 값: 1150					
	84년 Out	In	87년 Out	In	90년 Out	In	84년 Out	In	87년 Out	In	90년 Out	In	84년 Out	In	87년 Out	In	90년 Out	In
1	2.00	0.00	10.00	1.00	12.00	4.00	0.00	0.00	0.00	0.00	0.00	0.00	0.00	0.00	0.00	0.00	0.00	0.00
2	0.00	0.00	16.00	1.00	31.00	16.00	0.00	0.00	0.00	0.00	8.00	4.00	0.00	0.00	0.00	0.00	0.00	2.00
3	0.00	0.00	0.00	8.00	0.00	14.00	0.00	0.00	0.00	0.00	0.00	1.00	0.00	0.00	0.00	0.00	0.00	1.00
4	0.00	4.00	0.00	9.00	0.00	19.00	0.00	0.00	0.00	0.00	0.00	5.00	0.00	0.00	0.00	0.00	0.00	3.00
5	6.00	0.00	18.00	7.00	21.00	15.00	0.00	0.00	0.00	0.00	13.00	3.00	0.00	0.00	0.00	0.00	10.00	1.00
6	7.00	1.00	10.00	5.00	15.00	12.00	0.00	0.00	0.00	0.00	0.00	2.00	0.00	0.00	0.00	0.00	0.00	1.00
7	0.00	4.00	0.00	5.00	3.00	11.00	0.00	0.00	0.00	0.00	0.00	2.00	0.00	0.00	0.00	0.00	0.00	1.00
8	0.00	0.00	2.00	1.00	13.00	4.00	0.00	0.00	0.00	0.00	0.00	1.00	0.00	0.00	0.00	0.00	0.00	0.00
9	0.00	3.00	4.00	6.00	11.00	14.00	0.00	0.00	0.00	0.00	0.00	2.00	0.00	0.00	0.00	0.00	0.00	1.00
10	0.00	3.00	10.00	6.00	13.00	15.00	0.00	0.00	0.00	0.00	0.00	4.00	0.00	0.00	0.00	0.00	0.00	2.00
11	0.00	3.00	0.00	7.00	11.00	14.00	0.00	0.00	0.00	0.00	0.00	4.00	0.00	0.00	0.00	0.00	0.00	2.00
12	0.00	0.00	0.00	6.00	0.00	17.00	0.00	0.00	0.00	0.00	0.00	3.00	0.00	0.00	0.00	0.00	0.00	3.00
13	0.00	1.00	6.00	6.00	19.00	20.00	0.00	0.00	0.00	0.00	0.00	5.00	0.00	0.00	0.00	0.00	0.00	4.00
14	0.00	1.00	0.00	11.00	0.00	21.00	0.00	0.00	0.00	0.00	0.00	5.00	0.00	0.00	0.00	0.00	0.00	4.00
15	0.00	0.00	0.00	4.00	0.00	12.00	0.00	0.00	0.00	0.00	0.00	3.00	0.00	0.00	0.00	0.00	0.00	2.00
16	0.00	6.00	0.00	2.00	0.00	13.00	2.00	0.00	0.00	0.00	0.00	3.00	0.00	0.00	0.00	0.00	0.00	2.00
17	0.00	4.00	0.00	5.00	18.00	16.00	0.00	0.00	0.00	2.00	0.00	3.00	0.00	0.00	0.00	0.00	0.00	2.00
18	3.00	3.00	3.00	3.00	10.00	11.00	0.00	0.00	0.00	4.00	0.00	2.00	0.00	0.00	0.00	0.00	0.00	2.00
19	0.00	7.00	0.00	11.00	10.00	17.00	0.00	1.00	0.00	4.00	0.00	5.00	0.00	0.00	0.00	2.00	0.00	4.00

	기준 값: 250						기준 값: 550						기준 값: 1150					
	84년		87년		90년		84년		87년		90년		84년		97년		90년	
산 업	Out	In	Out	In	Out	In	Out	In	Out	In	Out	In	Out	In	Out	In	Out	In
20	0.00	4.00	0.00	10.00	18.00	13.00	0.00	1.00	0.00	2.00	1.00	5.00	0.00	0.00	0.00	2.00	1.00	4.00
21	0.00	4.00	1.00	9.00	1.00	17.00	0.00	1.00	0.00	2.00	0.00	8.00	0.00	0.00	0.00	2.00	0.00	5.00
22	13.00	8.00	9.00	13.00	23.00	20.00	0.00	3.00	0.00	7.00	11.00	9.00	0.00	2.00	0.00	5.00	7.00	9.00
23	0.00	4.00	0.00	10.00	6.00	13.00	0.00	1.00	0.00	4.00	0.00	8.00	0.00	0.00	0.00	4.00	0.00	5.00
24	0.00	5.00	14.00	10.00	22.00	12.00	0.00	2.00	0.00	4.00	10.00	7.00	0.00	1.00	0.00	4.00	6.00	6.00
25	0.00	6.00	4.00	9.00	1.00	15.00	0.00	2.00	0.00	4.00	0.00	8.00	0.00	0.00	0.00	3.00	0.00	5.00
26	5.00	4.00	10.00	8.00	24.00	11.00	0.00	2.00	1.00	2.00	13.00	7.00	0.00	1.00	0.00	2.00	11.00	6.00
27	13.00	4.00	15.00	6.00	31.00	11.00	5.00	1.00	9.00	2.00	20.00	6.00	0.00	1.00	8.00	2.00	16.00	6.00
28	22.00	6.00	22.00	10.00	32.00	12.00	11.00	1.00	15.00	3.00	28.00	7.00	8.00	0.00	14.00	3.00	27.00	6.00
29	11.00	4.00	16.00	6.00	28.00	13.00	0.00	2.00	9.00	2.00	11.00	6.00	0.00	1.00	7.00	2.00	7.00	6.00
30	0.00	5.00	10.00	8.00	27.00	18.00	0.00	2.00	0.00	4.00	0.00	8.00	0.00	1.00	0.00	3.00	0.00	5.00
31	1.00	5.00	1.00	3.00	1.00	7.00	0.00	0.00	0.00	1.00	0.00	2.00	0.00	0.00	0.00	0.00	0.00	2.00
32	19.00	4.00	24.00	8.00	30.00	14.00	8.00	0.00	14.00	1.00	27.00	4.00	1.00	0.00	11.00	1.00	23.00	3.00
33	11.00	5.00	11.00	8.00	14.00	14.00	1.00	2.00	1.00	2.00	1.00	4.00	0.00	1.00	0.00	2.00	1.00	3.00
34	1.00	6.00	16.00	10.00	23.00	13.00	0.00	2.00	1.00	4.00	10.00	7.00	0.00	1.00	1.00	4.00	6.00	7.00
평균	3.35	3.35	6.82	6.82	13.76	13.76	1.29	1.29	2.74	2.74	7.12	7.12	0.26	0.26	1.21	1.21	3.38	3.38
표준편차	5.86	2.26	7.23	3.07	10.68	3.85	3.34	1.36	5.47	1.80	8.91	2.79	3.35	0.50	3.35	1.53	6.68	2.26
최소값	0.00	0.00	0.00	0.00	0.00	4.00	0.00	0.00	0.00	0.00	0.00	1.00	0.00	0.00	0.00	0.00	0.00	0.00
최댓값	22.0	8.00	24.00	13.00	32.00	21.00	15.00	4.00	20.00	8.00	30.00	13.00	8.00	2.00	14.00	5.00	27.00	9.00

또한 [표 6-4]는 기준 값 1150수준에서 중심성 지수별 상위 5개 산업에 대한 중심화 지수를 정리한 것이다.

[표 6-4] 연도/지수유형별 비체화지식네트워크의 중심화 지수와
중심 산업(기준 값: 1150)

	중심 지수의 유형		중심화 지수 값(%)	중심성 지수 상위 산업
84년	Degree	out	24.9	가전, 자동차
		in	5.6	특수기계, 기타 수송장비, 정밀기기, 반도체, 컴퓨터
	Closeness	out	1.8	가전, 자동차
		in	0.3	특수기계, 기타 수송장비, 정밀기기, 반도체, 컴퓨터
	Betweenness		−	−
87년	Degree	out	41.2	가전, 자동차, 반도체, 영상·음향·통신, 정밀기기
		in	12.2	특수기계, 정밀기기, 공작기계, 컴퓨터, 가전
	Closeness	out	3.8	가전, 자동차, 영상·음향·통신, 반도체, 정밀기기
		in	0.7	특수기계, 정밀기기, 공작기계, 컴퓨터, 산업용 전기기기
	Betweenness		1.47	가전, 영상·음향·통신, 자동차
90년	Degree	out	76.0	가전, 자동차, 영상·음향·통신, 정밀기기, 컴퓨터, 반도체
		in	18.1	특수기계, 정밀기기, 영상·음향·통신, 산전, 반도체, 가전
	Closeness	out	46.7	가전, 자동차, 영상·음향·통신, 정밀기기, 컴퓨터
		in	0.5	고무, 플라스틱, 종이인쇄, 석유정제
	Betweenness		9.96	가전, 특수기계, 자동차, 유기무기화학

부분 중심성 지수는 지식네트워크에서 각 산업의 직접적인 연결(지식의 방출: outdegree, 지식의 흡수: indegree)이 이루어지는 산업의 수로 표시된 것으로, 예를 들어 87년 기준 값 550에서 28번 가전산업은 18개의 산업으로 가전산업의 지식의 흐름(outdegree)이 이루어지며, 반대로 4개 산업의 지식이 가전산업으로 흐름(indegree)이 이루어지고 있음을 의미한다. 기준 값을 올림에 따라서 각 지식흐름행렬(K)의 특성을 용이하게 파악할 수 있다.([표 6-2] 참조)

[표 6-3], [표 6-4]에 의하면 전 기간 동안 산업기술지식의 파급에 기여한 산업은 가전(28), 자동차(32), 영상·음향·통신(27), 반도체(29), 정밀기기(34), 컴퓨터(24) 산업 등이다. 특히 가전산업은 80년대 한국 제조업의 기술지식네트워크의 가장 핵심적인 산업으로, 가전산업을 중심으로 하여 영상·음향·통신산업, 특수산업용 기계(22), 반도체산업이 84년 주변부에서 87년 중심산업으로, 90년에는 핵심 지식창출과 확산의 근원산업으로 부상하였다. 기술지식네트워크 구조상 이들 중요산업의 위계성(hierarchy)은 중심화 지수(out centralization)로 파악할 수 있는데 시간에 따라 그 지수 값이 상당한 크기로 증가하고 있다. 이는 중심 6개 산업에 대한 다른 산업들의 지식 종속성이 더욱 심화됨을 의미한다. 또한 전체 중심화 지수 값과 중심 산업군도 유사한 결과를 나타내고 있는데 이들 중심산업들은 부분적으로 그리고 전체 네트워크의 측면에서 지식의 확산을 주도하는 산업이라 할 수 있다. 특히 90년의 네트워크의 경우 이들 6개 산업과 다른 주변부 산업24)들의 지식의 방출과 흡수가 상당히 구분된 형태를 나타내고 있다.

이를 네트워크 그래프로 부연 설명하면 다음과 같다. [그림 6-2],

---

24) 섬유(2), 나무목재(3), 종이인쇄(4), 화장품(9), 기타 화학(10), 석유정제(11), 유리(16), 시멘트(17), 철강(18), 조선(31), 기타 수송기기(33) 등.

[그림 6-3], [그림 6-4]는 기준 값 1150에서의 각 시기의 기술지식
네트워크를 시각화하여 표현한 것으로 이를 통해 한국 제조업의 기술
지식네트워크의 특성을 보다 쉽게 이해할 수 있다. [그림 6-2]에서
네트워크의 연결구조에 속하지 못한 산업들이 우측 혹은 하단에 표시
되었으며, 연계 구조에 있는 산업들도 그 거리가 멀수록 산업 간 관련
성이 적음을 의미한다. 1984년 가전(28)을 중심으로 구축된 지식네트
워크는 87년 자동차(32), 음향·영상·통신(27), 반도체(29)가 준중심
산업군으로 부상하고, 90년 이들 산업과 더불어 컴퓨터(24), 특수산업
용 기계(22)가 지식네트워크의 중심산업군으로 확대되었다. 특히, 유
기·무기화확(5)산업이 주변부 산업의 하나의 중심산업으로 부상하고
있는데 유기·무기화학산업의 매개중심지수는 3개 중심산업들 다음으
로 큰 값을 나타내고 있다. 이 산업은 중심산업군의 지식(기계·전자
·전기산업의 기술지식)을 흡수하여 다른 주변산업(나무목재(3), 염료
·도료(6), 비료·농약(7), 화장품(9))으로 파급시키는 기술지식파급의
매개 역할을 하고 있다.

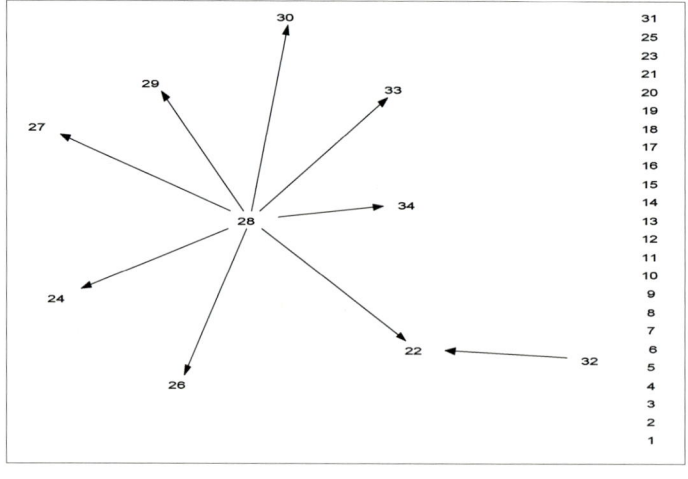

[그림 6-2] 1984년 절대량 기준 비체화 지식연계구조(기준 값: 1150)

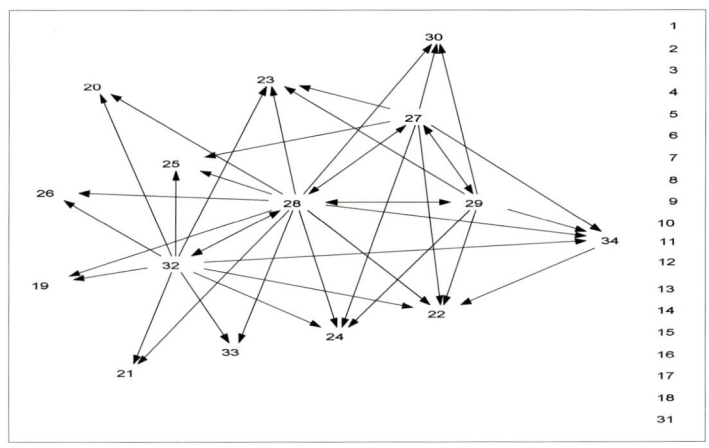

[그림 6-3] 1987년 절대량 기준 비체화 지식연계구조(기준 값: 1150)

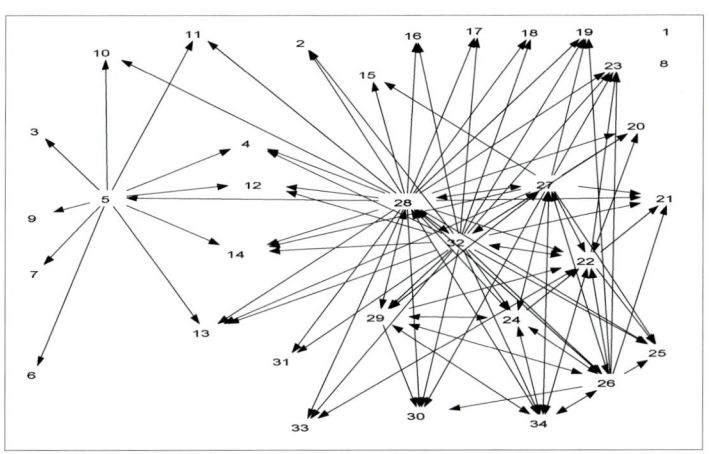

[그림 6-4] 1990년 절대량 기준 비체화 지식연계구조(기준 값: 1150)

이상을 종합해 볼 때 시간에 따라 중요 기술지식 창출산업의 지식
흐름절대량이 여타 산업에 비해서 급격히 증가하고 있으며, 주변부 산
업은 기술지식의 방출보다는 이들 산업으로부터의 기술지식을 흡수하

는 이중구조(dual structure) 또는 지식네트워크의 양극화 현상 (polarization)이 심화되고 있음을 알 수 있다. 즉 지식의 절대량 흐름에 따른 제조업의 기술지식네트워크는 소위 첨단 산업을 중심으로 한 기술지식의 창출과 파급의 핵심 부문과 이를 흡수·활용하는 주변부 산업으로 특성화된 구조라 할 수 있다.

한편, [그림 6-4]에서 이들 6개 중심산업 간 기술지식흐름의 강화현상과 공작기계(28), 특수산업용 기계(22), 산업용 전기(26) 등의 산업들이 중심산업군과의 밀착화 현상은 새로운 산업의 출현과 관련되고 있다. 특히 이러한 측면은 상대적 흐름양 기준에서 보다 극명하게 나타나는 현상이다. 컴퓨터 산업과 영상·음향·통신 산업의 기술지식의 융합을 통한 정보통신산업의 성장, 특수산업용 기계, 공작기계, 가전, 컴퓨터, 반도체 산업 등과 관련한 기전 산업(mechatronics industry) 등이다. 그러나 생명공학(Bio-tech)산업과 관련하여 의학품산업(8)과 정밀기기, 전기·전자산업 간의 지식의 연계는 분석 기간 동안 나타나고 있지 않다. 특히 의학품산업은 자체의 지식량이 상당하지만 기술지식네트워크의 연결구조에서 독립된 모습을 보이고 있는데 이는 다른 산업과의 기술지식흐름연계가 구축되지 못하고 있음을 의미한다.[25]

2. 상대량 기준의 제조업 비체화지식네트워크의 특성과 변화

2.1 비체화지식네트워크의 상대적 체계 연계성

특정 산업의 기술지식이 다른 산업으로 확산되는 양의 상대적 크기

---

25) 실지로 의학품 산업의 연구인력의 학문적 배경은 대부분 특정 분야로 한정되어 있다.

를 기준으로 하여 산업 간 지식흐름구조를 파악하였는데 [그림 6-5]
는 각 기준 값/연도별 네트워크의 밀도를 조사한 것으로 각 연도별
기준 값의 변화에 따른 밀도의 변화는 매우 유사한 형태를 띠고 있다.
그러나 기준 값 수준 α (=0.07) 이상에서 관찰하면 각 밀도는 보다 일
관된 형태를 보이고 있다.

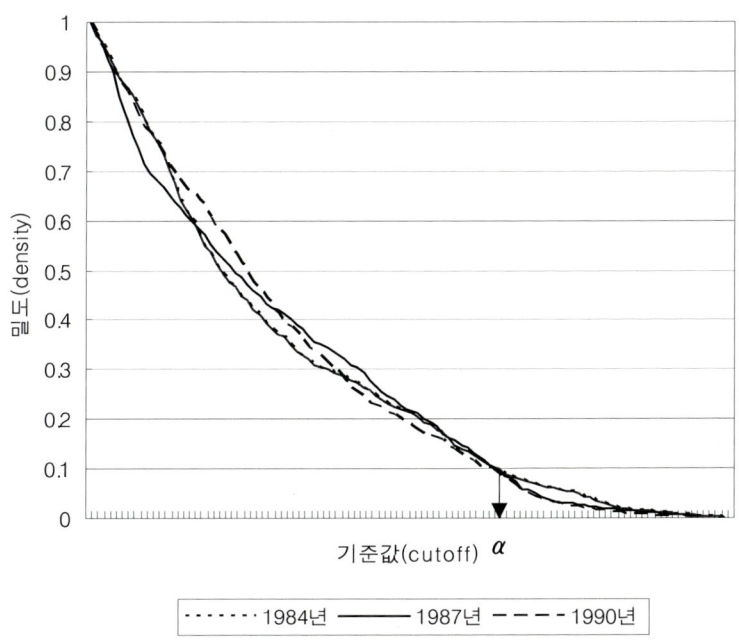

[그림 6-5] 상대량 기준 각 연도별 기준 값(cutoff value)과 밀도(density)

α 이상에서 네트워크의 밀도는 '84년, '87년, '90년 순으로 감소하고
있다. 이는 네트워크의 전체 측면에서 연계성이 약화되고 있는 것으로
산업 간 지식흐름 연계수가 작아지고 있음을 의미하며, [표 6-5]를
보면 기준 값/연도별 연결수의 표준편차가 작아지고 있는데 이는 네

트워크의 산업 간 연계수의 분포가 시간에 따라 보다 일정해지고 있음을 의미하고 있다. 절대량 기준에서 기술지식의 흐름양이 증대되고 있는 상황에서 이는 시간이 지남에 따라 특정 산업의 연계 산업 수가 몇 개의 특정 산업으로 좁혀지면서 좀 더 구체화된 연계로 강화되고 있음을 시사하고 있다.

[표 6-5] 상대량 기준의 지식흐름행렬에서의 밀도와 표준편차

	기준 값: 0.07			기준 값: 0.08			기준 값: 0.09		
	'84	'87	'90	'84	'87	'90	'84	'87	'90
밀 도	0.08	0.07	0.06	0.05	0.03	0.02	0.02	0.02	0.01
표준편차	0.27	0.26	0.24	0.22	0.16	0.15	0.139	0.13	0.09

2.2 상대량 기준 제조업 비체화지식네트워크의 구조적 특성: 구체화된 연계의 강화와 산업지식의 융합화

절대량 기준의 기술지식네트워크의 특성파악과 유사한 절차로 상대량 기준의 기술지식네트워크의 특성 분석을 수행한다. 즉 기준 값 0.01, 0.07, 0.08, 0.09에서 네트워크의 부분, 전체 중심성 지수와 중심화 지수[26]를 산출하고, 지식흐름행렬을 그래프형태로 표현하여 그 구조적 특성을 고찰한다.

---

26) 매개 중심성 지수도 산출하였는데 이 경우 의미 있는 결과를 발견하지 못하여 제외시켰음.

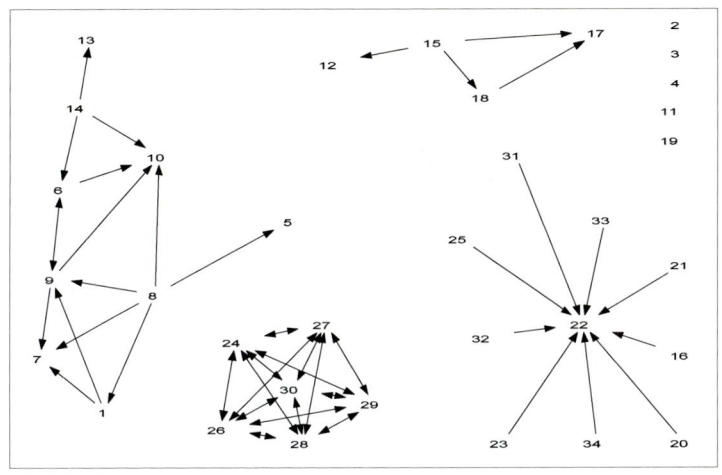

[그림 6-6] 1984년 상대량 기준 비체화 지식연계구조(기준 값: 0.08)

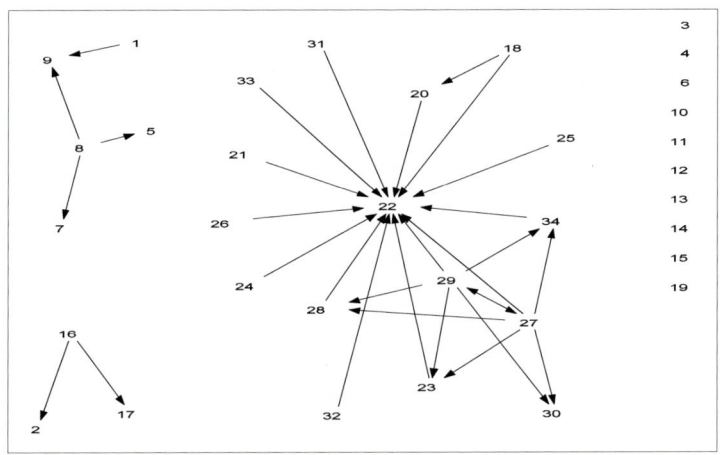

[그림 6-7] 1987년 상대량 기준 비체화 지식연계구조(기준 값: 0.08)

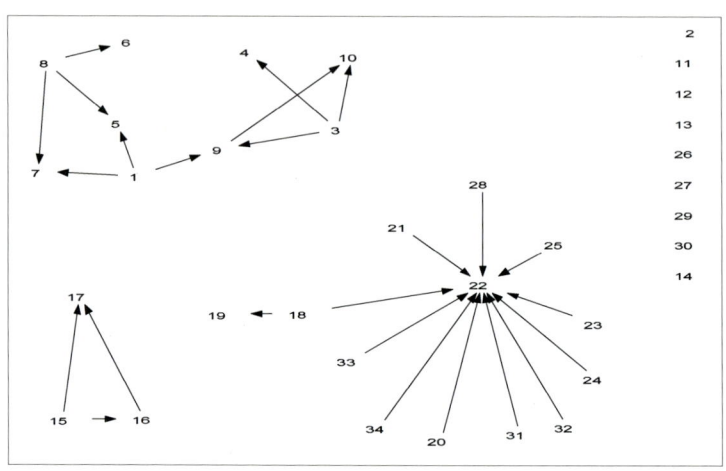

[그림 6-8] 1990년 상대량 기준 비체화 지식연계구조(기준 값: 0.08)

　[그림 6-6], [그림 6-7], [그림 6-8]은 기준 값 0.08에서 한국 제조업의 상대량 기준 기술지식네트워크의 변화를 연도별로 표현한 것이다. 각 그래프는 절대량 기준의 네트워크와 상당히 다른 모습을 보이고 있는데, 산업 간 연계가 각 산업이 다른 산업들로의 흐름양의 상대적 비율을 근거로 하여 기준 값 이상일 때 생성되기 때문이다. 1984년의 지식네트워크는 산업기술의 내용과 생산하는 제품의 특성이 유사한 4개의 산업군집이 형성되는데 기계부문(특수산업용기계(22) 중심), 전기·전자부문, 화학 관련 부문(의약품(8), 화장품(9) 중심), 천연자원관련 산업부문(시멘트(17), 도자기·토기(15), 철강(18))이다.

　특히, 이 시기의 괄목할 만한 특성은 전기·전자부문 산업의 완벽한 산업 간 연계(compact structure)가 구축되었다는 점이다. 컴퓨터(24), 음향·영상·통신(27), 가전(28), 반도체(29), 산업용 전기(26), 기타 전기(30) 산업의 기술지식흐름연계는 80년대 중반 이후 과거 선진국의 기술모방에서 창조적 모방 혹은 기술혁신으로 변화[27]하는 계기를 제공하고 있는 것으로 파악할 수 있다. 이들 4개 산업군집과 다른 산업간 기술지식흐름은 기준 값 0.08수준에서는 존재하지 않고 있다. 특히 철강산업을 제외하고는 '87년, '90년 네트워크에서도 화학부문과 천연자원관련 산업부문은 자체 기술지식의 연계의 강화 현상만 대두되고 첨단 기술 산업부문과의 연계는 구축되지 못하고 있다.

정보통신기술 패러다임이 산업기술혁신에 지대한 영향을 미치는 현대 산업 사회의 상황과 한국 제조업의 연구인력의 상당수가 기계·전자 부문에 편중되고, 지속적인 지식의 성장이 이루어지고 있는 상황에서 볼 때, 화학 과련 부문이나 천연자원관련 산업부문 그리고 비연계산업부문(섬유(2), 종이인쇄(4), 석유정제(11), 비철금속(19) 등)의 기술지식성장의 둔화는 필연적일 수 있으며 기술경쟁력 약화의 요인이 되고 있다.

1987년 네트워크 경우의 주요 특성은 전기·전자부문과 기계부문의 연계가 구축되었다는 점이다. 반도체, 음향·영상·통신산업과 공작기계(23), 정밀기기(34)의 연계가 그것이다. 이는 절대량 기준으로 고찰한 결과에서 언급한 새로운 산업의 등장, 즉 기전산업의 형성과 관련된 것이다. 급진적 기술혁신의 원동력으로 설명되고 있는 기술융합(technological fusion)[28]현상(엄밀히 말하면 기술지식의 연계)이 80년대 중반 이후 기술지식의 절대적, 상대적 흐름면에서 진행되고 있음을 암시하고 있다. 1990년의 네트워크는 '87년 네트워크의 몇몇 특정산업간의 연계의 강화현상을 볼 수 있다. 즉 기계부문과 가전(28), 컴퓨터(24)의 연계의 강화는 '90년의 두드러진 특성이라 할 수 있다.

---

27) L. Kim(1996) 참조.
28) 기술융합과 관련하여 산업 간 기술지식의 확산을 고려하여 산업 간 융합을 실증 분석한 Kodama(1986) 참조.

이상의 결과를 종합하면, 상대량 기준의 한국 제조업의 기술지식네트워크는 80년대를 통해 특정산업 간의 기술지식흐름 연계 구조의 강화와 몇몇 산업의 기술지식의 융합화 현상의 대두로 설명할 수 있다.

제3절 제조업의 체화기술지식네트워크의 특성과 변화

1. 절대량 기준 제조업 체화지식네트워크의 특성과 변화

1.1 네트워크의 체계적 연계성

[그림 6-9]에서 체화기술지식의 실질 흐름양을 기준으로 기준값[29](cutoff)에 따라 네트워크의 밀도(density)를 살펴보면 83년에 비해서 87년의 경우에 상당한 증가가 있었으며, 90년의 경우는 87년과 비교하여 소폭 상승하였다.

---

29) 절대량 기준의 경우 기준 값을 1.4, 4.0, 40, 100에 대해서 분석하여 주로 100을, 상대 흐름양의 경우 0.05, 0.1, 0.3에 대해서 분석하여 주로 0.3을 기준으로 네트워크 변화의 특성을 고찰.

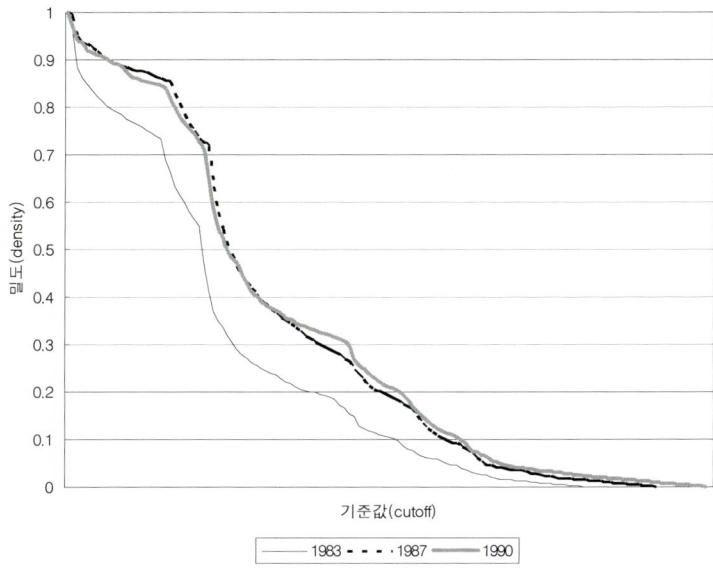

[그림 6-9] 절대량기준 각 연도별/기준 값별 밀도의 변화

    그리고 [표 6-6]에 의하면 기준 값/연도별 연결수에 대한 표준편차가 시간에 따라서 증가하고 있으며, 특히 기준 값 100의 경우는 크게 증가하고 있다. 이는 지식흐름연계 구조에서 중요산업의 지식방출 혹은 흡수 등 기술지식의 흐름으로 표현되는 연계의 수가 산업별로 차이가 크다는 것을 의미한다.

[표 6-6] 절대량 기준의 지식흐름행렬에서의 밀도와 표준편차

	기준 값: 1.40			기준 값: 40			기준 값: 100		
	'83	'87	'90	'83	'87	'90	'83	'87	'90
밀 도	0.25	0.37	0.38	0.04	0.07	0.09	0.01	0.03	0.04
표준편차	0.43	0.48	0.49	0.19	0.26	0.28	0.09	0.18	0.3

또한 네트워크 간 상관분석을 수행한 결과 87년과 90년의 경우 매우 높은 상관관계(0.714)를 보이고 있으나 83년과 87년의 경우와 83년과 90년의 경우 각각 0.482, 0.381로 상대적으로 낮은 상관관계를 보이고 있다. 이는 제조업 전반에 걸쳐 80년 초반과 80년대 중반 이후 급격한 변화가 나타나고 있음을 의미하며 87년 이후 이러한 변화의 지속과 확대가 진행되고 있음을 의미한다. 즉 한국 제조업의 체화 지식흐름에서의 네트워크 연계성(connectivity)이 급격히 확대되고 있음을 시사하고 있다.

1.2 절대량 기준 체화지식네트워크의 특성과 변화

다음 [그림 6-10], [그림 6-11], [그림 6-12]는 절대량 기준으로 기준 값 100에서의 각 연도의 체화기술지식네트워크를 도시한 것이다. 그림에서 우측에 표시된 숫자는 네트워크 연계구조에 포함되지 못한 산업들로 이들 산업들은 지식흐름이 100보다 작은 산업들을 의미한다.

네트워크의 전반적인 변화를 분석하면, 첫째, 체화기술지식의 흡수(indegree-flow) 측면에서 초반에 식음료(1), 섬유(2)산업의 중심과 중반 이후 이들 산업과 더불어 가전(28), 자동차(32), 철강(18), 조립금속(20), 반도체(29) 등이 주요 지식 흡수 산업으로 부상하였다. 특히 90년의 경우 자동차산업의 흡수 부분 중심성 지수는 가장 컸는데 이는 종합 산업인 자동차산업이 우리나라 대표 산업으로 도약하고 급격한 제품기술의 발전과 공정상의 효율성 증대를 위해 소재, 전기·전자, 정밀기계, 공작기계 등의 다양한 기술이 요구되기 때문으로 판단된다.

둘째, 체화기술지식의 방출(outdegree-flow) 측면에서는 흡수 측면과 다른 양상을 보이고 있다. 83년의 경우 자동차(32), 염료·도료(6), 유리제품(16)산업이 주요 방출산업이었으나 87년과 90년의 경우 이외에 특수산업용 기계(22), 산선(26), 기타 전기기기(30), 정밀기기

(34), 사무·서비스기계(24), 반도체(29), 도자기·토기(15) 등이 주요 지식 방출 산업으로 등장하고 있다. 특히, 이들 산업의 기술지식을 흡수하는 산업들은 섬유와 식음료 산업을 제외하면 대부분 이들 산업 간의 지식흐름으로 구성되고 있다. 이는 소위 첨단 산업부문 간의 기술혁신의 흐름이 80년대 초반에 비해 상대적으로 크게 증가하고 있으며, 각 산업의 기술혁신을 위해서는 다른 산업의 기술혁신을 통한 제품이나 기술지식의 흡수가 절대적으로 필요함을 의미하고 있다.

셋째, 체화기술지식의 매개(intermediary) 측면에서 83년 네트워크에서는 매개산업을 발견할 수 없었으나, 87년 이후 자동차(32), 가전(28), 특수산업용 기계(22), 철강(18), 조립금속(20) 등이 중요 매개산업으로 등장하고 있다. 이들은 기술적 특성이 상이한 방출부문의 기술지식을 흡수부문으로 연결해 줌으로써 새로운 제품의 개발이나, 공정혁신에 필요한 다양한 기술지식을 확산시키는 중요한 역할을 수행한다.

넷째, 각 기술지식네트워크의 위계 정도(특정산업을 중심으로 얼마나 집중화되었는가를 판단)를 파악하기 위한 중심화 지수[30]를 살펴보면 다음과 같다. 우선 흡수 측면에서 각 네트워크의 중심화 지수는 완만히 상승하고 있는데 이는 전통적인 산업(식음료, 섬유 등)과 자동차 산업의 전체 네트워크에서 상당한 위치를 차지하고 있음을 의미한다. 한편, 방출 측면에서는 지수 값이 흡수 측면에 비해 작은데 이는 소수 산업에 의해 그 중심적인 역할이 점유된 것이 아니라 여러 산업에 의해 점유된 경우이며 또한 87년 이후 지수 값의 급격한 상승을 보이고 있는데 여러 중요 산업 중에서 몇 개의 중심산업들(염료·도료, 산전,

---

30) 절대량기준의 각 연도별 네트워크의 중심화 지수(기준 값:100. 단위 %)

	1983	1987	1990
inflow	24.3	25.6	31.1
outflow	5.0	15.9	24.6

유리 산업, 공작기계, 정밀기계)의 연계수가 급증한 데 기인한다. 특히 이들 산업은 소재부문, 전기부문, 정밀부문으로 많은 산업에서 필요로 하는 기본적인 기술지식을 확산시키는 역할을 수행한다.

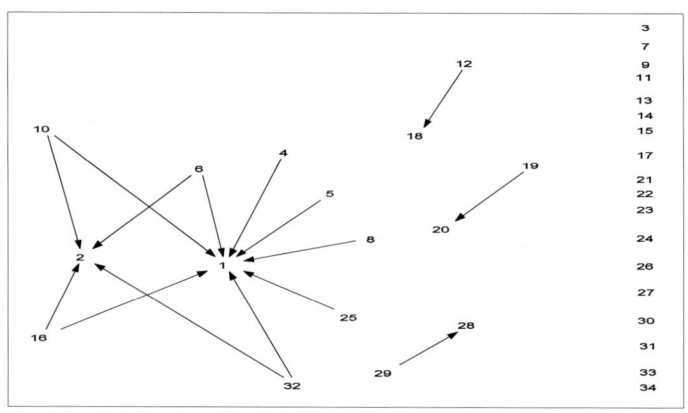

[그림 6-10] 1983년 절대량 기준 체화 지식연계구조(기준 값: 100)

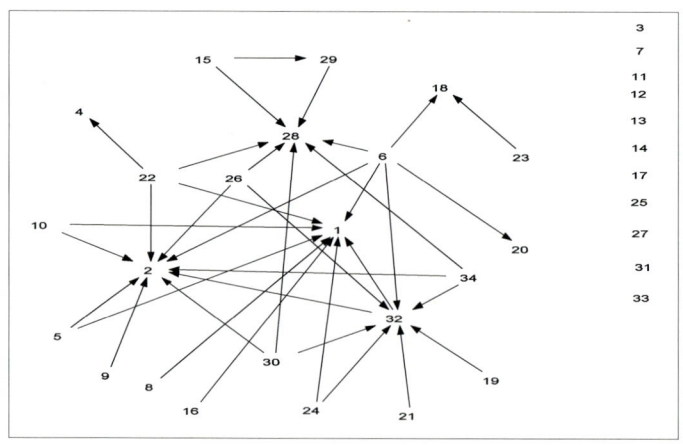

[그림 6-11] 1987년 절대량 기준 체화 지식연계구조(기준 값: 100)

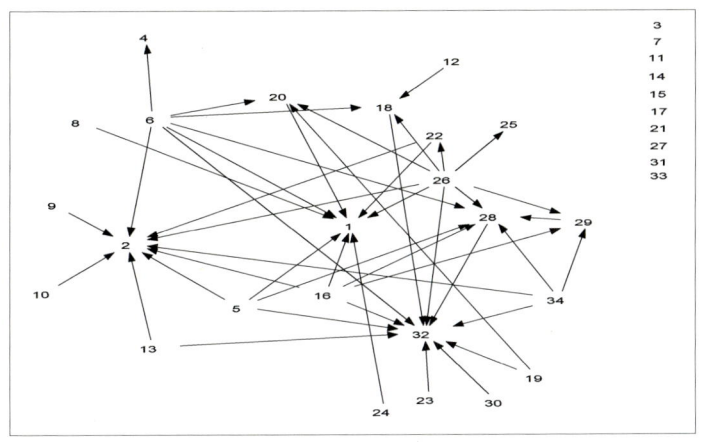

[그림 6-12] 1990년 절대량 기준 체화 지식연계구조(기준 값: 100)

이상을 종합하여 전체적인 특성을 요약하면, 한국 제조업의 산업 간 체화기술지식의 흐름구조는 우선 지식의 방출과 흡수부문으로 구분 지을 수 있다. 방출부문은 중요 중심산업이 다수인 다중심적 구조(multi -central outflow structure)로, 흡수부문은 전통적 산업(식음료, 섬유산업)의 지속적인 지식의 흡수와 성장산업(자동차, 가전, 반도체 등)의 다양한 산업으로부터의 다양한 기술지식을 흡수하는 이중적 구조 (dualistic inflow structure)로 변화하는 특성을 갖는다고 할 수 있다.

2. 상대량 기준 제조업 체화지식네트워크의 특성과 변화

2.1 네트워크의 체계적 연계성

특정 산업에서 여러 산업으로의 체화기술지식의 흐름양의 비율을 가지고, 전체 네트워크의 변화를 고찰한다. 이러한 분석은 제조업의 산업 간 관계를 상대적으로 비교할 수 있다는 점에서, 즉 횡단면적 측면에서 그 구조적 특성을 파악할 수 있다. [그림 6-13]에서 상대적 흐름양을 기준으로 연도별 네트워크 밀도는 크게 차이를 보이고 있지 않으며, 또한 [표 6-7]에서 기준 값별로 밀도나 표준편차가 크게 차이를 보이고 있지 않다. 이는 기존의 공급자-사용자 관계를 유지, 확대하는 방향으로 변화하고 있음을 시사한다.[31] 이를 절대량 기준의 분석과 비교 설명하면, 기존의 산업 간 관계를 기본적으로 유지하면서, 특정산업들의 지식방출이나 흡수가 보다 강화되는 형태로 진화되고 있음을 알 수 있다.

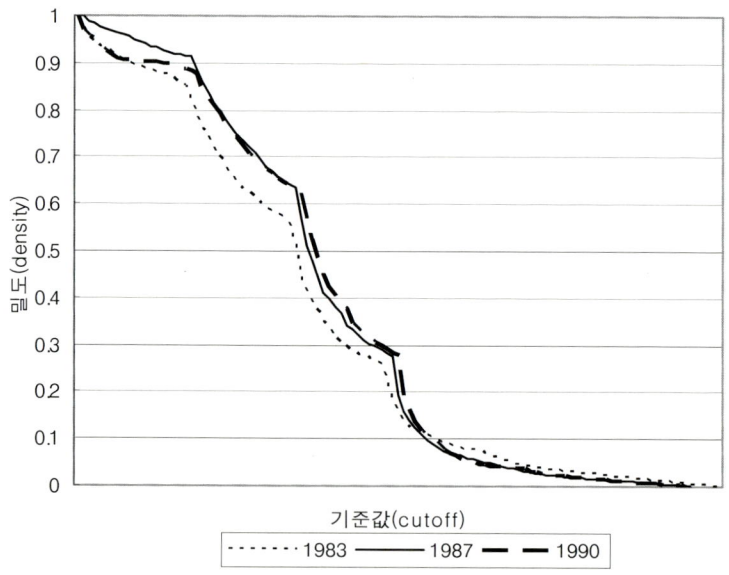

[그림 6-13] 상대량 기준 각 연도별/기준 값별 밀도의 변화

---

31) 네트워크 상관관계를 살펴보면 83년과 87년의 경우 0.775, 87년과 90년의 경우 0.799로 매우 높은 수순을 보이고 있음.

[표 6-7] 상대량 기준의 지식흐름행렬에서의 밀도와 표준편차

	기준 값: 0.05			기준 값: 0.1			기준 값: 0.3		
	'83	'87	'90	'83	'87	'90	'83	'87	'90
밀 도	0.11	0.12	0.11	0.08	0.07	0.07	0.03	0.03	0.03
표준편차	0.31	0.33	0.32	0.27	0.26	0.25	0.17	0.16	0.16

2.2 상대량 기준 체화지식네트워크의 특성

다음 [그림 6-14], [그림 6-15], [그림 6-16]은 체화기술지식의 상대적 흐름양(기준 값: 0.3)을 기준으로 각 연도별 네트워크를 도시한 것이다. 우선 지식의 방출 측면에서 네트워크의 구조를 살펴보면 절대량 기준의 구조와 유사하나(지식 방출산업이 매우 다양하게 분포), 상대량 기준의 경우가 방출산업의 수(부문 중심성 지수가 1 이상인 산업)가 더 많으며 그 크기에 있어서는 매우 비슷한 값을 갖는다(상대량 기준 83, 87, 90년 방출 부문 중심성 지수는 1 혹은 2의 값을 보임). 이는 네트워크 구조의 위계적 정도[32]가 매우 낮음을 의미하며 따라서 방출 부문의 구조는 주변적 구조(peripheral structure)를 갖는다고 할 수 있다.

둘째, 흡수 측면은 절대량 기준의 네트워크와 매우 유사한 구조를 띠고 있는데, 특히 전통 산업인 식음료(1), 섬유(2) 산업의 그 위계적 정도가 절대량 기준의 경우보다 컸으며, 또한 가전(28), 자동차(32), 철강(18) 등이 중심된 흡수 산업으로 부상되고 있다. 따라서 절대량

---

32) 상대량 기준의 각 연도별 네트워크의 중심화 지수(기준 값: 0.3 단위%)

	1983	1987	1990
inflow	58.14	26.23	26.13
outflow	3.41	3.70	3.60

기준의 분석처럼 흡수부문은 전통적 산업부문과 성장산업부문으로 구분되는 이중적 구조(dual structure)를 갖는다고 할 수 있다.

셋째, 지식을 중개하는 매개 변수 측면을 살펴보면, 철강(18), 조립금속(20), 가전(28), 자동차(32) 등이 중요 매개산업이며, 절대량 기준과는 다르게 식음료(1), 섬유(2) 산업 등도 중요한 매개산업으로 나타나고 있다.

상대량 기준의 네트워크 구조 변화 특성은 절대량 기준과 매우 유사하며, 단지 기술지식의 방출 측면에서 몇 개 산업의 중심된 구조가 아닌 주변적 구조를 보이고 있다는 점이 가장 큰 특징이다.

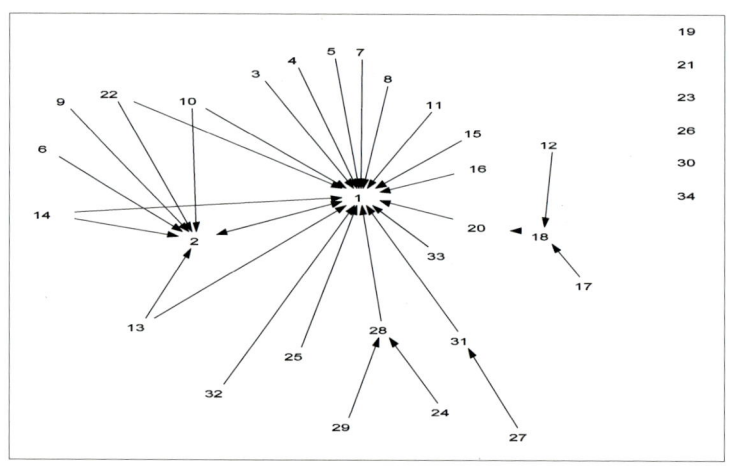

[그림 6-14] 1983년 상대량 기준 체화 지식연계구조(기준 값: 0.3)

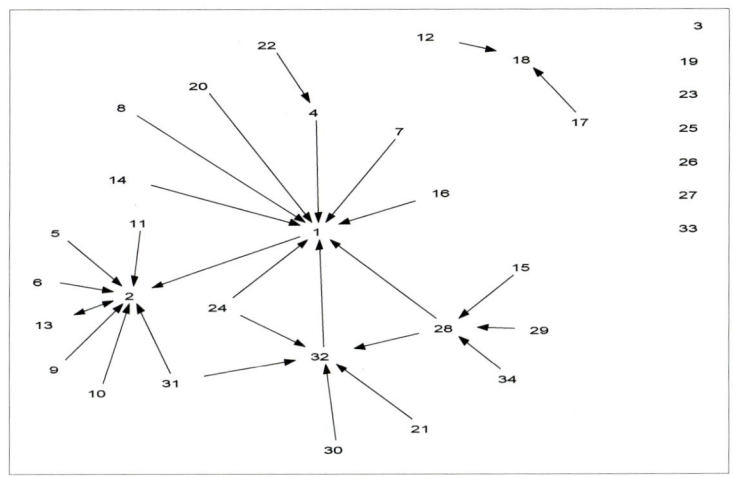

[그림 6 - 15] 1987년 상대량 기준 체화 지식연계구조(기준 값: 0.3)

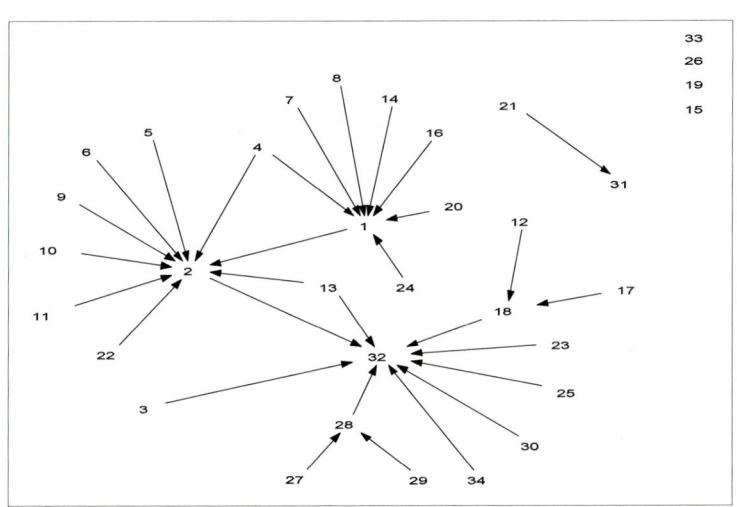

[그림 6 - 16] 1990년 상대량 기준 체화 지식연계구조(기준 값: 0.3)

제4절 비체화 및 체화기술지식네트워크의 비교

1. 절대량 기준의 비체화 및 체화기술지식네트워크의 특성의 차이

한국 제조업의 체화, 비체화기술지식네트워크의 비교를 지식흐름의 절대량과 상대량을 기준으로 각각 비교하여 그 차이를 분석한다. 체화기술지식네트워크의 개략적인 구조적 변화를 살펴보면 '80년 초반에 주요 소비재 산업인 식음료, 섬유산업 등이 90년 초반까지 중요 지식흡수 산업의 역할을 수행하고 있으며, 80년대 중반 이후 고속 성장산업인 철강, 자동차, 가전, 반도체 등이 다양한 산업으로부터 다양한 기술지식을 흡수하는 중요 지식흡수산업으로 부상하고 있다. 이는 80년대 주요 전략산업으로서 부가가치의 창출과 성장 잠재력이 크며, 한국의 중요 수출산업으로 육성하려는 정부 정책과 개별기업의 투자 및 혁신 노력에 기인한다고 할 수 있다. 이에 반하여 지식의 방출 측면은 매우 다양한 산업들이 전통적인 산업과 성장산업에 각각의 전문화된 기술지식을 방출하는 다중심적 구조(multi-central outflow structure)를 보이고 있다.

한편, 절대량 기준의 비체화기술지식네트워크는 체화기술지식네트워크와는 상당히 다른 모습을 보이고 있는데 그 특성을 살펴보면 다음과 같다. 첫째, 식음료, 섬유등과 같은 전통적인 산업들의 초기 지식연계가 없다는 것이다. 그 이유는 전통적인 산업부문은 연구원들의 수가 적을 뿐만 아니라 그 연구원들의 관심부문도 자기가 속해 있는 산업부문에 한정되었기 때문이다.

둘째, 지식 방출부문의 경우에는 자동차, 가전, 반도체, 음향·영상·

통신, 컴퓨터 등 전자·전기 부문의 산업들이 주요 방출산업이며 이들 간의 연계가 '80년 중반 이후 지속, 확대되는 양상을 보이고 있다. 체화기술지식네트워크에서 이들 산업은 방출산업이기보다는 지식의 흡수 역할이 더 강한 반면, 비체화기술지식네트워크의 경우는 흡수뿐만 아니라 이들 간의 지식 방출이 동시 일어나는 기술지식연계구조가 구축되었다는 것이 큰 특징이다.

셋째, 이들 성장산업들의 첨단 지식의 다른 전통적인 산업으로의 흐름은 전 기간에 걸쳐 매우 적었다. 전통산업군의 섬유산업을 제외하고, 염료·도료, 나무목재, 비료·농약, 화장품, 식음료 산업 등은 단지 유기·무기 화학산업을 통한 지식연계만 존재하는 구조를 보이고 있다. 결국 성장산업들을 중심으로 그들 간의 지식연계강화와 몇몇 전통산업부문의 지식연계로 구분되는 이중적 지식연계구조(dual structure)로 진화하는 특성을 보이고 있다. 연도별 양 구조의 특성을 비교 정리하면 [표 6-8]과 같다.

[표 6-8] 절대량 기준 체화·비체화기술지식네트워크의 특성 비교

유형 연도	체화기술지식네트워크	비체화기술지식네트워크
'83년 (비체화는 '84년)	- 지식흡수(수요) 측면 ·식음료, 섬유산업 등의 소비재 산업 중심의 지식흡수구조 - 지식방출(공급) 측면 ·유리, 자동차, 화학 관련산업 등이 중요 방출 산업 - 주요 지식연계구조의 특성 ·원자재, 부품공급 차원에서 지식 공급/사용자 관계가 주류(석탄산업->철강, 비철금속-> 조립금속, 전자부품(반도체)->가전 등)	- 지식흡수 측면 ·성장산업 중심의 지식흡수 구조 ·특수산업용 기계, 컴퓨터, 음향·영상·통신, 반도체, 기타 수송기계 등 - 지식방출 측면 ·가전 산업 중심의 지식 방출구조 (star 혹은 방사형 구조) ·자동차 산업 - 주요 지식연계구조의 특성 ·전기·전자산업들이 중심이며, 특히 가전 산업에 대한 지식 종속이 큼

연 도 \ 유 형	체화기술지식네트워크	비체화기술지식네트워크
'87년	- 지식흡수(수요) 측면 · 소비재 산업 중심 · 자동차, 가전이 지식 흡수부문으로 부상 - 지식방출(공급) 측면 · 중화학 공업부문과 첨단산업 (염료·도료, 유기·무기 화학, 산전, 특수산업용 기계, 기타 전기, 컴퓨터, 정밀기기 등) - 주요 지식연계구조의 특성 · 원자재 공급 차원에서의 지식 연계 (비금속->반도체 등) · 기술혁신 측면으로써의 지식 연계 (공작기계, 염료·도료->철강, 유기·무기화학->조립금속, 염료·도료, 정밀기기->가전 등)	- 지식흡수(수요) 측면 · 기존 흡수 산업의 강화와 흡수산업의 다양화(공작기계, 기타 산업기계, 정밀기기산업 등) - 지식방출(공급) 측면 · 전기·전자 부문의 가전, 음향·영상·통신, 반도체와 자동차 산업이 핵심 지식방출 부문으로 부상 - 주요 지식연계구조의 특성 · 고성장산업인 가전, 음향·영상·통신, 반도체 산업 간의 완벽한 상호연계구축과 자동차산업과의 연계 강화 · 위 네 개의 산업을 중심으로 한 지식의 방출구조와 여타 산업들의 지식흡수의 이중적 구조
'90년	- 지식흡수(수요) 측면 · 조립금속, 반도체 산업이 주요 지식 흡수산업으로 부상 - 지식방출(공급) 측면 · 기존 지식방출산업의 강화와 수요산업의 확대 - 주요 지식연계구조의 특성 · 기술혁신을 위한 다양한 공급산업과의 연계강화 (산전, 정밀기기, 유리제품->반도체 등) · 전기·전자 부문과 기계, 자동차 산업 간의 연계 강화	- 지식흡수(수요) 측면 · 기존 흡수 부문의 강화 · 철강, 조선 등이 흡수 산업으로 부상 - 지식방출(공급) 측면 · 기존 방출산업 간의 지식 방출 연계 구조의 강화 · 정밀기기, 산전, 컴퓨터 등의 중요 방출 산업으로 확대 - 주요 지식연계구조의 특성 · 전기·전자 부문과 기계부문의 산업 간 지식 연계의 강화(산업 간 융합 등에 의한 메커트로닉스, 정보통신산업의 급성장의 발판) · 첨단산업부문과 전통산업부문으로 구분되는 지식흐름의 이중적 구조의 심화

2. 상대량 기준의 비체화 및 체화기술지식네트워크의 특성의 차이

특정산업에서 여러 산업으로의 기술지식의 흐름양의 상대적 비율을 가지고 체화와 비체화기술지식네트워크를 비교한다. 절대량 비교와는 다르게 비록 산업 간 지식흐름양이 작더라도 산업 간 관계에서 그 비중이 큰 산업을 살펴볼 수 있다는 점에서 그 의미를 찾을 수 있다.

체화기술지식네트워크의 전반적인 특성은 기존의 지식의 방출 및 흡수 관계를 유지하면서, 특정산업들의 지식 흡수나 방출이 보다 강화되는 형태로 진화되고 있다. 기본적으로 절대량 기준과 마찬가지로 식음료, 섬유산업 등과 같은 전통적 소비재 산업이 중심이 되는 흡수 구조를 가지면서 자동차와 가전이 80년대 중반 이후 흡수구조상 역할이 강화되는 양상을 보이고 있다. 또한 매우 다양한 산업들이 체화 지식의 공급 역할을 수행하는 공급 측면에서 주변적 구조(peripheral structure)를 보이고 있다. 이는 몇 개의 중심 흡수 산업 예컨대 식음료, 섬유, 자동차, 가전 등에 전문적인 체화 지식을 다양한 개별 산업으로부터 요구하는 특성과 특히, 자동차, 가전 산업 등의 기술혁신활동의 강화와 다양화에 기인된 것으로 보인다.

이에 반해 비체화기술지식네트워크는 상당히 다른 양상을 보이고 있다. 80년대 초반에서는 그 연계구조상 크게 4가지의 산업 간 지식흐름관계의 유형으로 구분된다. 화학관련부문, 천연자원관련부문, 전기·전자 부문, 기계관련 부문으로 구분되어 각 부문별 지식흐름이 이루어지는 특성을 보이고 있다. 그러나 80년대 중반 이후의 커다란 변화는 전자·전기 부문과 기계관련 부문의 연계가 구축되어 강화되어 가는 양상을 보이고 있다는 점이다. 이는 기전 산업의 성장과 정보통신기술의 지속적인 성장의 배경이 되고 있음을 시사하고 있다.

상대량 기준의 체화기술지식네트워크와 비체화기술지식네트워크의 구조상의 근본적인 차이는 성장산업이라 할 수 있는 자동차, 전기·전자 부문의 지식흐름의 역할에 있다. 체화 지식흐름의 경우는 지식의 방출보다는 흡수에, 비체화 지식흐름의 경우에는 흡수뿐만 아니라 방출의 역할이 매우 컸다. 또한 비체화기술지식네트워크에서는 식음료, 섬유 등 주요 소비재산업의 지식 연계가 구체적으로 구성되지 않고 있는데 이들 산업의 산업경쟁력이 다른 산업에 비해 저하되는 원인으로 작용되는 것으로 보인다.

상대량을 기준으로 연도별 양 구조의 특성을 좀 비교 정리하면 [표 6-9]와 같다.

[표 6-9] 상대량 기준 체화·비체화기술지식네트워크의 특성 비교

유 형 / 연 도	체화기술지식네트워크	비체화기술지식네트워크
'83년 (비체화는 '84년)	- 지식흡수(수요) 측면 · 소비재 산업 중심(식음료, 섬유 등) · 가전, 철강, 조선 산업 - 지식방출(공급) 측면 · 다양한 산업들이 소비재산업으로 지식 방출 · 컴퓨터·사무용기계, 반도체, 음향·영상·통신기기, 석탄, 비금속, 가전 등 - 주요 지식연계구조의 특성 · 원자재, 부품공급 차원에서 지식 공급/사용자관계가 주류(석탄, 비금속 산업->철강, 화학관련부문 -> 식음료, 섬유 등) · 혁신을 위한 공급/사용자 관계 (컴퓨터, 반도체-> 가전, 음향·영상·통신) 그런 등)	- 지식흡수(수요) 측면 · 기타 화학제품, 비료농약, 세정제 등 · 비금속, 석탄제품 등 · 특수 산업용 기계 - 지식방출(공급) 측면 · 의약품, 플라스틱 등 · 도자기, 토기 산업 · 조립금속, 공작기계, 자동차, 유리제품, 정밀기기, 보일러·터어빈 등 - 화학관련부문(의약품, 무기·유기화학, 화장품, 플라스틱 등), 천연자원관련부문(비금속 광물, 철강, 석탄 등), 전기·전자부문, 기계관련 부문으로 구분되는 지식연계구조형성

유 형 연 도	체화기술지식네트워크	비체화기술지식네트워크
'87년	- 지식흡수(수요) 측면 · 소비재 산업 중심 · 자동차, 가전이 지식흡수부문으로 부상 - 지식방출(공급) 측면 · 다양한 산업들이 소비재 산업으로의 지식방출 유지 강화(연계수는 감소) · 비금속, 반도체, 정밀기기, 컴퓨터산업, 기타 전기 등이 방출산업으로 부상 - 주요 지식연계구조의 특성 · 원자재 공급 차원에서의 지식연계수는 축소되나 연계의 정도는 강화 · 기술혁신 측면으로써의 지식 연계 (자동차 중심) (비금속, 반도체, 정밀기기 -> 가전->자동차, 보일러·터빈, 기타 전기, 컴퓨터, 조선 -> 자동차 산업)	- 지식흡수(수요) 측면, 방출 측면 · 기존 구조의 유지 및 강화 - 주요 지식연계구조의 특성 · 전기·전자 부문과 기계 부문의 지식 연계 (메커트로닉스 산업의 등장과 관련) · 화학관련부문, 천연자원관련부문은 기존 연계 구조의 강화(연계수는 감소)
'90년	- 지식흡수(수요) 측면 · 소비재 산업과 자동차 산업의 중심 흡수 구조의 강화 - 지식방출(공급) 측면 · 다양한 산업들의 소비재 산업으로의 지식방출(연계수는 감소) · 기계 산업부문, 고무, 섬유, 가전, 정밀기기 등이 자동차 산업으로 지식 방출 - 주요 지식연계구조의 특성 · 소비재 산업과 자동차 산업의 흡수 측면으로서의 양분된 구조	- 전기·전자 부문과 기계 부문과의 지식 연계구조의 강화 - 화학관련부문과 천연자원관련부문의 각각의 영역에서의 지식 연계의 강화

3. 체화와 비체화 지식연계구조의 상관분석과 시사점

체화와 비체화기술지식네트워크상에서 중요 개별 산업들의 역할 차이와 양 구조에서의 변화 특성의 차이를 살펴보았다. 체화 지식흐름은 중간재나 자본재와 같은 제품을 통해서 이루어진다. 결국 기술혁신이 제품에 이미 반영되어 다른 산업으로 이동되므로, 보다 구체화된 기술혁신의 대상을 알 수 있다. 그러나 비체화기술지식흐름은 구체적인 실체가 이동되기보다는 회의, 심포지엄 등을 통해서 혹은 개별적인 접촉을 통한 연구원들 혹은 기술자들 간의 교류나, 관련 기술서적, 논문, 특허 등의 탐독을 통해서 이루어진다. 즉 체화 지식의 흐름은 보다 형식화된 제품 설명서나 사양서 등에 의해 이루어지는 반면에 비체화기술지식은 비공식적인 교류를 통해 발생한다고 할 수 있다. 따라서 체화와 비체화기술지식네트워크 간에는 시간적 괴리(time lag)가 발생할 수 있다. 본 절에서는 양 구조 간에 이러한 괴리가 존재하는가, 존재한다면, 구조 간의 선후관계는 어떤 패턴으로 나타나는가 하는 문제를 다룬다.

이를 위해 체화와 비체화기술지식흐름을 측정한 기본 자료에 근거하여 연도별 양 구조의 상관분석을 수행하였다. 분석은 절대량과 상대량 기준하에서 다음과 같이 두 단계로 구성된다. 첫째, 체화와 비체화기술지식흐름의 추정량에 근거하여 연도별로 상관분석을 수행하고, 둘째, 양 기술지식네트워크상의 산업 간 연계수(네트워크의 밀도를 기준으로 하여)를 일정하게 두고, 연도별로 상관분석을 수행한다. 이는 각 기술지식네트워크상에서 한국 제조업의 중요 산업들 간의 흐름관계가 양 구조상에서의 상관관계에 보다 큰 영향을 끼칠 수 있기 때문이다.

실질 지식흐름의 추정량에 근거하여 체화와 비체화기술지식네트워크 간의 연도별 상관분석결과를 보면 다음 [표 6-10]과 같다.

[표 6-10] 체화·비체화 지식연계구조 간의 연도별 상관계수

네트워크유형	절대량 기준			상대량 기준		
비체화 〳 체화	'83	'87	'90	'83	'87	'90
'84	0.023	0.003	0.002	-0.029	0.006	0.041
'87	0.035	0.019	0.023	-0.016	0.030	0.061*
'90	-0.009	-0.007	0.017	-0.041	0.023	0.062*

* 유의 수준(양측검정) : 0.1

[표 6-10]에 의하면 절대량 기준의 경우, 양 기술지식네트워크 간의 연도별 상관계수가 매우 낮으며 통계적으로 유의하지 않았다. 결국양 기술지식네트워크 간의 상관관계에 대한 어떠한 의미도 찾을 수없었다. 상대량 기준의 경우에도 '87년의 비체화기술지식네트워크 구조와 '90년의 체화기술지식네트워크 구조 그리고 '90년의 비체화와 '90년의 체화 구조만이 통계적으로 유의한 결과를 얻었으나, 상관계수 역시 매우 낮았다. 그러나 상관계수는 ['84 비체화 네트워크, '87 체화네트워크], ['87 비체화 네트워크, '90 체화 네트워크], ['90 비체화 네트워크, '90 체화 네트워크] 순으로 증가하는 형태를 보이고 있다. 이는 통계적 유의성에 문제는 있으나 체화기술지식네트워크가 비체화기술지식네트워크를 따르는 경향을 보인다고 해석할 수 있다.

양 구조 간의 상관관계에 보다 의미 있는 결과를 분석하기 위해서연도별로 네트워크의 밀도[33]를 일정하게 두고, 절대량과 상대량에 따

---

33) 산업 간 연계를 특정 중요 산업 간의 상호작용에 초점을 두기 위해서산업 간 기술지식흐름양이 상대적으로 적은 연계를 제거하기 위해서 기준 값(cufoff)을 설정하여 이보다 작은 연계는 0으로 큰 연계는 1로 이분화(dichotomize)시키고, 기준 값은 특정 중요 산업들 간의 연계의 수,

라 양 기술지식네트워크 구조의 연도별 상관분석을 수행하였다. [표 6
-11]은 그 결과를 나타낸 것이다.

[표 6-11] 체화·비체화기술지식네트워크 간의 밀도별/연도별 상관계수

[비체화, 체화] 밀도	절대량 기준						상대량 기준					
	[84, 87]	[87, 90]	[87, 83]	[90, 87]	[87, 87]	[90, 90]	[84, 87]	[87, 90]	[87, 83]	[90, 87]	[87, 87]	[90, 90]
0.5	0.012	0.068*	0.057*	0.095*	0.084*	0.157**	0.033	0.094**	0.102**	0.11**	0.072*	0.125**
0.3	0.045	0.079*	0.072*	0.101*	0.11**	0.12**	–	0.022	–	–	–	0.068*
0.1	0.008	0.054*	–	–	–	–	–	0.058*	–	–	–	–

* 유의수준: 0.1, ** 유의수준: 0.05, 양측검정.

[표 6-11]은 [표 6-10]에 나타난 상관계수에 비해 약간은 증가하
였으나 여전히 낮은 값을 보이고 있다. 그러나 절대량, 상대량 기준에
서 상관계수는 대부분 통계적으로 유의할 뿐만 아니라 일정한 추세를
보이고 있다. 첫째, [84, 87], [87, 90]의 상관계수가 밀도별로 모두 증
가하는 추세를 보이고 있으며, 둘째, [87, 83], [90, 87]의 상관계수 역
시 증가하는 추세를 보이고 있다. 이로부터 한국 제조업 중요 기술지
식네트워크를 형성하는 산업들 간의 관계는 어느 특정 구조를 따르는
특성을 보이고 있지는 않는 것으로 보인다. 이는 같은 연도상의 상관
계수, 즉 [87, 87], [90, 90]의 증가추세와 그 계수가 다른 연도별 상
관계수에 비해 상당히 크다는 사실로 알 수 있다. 이는 체화기술지식
네트워크구조가 비체화기술지식네트워크 구조를 따르거나 혹은 비체

즉 밀도를 어느 정도까지 두느냐에 따라 정하였다. 본서에서는 0.5, 0.3,
0.1의 밀도로 구분하여 분석하였다. 여기서 밀도는 가능한 최대 연계수
에 대한 실제로 발생한 연계수로 정의된다(예를 들어, 분석 대상 산업
수가 34개의 산업이면 가능한 최대 연계수는 34×33이고, 밀도가 0.5라
함은 실제로 산업 간 지식흐름이 존재하는 연계수는 (34×33)/2임을 의
미한다.).

화기술지식네트워크가 체화기술지식네트워크를 따르는 명확한 근거는 없음을 알 수 있다. 이러한 결과는 비체화 부문이 체화 부문을 선도하는 선형모형의 일반적 가정과 상치된다. 그 이유는 80년대 국내 제조업의 기술혁신이 자체적인 연구개발 기능의 강화와 리버스 엔지니어링(reverse engineering) 등을 토대로 한 생산기술 등의 체화 지식이 동시에 확대되고 있음을 반영하고 있다. 결국 80년대의 우리나라 제조업의 경우에는 기술지식네트워크와 비체화기술지식네트워크가 보다 유사한 구조로 조금씩 변화하고 있음을 시사하고 있다.

제5절 기술지식네트워크에 근거한 산업유형

1. 비체화 및 체화기술지식흐름에 따른 각각의 산업분류

비체화 및 체화 산업기술지식흐름의 유형에 따라 산업유형을 일차적으로 분류하고 이러한 지식흐름의 두 유형을 모두 고려하여 하나의 산업 유형(industrial typology)을 제시한다. 이러한 새로운 산업 유형의 분류는 기술혁신 및 확산 정책이나 전략을 수립하고 적용하는 데 있어 가장 기본적인 자료로 활용될 수 있기 때문에 큰 의미가 있다.

제조업의 기술지식네트워크 구조는 기본적으로 산업 간의 기술지식의 흐름 관계로부터 생성된다. 어떤 산업은 지식의 공급자로서 혹은 사용자로서의 역할을 수행한다. 각 산업의 기술지식 창출과 방출 혹은 흡수가 산업별로 상당한 차이를 보이고 있으며, 이는 결국 지식의 공급자와 사용자 측면으로 구분될 수 있음을 의미한다. [표 6-12]는 비체화기술지식의 흐름의 절대량을 기준으로 하여 전체 제조업 34개 산

업을 지식방출 부문(knowledge-outflow sector), 지식흡수 부문(knowledge
-inflow sector), 지식매개 산업부문(knowledge intermediary sector)
으로 유형화한 것이다.

[표 6-12] 비체화기술지식의 흐름에 따른 산업 분류

산업 분류	세부 산업
지식방출 부문 (knowledge- outflow sector)	*유기·무기화학(5)*, 의약품(8), 조립금속(20), 특수산업용 기계(22), 사무·서비스기계(컴퓨터 포함)(24), 산업용 전기(26), 음향·영상·통신(27), 가전(28), 반도체(29), 자동차(32), 기타 수송기기(33), *정밀기기(34)* 등
지식흡수 부문 (knowledge- inflow sector)	식음료(1), 섬유(2), 나무·목재(3), 종이인쇄(4), *유기·무기화학(5)*, 염료·도료(6), 비료·농약(7), 세정제·화장품(9), 기타 화학(10), 석유정제(11), 석탄제품(12), 고무제품(13), 플라스틱(14), 도자기, 토기(15), 유리제품(16), 시멘트·콘크리트(17), 철강(18), 비철금속(19), 보일러, 터빈(21), 공작기계(23), 기타 산업기계(25), 기타 전기기기(30), 조선(31), *정밀기기(34)* 등
지식매개 부문 (knowledge intermediary sector)	유기·무기화학(5), 특수산업용 기계(22), 가전(28), 자동차(32), 정밀기기(34) 등

부분 중심성 지수 및 전체 중심성 지수를 근거로 하여 지식의 방출부
문과 흡수부문으로 유형화하였는데 지식의 방출 측면과 흡수 측면에서
실질 흐름양의 두 부문 간의 차이가 통계적으로 유의하였다. 유기·무
기화학(5), 정밀기기(34) 산업은 지식의 방출량과 흡수량이 상당하여
중복하여 분류하였다. 또한 매개 중심성 지수를 근거로 하여 기술지식
의 매개산업부문을 추출하였다. 지식방출부문은 자체 지식의 창출과 여
타 산업으로의 지식흐름양이 지식흡수부문보다 컸으며, 지식흡수부문은
자체 지식의 창출보다는 지식방출부문으로부터의 지식유입량이 상당히
컸다. 지식매개부문은 여타 산업으로부터의 지식을 유입하고 이를 다른

산업으로 방출하는 지식흐름의 중개역할을 수행한다고 할 수 있다.

또한 비체화 지식흐름에 근거하여 산업유형을 분류한 방법과 유사하게 체화 지식흐름에 근거하여 산업유형을 분류하였다.([표 6-13] 참조) 부분 중심성 지수 및 전체 중심성 지수를 근거로 하여 지식의 방출부문과 흡수부문으로 유형화하였는데 지식의 방출 측면과 흡수 측면에서 두 부문의 차이가 비체화 흐름근거에서와 마찬가지로 유의하였다.[34] 특수산업용 기계산업, 공작기계산업, 사무·서비스기계(컴퓨터산업 포함)산업, 기타 전기기기 산업은 지식의 방출량과 흡수량이 상당하여 중복하여 분류하였다.

[표 6-13] 체화 기술지식의 흐름에 따른 산업 분류

산업 분류	세부 산업
지식방출 부문 (knowledge-outflow sector)	유기, 무기화학(5), 염료, 도료(6), 비료농약(7) 의약품(8), 세정제, 화장품(9), 기타 화학(10), 석유정제(11), 석탄제품(12), 고무제품(13), 도자기, 토기(15), 유리제품(16), 비철금속(19), *특수산업용 기계(22), 공작기계(23), 사무, 서비스기계(24)*, 산업용 전기(26), *기타 전기기기(30)*, 정밀기기(34)
지식흡수 부문 (knowledge-inflow sector)	식음료(1), 섬유(2), 나무, 목재(3), 종이인쇄(4), 플라스틱(14) 시멘트, 콘크리트(17), 철강(18), 조립금속(20), 보일러, 터빈(21), *특수산업용 기계(22), 공작기계(23), 사무, 서비스기계(24)*, 기타 산업기계(25), 음향영상통신(27), 가전(28), 반도체(29), *기타 전기기기(30)*, 조선(31), 자동차(32), 기타 수송기기(33)
지식매개 부문 (knowledge intermediary sector)	철강(18), 조립금속(20), 특수산업용 기계(22), 가전(28), 자동차(32)

---

34) 비체화 및 체화 지식흐름을 근거한 각각의 산업유형에서 각 부문의 지식 방출량 및 흡수량을 기준으로 분산분석을 수행한 결과 유의수준 0.01에서 유의한 결과를 얻었음.

2. 기술지식흐름에 의한 산업유형(industrial typology)과 시사점

여러 연구자들에 의해 산업의 유형을 분류하는 시도가 있었다. 패빗 (Pavitt, 1984)은 기술의 원천, 기술 사용자의 유형, 전유체계의 수단 (means of appropriation), 기업 규모 등에 근거하여 농업, 전통적 산업 등의 공급자 주도산업군(supplier dominatied category), 전기·전자, 화학 산업 등의 과학 기반산업군(science based category), 그리고 생산 집약산업군(productive intensive category)[35]으로 유형화하였다. 레빈 등(Levin et al, 1987)은 기술혁신의 전유체계의 산업 간 차이를 분석하였으며, 롭슨 등(Robson et al, 1988)은 기술혁신의 공급산업과 그 혁신을 이용하는 산업 간 관계로부터 산업분류를 시도하였다. 반면에 넬슨(Nelson 1982)은 기술혁신 패턴에 영향을 미치는 정책에 따라 미국의 산업들을 대상으로 비교분석하였다. 이러한 연구나 산업의 유형론은 기술정책과 기업의 기술전략이라는 측면에서 매우 중요시된다. 산업의 유형론은 정책수단과 기업의 전략적 행동의 기준을 제공할 뿐만 아니라 정책 및 전략계획과 특정 유형에 속한 산업들의 정책 및 전략의 효과에 대한 예측을 어느 정도 가능케 한다.

특히, 기술 지식의 흐름은 기술정책 중에서 산업 간 기술지식의 확산이라는 측면을 반영할 수 있다는 점에서 의의가 있다. 앞서 각각의 기술지식흐름에 따라 유형화하였는데 비체화 및 체화 지식흐름 모두를 반영하는 보다 종합적이고 일반적인 산업 분류의 필요성이 존재한다. 비체화 및 체화 지식흐름양과 각 산업의 비체화 및 체화 지식흐름

---

35) 생산규모집약 산업군은 다시 재료 산업, 조립 산업 등의 규모집약산업과 기계류의 전문기술산업으로 나누었다.(Pavit 1984, p.260 참조)

에 따른 부분 중심성 지수(degree centrality index)에 근거하여 산업 분류를 수행하였다. 특히 중심성 지수를 사용한 것은 특정 산업의 지식 방출 혹은 흡수의 대상이 되는 산업들의 흐름을 고려하기 위함이다. 즉 기술지식흐름의 범위에 따라 구분하기 위한 기준이 된다. 부분 중심성 지수는 비체화 및 체화 지식연계의 양 구조의 네트워크 밀도 0.1을 기준으로 측정된 지수를 사용하였다. 또한 네트워크 밀도 0.1에서의 매개 중심성 지수를 사용하여 매개산업들을 식별하였다.

[그림 6-17]([그림 6-19]) 그리고 [그림 6-18]([그림 6-20])에서 가로축은 체화 지식의 흐름양(체화 정도 중심성 지수)을 세로축은 비체화 지식흐름양(비체화 정도 중심성 지수)을 의미하며, 각 점은 각 산업의 지식흐름양에 따른 위치를 도시한 것이다. 지식흐름과 중심성 지수의 평균(체화의 경우에 흐름양의 평균은 878.5, 중심성 지수의 평균은 3.24이며, 비체화의 경우는 각각 18,602.8과 3.59)을 기준으로 하여 [표 6-14]와 같이 한국 제조업 34개 산업을 4개의 유형으로 지식흐름과 중심성 지수에 따라 분류하였다. [표 6-14]에서 지식흐름과 중심성 지수에 의한 산업유형 간의 차이는 거의 존재하지 않고 있다. 이는 지식흐름이 왕성한 산업일수록 보다 많은 산업으로 기술지식 확산이 이루어짐을 의미하는 것으로 한 산업의 기술지식흐름이 클수록 산업 간 지식흐름 연계는 보다 확대하고 있다고 해석할 수 있다. 따라서 두 가지의 기준에 의한 산업분류를 융합하여 산업을 유형화시킬 수 있으며 아울러 지식의 매개라는 관점에서 위와 같은 분류 방법과는 다르게 매개 중심성 지수를 통해 지식흐름을 매개 혹은 중개하는 산업을 구분하였다.

Position by inflows
Em－Inflwos
Dis－Inflows
mean
mean
Industry No,

[그림 6－17] 지식 흡수량(비체화 및 체화)에 따른 산업별 위치

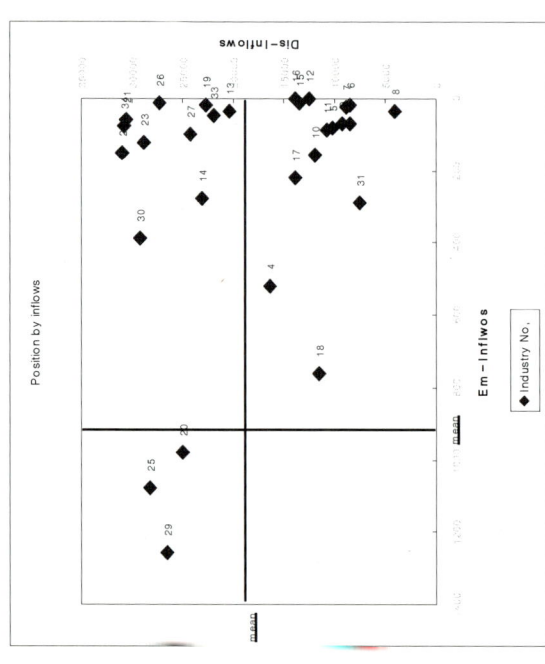

Position by outflows
Em－Outflows
Dis_Outflows
mean
Industry No.

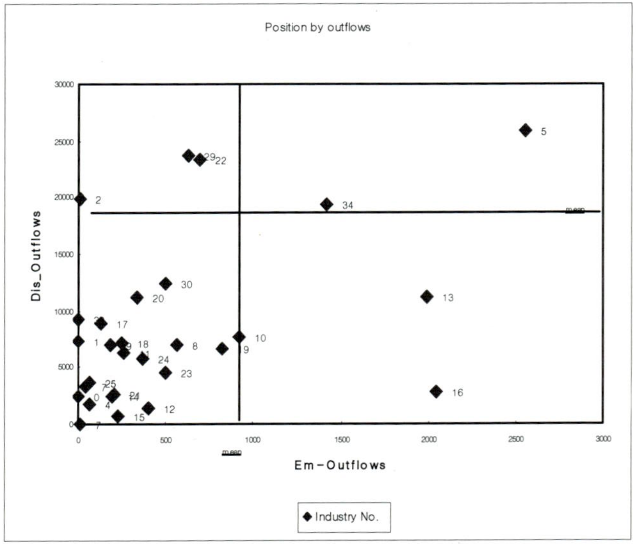

[그림 6－18] 지식 방출량(비체화 및 체화)에 따른 산업별 위치

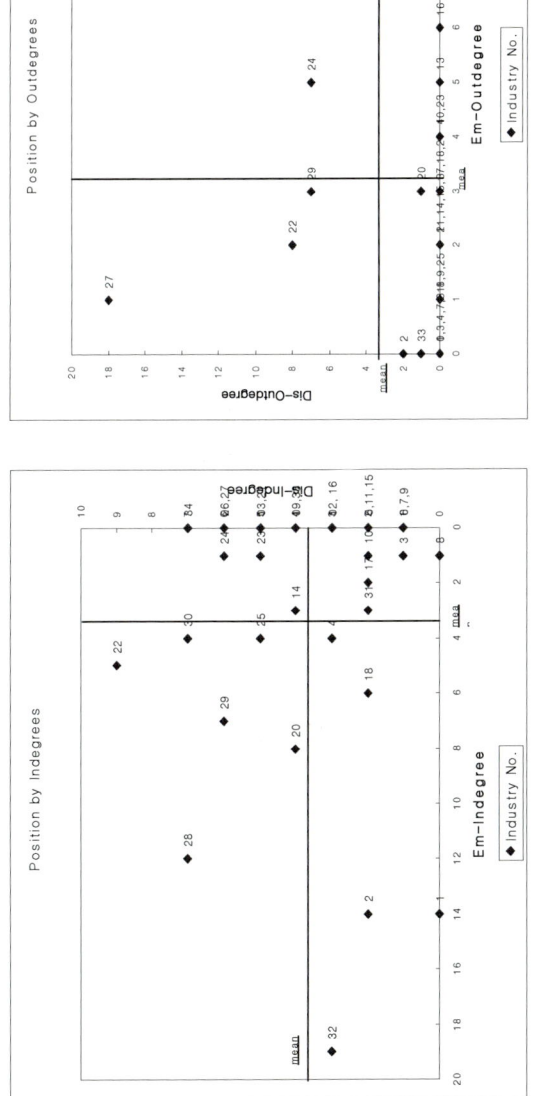

[그림 6-20] 지식 방출 중심성 지수에 따른 산업별 위치

[그림 6-19] 지식 흡수 중심성 지수(비체화 및 체화)에 따른 산업별 위치

[표 6-14] 지식흐름과 중심성 지수에 따른 산업분류

유형별 지식흐름의 크기	지식흐름에 근거		중심성 지수에 근거	
	Outflow	Inflow	Outdegree	Indegree
비체화 高 체화 高	5, 26, 34	20, 25, 28, 29, 32	5, 24, 26, 34	20, 22, 25, 28, 29, 30
비체화 低 체화 高	6, 13, 16, 19	1, 2	6, 13, 16, 19, 23	1, 2, 4, 18, 32
비체화 低 체화 高	2, 22, 27, 28, 29, 32	13, 14, 19, 21, 22, 23, 24, 26, 27, 30, 33, 34	22, 27, 28, 29, 32	13, 14, 19, 21, 23, 24, 26, 27, 33, 34
비체화 低 체화 低	1, 3, 4, 7, 8, 9, 10, 11, 12, 14, 15, 17, 18, 19, 20, 23, 24, 25, 30, 31, 33	3, 4, 5, 6, 7, 8, 9, 10, 11, 12, 15, 16, 17, 18, 31	1, 2, 3, 4, 7, 8, 9, 10, 11, 12, 14, 15, 17, 18, 20, 21, 25, 30, 31, 33	3, 5, 6, 7, 8, 9, 10, 11, 12, 15, 16, 17, 31

* 각 숫자는 산업 번호.

최종적으로 다음과 같은 5개의 유형으로 한국 제조업을 산업기술지식네트워크상에서 분류할 수 있다. [표 6-15]에 제안된 산업유형은 각 유형별로 기술정책 측면에서 다른 정책수단을 개발하고 적용함으로써 전체 제조업에서의 산업기술지식의 원활한 확산을 촉진할 수 있을 뿐 아니라, 이는 결국 개별산업의 기술진보 또는 생산성 향상을 촉진할 수 있기 때문에 정책적으로 매우 큰 의미를 갖는다고 할 수 있다.

[표 6-15] 지식흐름에 따른 한국 제조업의 산업 유형

산업 유형	주요 특성	세부 산업(예)
지식방출부문 (Knowledge Generating Sector)	비체화 및 체화 지식의 방출이 상당히 큼	유기·무기화학(5), 산업용 전기기기(26), 정밀기기(34)
지식흡수부문 (Knowledge Absorbing Sector)	비체화 및 체화 지식의 흡수가 상당히 큼	조립금속(20), 기타 산업기계(25), 가전(28), 반도체(29), 자동차(32)
지식흐름혼합부문 (Knowledge Mixing Sector)	비체화 및 체화 지식흐름의 유형에 따라 흐름이 다양	식음료(1), 섬유(2), 염료·도료(6), 고무제품(13), 플라스틱 제품(14), 유리제품(16), 비철금속(19), 보일러·터빈(21), 수산업용 기계(22), 공작기계(23), 컴퓨터·사무용 기계(24), 영상·음향·통신(27), 가전(28), 반도체(29), 기타 전기기기(30), 자동차(32), 기타 수송장비(33), 정밀기기(34)
독립산업부문 (Knowledge Isolating Sector)	비체화 및 체화 지식흐름이(방출 및 흡수 측면에서) 매우 낮음	나무·목재(3), 종이·인쇄(4), 비료·농약(7), 의약품(8), 세정제·화장품(9), 기타 화학제품(10), 석유정제(11), 석탄제품(12), 도자기·토기(15), 시멘트·콘크리트·토석제품(17), 1차 철강(18), 조선(31)
지식매개부문 (Knowledge Intermediary Sector)	비체화 및 체화 지식의 흐름의 중재 역할	유기·무기화학(5), 특수산업용 기계(22), 가전(28), 자동차(32), 정밀기기(34)

지식방출부문(knowledge generating sector)의 경우 이들 산업들의 기술지식흐름상의 특성이 지식의 방출 역할이 다른 산업에 비해 매우 크다. 즉 기술지식의 중요 공급산업이라 할 수 있다. 따라서 이들 산업의 기술 개발과 혁신은 다른 산업으로의 파급효과가 매우 클 것으로 기대되므로 이들 산업의 기반 기술과 공유기술(generic technology)을 위한 정부 혹은 대학 및 연구기관을 연계하는 연구개발 체계가 요

구된다. 반면, 지식흡수부문(knowledge absorbing sector)은 각 산업의 기술흡수능력을 제고시킬 수 있는 정책 방안의 모색이 바람직할 것으로 보인다. 즉 기술확산 메커니즘에 초점을 맞추어 기술하부구조적(technological infra-structure) 접근방안으로 다양한 기술확산 프로그램을 개발 시행해야 할 것이다. 지식흐름혼합부문(knowledge mixing sector)은 각 지식흐름유형에 따라 다소 차이가 나타나는 산업군으로 개별 산업의 수요 특성, 산업 특유 기술특성(industrial specific technology), 전유체계 등 구체적인 특성에 따라서 기술지식 방출부문과 흡수 부문의 정책 도구를 혼합 혹은 병행하여 시행하는 방법이 있을 수 있다. 독립산업부문(knowledge isolating sector)은 지식의 연계구조가 취약하거나, 산업 특성이 폐쇄적인 형태를 띠는 산업부문으로 이들 산업의 일부는 사양산업이거나 혹은 고도로 전문화되거나 기초과학지식이 요구되는 산업들이 포함되어 있다. 사양산업이든 과학에 기반을 둔 산업이든 부가가치를 창출하고 경쟁력을 갖춘 산업으로 성장하기 위해서는 여타 다른 산업들의 기술지식이 필요하다. 따라서 이들 독립산업부문의 산업들의 지식 연계 메커니즘이 구축되도록 제도적 장치나 시장에서의 거래를 활성화시키는 산업정책 및 금융제도적 및 기술적 지원이 필요할 것이다. 마지막으로 지식매개부문(knowledge intermediary sector)은 지식흐름을 연계시키는 매개체 혹은 촉매역할을 하는 산업들로 상이한 기술적 내용이나 특성을 갖는 산업들 간의 지식연계를 중계함으로써 특정 기술 애로사항을 타개하거나, 새로운 수요에 대한 정보를 제공함으로써 혁신의 성공을 유도할 수 있다. 그러므로 이들 매개산업을 중심으로 기술확산 센터나 확산 프로그램을 개발, 시행하는 방안이 보다 효과적일 것이다.

제 7 장

산업기술지식네트워크와 생산성

제1절 기술지식네트워크와 생산성 간의 관계

새롭고 중요한 특성을 가진 신제품의 개발 및 제조 그리고 생산 공정에 있어서의 능률향상, 판매 및 경영 등에서의 새로운 기법의 개발 등이 모두 기술변화의 범위에 속한다. 기술변화를 측정하는 방법은 공학적 접근법과 경제학적 접근법으로 구분할 수 있다.

공학적 접근법은 기술을 측정 가능한 물리적 속성으로 구분하여 이들 속성에 객관적 기준에 의해 수치를 부여하여 하나의 정량화된 지표 값으로 나타내어 기술적 효율성을 측정하는 것이다. 특정 기술의 변화에 대해 적용하여 보다 정확하고 객관적인 변화를 측정할 수 있으나 포괄적인 개념의 기술변화를 측정하는 데는 한계가 있다.

경제학적 측면에서 기술변화는 통상 생산함수의 이동으로 표현한다. 기술변화에 대한 경제학적 모형이나 이론은 아직 확고하게 정립된 상태는 아니다. 그러나 응용 연구에서는 다양한 개념과 가정들이 도입되어 기술변화를 분석하고 있다. 이러한 분석들은 완전하지는 않지만 현실적으로 많은 유용성과 의미를 지닌다. 생산함수 또는 간접목적함수에 기술변수의 대용으로 시간 변수를 포함하여 기술변화율과 그 특성을 분석하는 모형들은 유용한 개념과 함의를 내포하지만, 보다 강한 가정들이 전제된다. 따라서 기술변화에 대한 응용 연구에서는 투입물 및 산출물에 대한 물량과 가격자료로부터 기술변화 또는 생산성변화 지수를 결정하는 요인들을 분석하는 것이 주요한 연구 분야가 되고 있다.(김영식, 1995) 또한 특정 시점 간의 생산성을 비교하는 기술변화에 대한 연구는 국가 간 혹은 기업 간의 생산성을 비교하는데도 그대로 적용될 수 있다.

이러한 생산성의 향상은 결국 기술변화 혹은 기술진보가 이루어졌음을 의미한다. 그러나 생산성의 향상에는 기술 이외에 자본이나, 노동, 규모의 경제효과, 여타 경영 효과 등이 포함되고 이러한 요인들에 의한 생산성 향상의 기여부분을 제거하여 남은 부분이 순수한 기술에 의한 변화로 볼 수 있다. 결국 이러한 견해가 총 요소생산성(total factor productivity)의 변화를 기술변화의 대용 변수로서 사용되는 근거가 되고 있다.

생산성은 기본적으로 투입에 대한 산출의 비율로 정의된다. 기업 측면에서 생산성은 산출만을 근거하여 생산성을 측정하기도 한다. 예를 들어 매출액 증가율이나 시장 점유율의 증가 등이 여기에 해당된다. 또한 단일 투입요소에 대한 총 산출의 비율로서 정의되기도 하는데 노동 생산성과 자본 생산성이 여기에 해당된다.

반면에 총 요소생산성은 노동, 자본 등의 생산 활동에 투입되는 모든 요소를 고려한 생산성을 의미하는 것으로 총 투입요소단위당 산출량으로 정의되며, 기존 자원을 보다 효율적으로 사용할 수 있게 하는 향상된 기술이나 경영을 통해서 전반적인 과정에 개선이 있을 때 증가한다.

$$TFP(Z) = \frac{Y(total\ output)}{X(total\ input)}$$

위의 식은 총 요소생산성을 나타내는 지수로서 각 변수는 시간의 함수로 표현된 것이다. 결국 기술진보가 있으면 시간이 지나감에 따라 총 요소생산성은 증가하므로 위 식의 양변을 로그변환 후 시간에 관해 미분하면 다음과 같은 형태로 변환된다.

$$\frac{\dot{Z}}{Z} = \frac{\dot{Y}}{Y} - \frac{\dot{X}}{X} = \frac{\dot{Y}}{Y} - \sum v_i \frac{\dot{x}_i}{x_i}$$

위 식의 의미는 기술변화에 의한 비용효과를 투입과 산출에 의한 비용효과로 분해, 산출량의 변화율에서 총 비용 중 투입요소의 비용분을 가중치로 하는 투입요소들의 변화율을 차감한 것으로 이를 기술변화로 본다는 것이다. 그러나 총 요소생산성의 변화는 투입과 산출에 의해서만 측정되므로 이것들 이외에 많은 요소들이 기술변화의 동인으로 작용하기 때문에 보다 정확한 의미에서의 기술변화라고는 할 수 없다. 즉 기술변화를 하나의 잔차 개념으로 단순화시켜 간접적으로 측정하므로 다른 광범위한 요인들을 고려할 수 없다. 또한 투입요소의 측정문제와 투입요소의 질적 문제 등을 고려하는 것은 더욱 힘들다는 것이다.

그러나 이러한 문제에도 불구하고 총 요소생산성은 여러 자원들이 산출로 전환되는 데 있어 얼마나 경제적, 기술적 효율성이 있는가를 측정하는 매우 중요한 수단으로 사용되고 있다. 국가, 산업, 개별 기업의 성장은 생산자원을 얼마나 효율적으로 이용하고, 총 요소생산성을 증가시키는가에 따라 좌우된다고 하겠다.

총 요소생산성 및 그 변화에 대한 계측은 많은 학자들에 의해 연구되어 왔다. 1942년 틴버겐(Tinbergen)에 의해 시도되어, 1957년 솔로우(Solow), 1960년 데니슨(Denison) 그리고 요겐슨(Jorgenson), 그릴

리치(Griliches), 크리스텐슨(Christenson), 골로프(Gollop) 등에 의해 발전되었다.(윤석철, 1990) 총 요소생산성은 생산함수를 이용하여 측정하는 방법과 성장회계 방식에 의한 방법으로 구분된다. 생산함수를 이용하는 방법은 ①기술변화는 생산함수를 이동시키는 모든 종류의 것, ②힉스(Hicks)의 기술중립성(투입물의 대체율의 변화는 없음), ③ 요소시장은 경쟁적, ④생산함수는 일차동차함수라는 가정하에서 다음과 같은 생산함수를 이용하여 계측한다.(Solow, 1957)

$$Y = A(t) \cdot F(L, K)$$

여기서 Y는 산출, L과 K는 각각 노동 투입과 자본투입으로 시간의 함수이며, A(t)가 기술 변화를 의미하는 항이다. 이를 로그변환 후 시간에 관해 미분하면 다음과 같은 식을 얻는다.

$$\frac{Y}{Y} = \frac{A}{A} + \left(\frac{\partial Y}{\partial L} \cdot \frac{L}{Y}\right) \cdot \frac{L}{L} + \left(\frac{\partial Y}{\partial K} \cdot \frac{K}{Y}\right) \cdot \frac{K}{K}$$

특히 위 식에서 노동 및 자본의 요소시장이 경쟁적이라는 가정에 의해서 다음이 성립한다.

$$\frac{\partial Y}{\partial L} = P_L, \quad \frac{\partial Y}{\partial K} = P_K$$

여기서 P_L은 노동의 시장가격, P_K는 자본의 시장가격이고 다음과 같은 변환을 통하여,

$$\frac{P_L \cdot L}{Y} = V_L \ (\text{노동소득배분율}),$$

$$\frac{P_K \cdot K}{Y} = V_K \ (\text{자본소득배분율})$$

아래와 같은 총 요소생산성의 변화율(혹은 기술변화율)을 얻을 수 있다.

$$\frac{\dot{A}}{A} = \frac{\dot{Y}}{Y} - V_L \cdot \frac{\dot{L}}{L} - V_K \cdot \frac{\dot{K}}{K}$$

위 식은 실질부가가치 증가율(생산성)에서 노동과 자본의 순수증가에 의한 생산성증가 기여분을 제외한 형태로 총 요소생산성의 변화율을 기술변화에 따른 기여분으로 해석할 수 있다.

한편, 성장회계 방식에 의한 방법은 생산함수에 대한 가정을 두지 않고 단순히 산출량 성장에 대한 요인별 기여율을 계산하기 위한 회계양식형태를 적용하여 계측한 것이다.(Kendrich et al., 1980) 켄드리히는 총 요소생산성을 산출량과 총 투입요소 비용의 비율로 다음과 같이 정의하였다.

$$t \ \text{연도의 총 요소생산성:} \quad TP_t = \frac{Y_t}{P_L L_t + P_K K_t}$$

이는 총 요소비용을 투입으로, 생산량을 산출로 하여 총 요소생산성으로 측정하고 있기 때문에 생산성 자체가 평균비용의 역수로 정의되고 있으며, 이 경우 총 요소생산성의 향상은 평균생산비용의 감소를 의미하게 된다. 총 요소생산성 지수(TPI)는 기준 연도와 비교 연도의 총 요소생산성의 비로 다음과 같이 구할 수 있다.

$$TPI = \frac{TP_t}{TP_0}$$

$$= \frac{\dfrac{Y_t}{Y_0}}{\dfrac{P_L L_0}{P_L L_0 + P_K K_0} \cdot (\dfrac{L_t}{L_0}) + \dfrac{P_K K_0}{P_L L_0 + P_K K_0} \cdot (\dfrac{K_t}{K_0})}$$

$$= \frac{\dfrac{Y_t}{Y_0}}{V_L \cdot (\dfrac{L_t}{L_0}) + V_K \cdot (\dfrac{K_t}{K_0})}$$

따라서 총 요소생산성 증가율은 위의 총 요소생산성 지수에서 1을 뺌으로써 구할 수 있으며 이것이 기준 연도와 비교 연도 사이의 기술변화를 의미하게 된다.

그렇다면 총 요소생산성을 결정하는 결정요인들은 어떤 것들이 있는가? 이러한 문제는 총 요소생산성을 계측하는 연구에서 많이 논의된 주제들이다. 자본 스톡, 연구개발투자, 기술지식, 산출량(산출량의 증가는 여러 과정을 거쳐 총 요소생산성 추세에 영향), 고용의 질과 구성, 기업규모, 외부효과 등 여러 다양한 요인들이 지적되고 있다. 특히, 생산함수에 기초하여 연구개발이 총 요소생산성의 변화에 미치는 영향에 대한 연구 문헌이 과거 50년간 1,500개 이상에 이른다고 한다.(박경선 편역, 1995) 이는 연구개발을 통해서 획득된 기술 혹은 지식이 생산에 적용되어 궁극적으로 생산성의 향상으로 이어진다는 사실을 보이는 전형적인 예가 될 수 있다.

총 요소생산성의 변화와 연구개발의 효과를 나타내는 전형적인 모형은 다음과 같은 회귀식의 형태로 표현된다(여기서 V는 부가가치계 혹은 산출, R는 연구개발스톡 증가분).

$$TFP \text{ 증가율} = \alpha + \beta \frac{R}{V}$$

특히 R은 대상 연도에 사용된 연구개발스톡을 의미한다. 그러나 스톡의 개념으로 이를 계측하는 데는 많은 어려움이 존재한다. 따라서 통상 연구개발 노력이 생산성의 향상으로 이어지는 데는 어느 정도 시차가 있으므로 이러한 시차를 고려하면서 연구개발의 스톡의 증가분 대신에 연구개발 투자를 사용하기도 한다.

본서에서는 총 요소생산성의 계측과 그 영향요인의 분석보다는 산업 간 기술지식네트워크 구조의 특성을 반영하여 자체 연구개발(혹은 자체 기술지식), 비체화 및 체화 기술지식의 파급효과에 초점을 맞추어 분석을 수행한다.

제2절 기술지식네트워크에 따른 생산성 실증분석

1. 대상 산업 재분류 및 분석 자료

비체화 및 체화기술지식네트워크의 구조적 특성을 통해서 유형화된 산업부문, 즉 지식방출 산업부문과 지식흡수 산업부문을 중심으로 그들의 기술변화(총 요소생산성을 대용변수로 사용)와 자체 기술지식

(각 산업의 연구개발투자를 대용 변수로 사용), 연구개발 파급(체화기술지식의 흡수), 매개산업을 통한 파급(매개효과, 흡수산업부문에만 적용)효과를 분석한다.

체화기술지식과 기술변화(총 요소생산성)와의 관계에 대한 많은 연구가 진행되었으며, 연구개발의 파급효과(R&D spillover effects)라는 측면을 국가 간, 산업 간, 기업 간 관계에 초점을 맞추어 이루어지고 있다.[36] 특히, 산업 간 분석에 있어서 전체 산업 혹은 제조업을 대상으로 각 개별산업의 지식파급효과와 총 요소생산성 간의 관계를 분석하고 있다. 그러나 기존 연구들은 산업 간 지식흐름의 구조적 측면을 고려하지 못하고 있다. 즉 어떤 산업은 산업적 특성에 따라서 기술지식을 흡수하는 측면보다 방출하는 측면이 더 강할 수 있고, 반대의 경우도 존재할 수 있다. 따라서 산업기술지식흐름의 유형화를 통해 구조적 특성을 반영하여 기존 연구들이 수행한 절차에 따라 총 요소생산성과 자체 연구개발 효과(자체 지식 효과), 연구개발 파급효과(체화지식 및 비체화 지식의 유입에 따른 파급효과), 매개산업을 통한 지식파급효과를 분석하는 것은 정책적 측면에서 매우 의미 있는 작업이라 할 수 있다.

국내 산업의 총 요소생산성(Total Factor Productivity) 자료로 기존 연구 자료를 활용한다. 이는 총 요소생산성을 직접적으로 추정하기에는 많은 시간과 관련 자료가 요구되고, 또한 관심이 총 요소생산성의 계측의 정확성이나 그 경제적 의미를 찾는 데 있는 것이 아니라, 총 요소생산성의 변화에 대한 산업기술지식흐름과의 관계에 초점이 있기 때문이다. 홍성덕·김정호(1996)는 한국 제조업을 대상으로 1967에서 1996까지의 36개 산업별 총 요소생산성 지수를 산출하였다. 그들

---

36) Mohnen(1996)의 논문 참조.

은 1967-88년간의 한국 제조업 업종별 총 요소생산성 지수를 측정한 김광석·홍성덕(1992)의 측정결과를 새로운 자료를 이용하여 수정하고 1993년까지 연장하여 측정하였다.

한편, 산업기술지식네트워크를 구성하기 위한 본 연구의 34개 산업분류와 기존 총 요소생산성 추정상의 산업분류와는 차이가 있으므로 이를 대조하여 수정하는 작업을 수행하였다. 홍성덕의 산업분류는 기본적으로 산업연관표상(통합소분류)의 산업분류에 근거하고 있으며, 본 연구의 산업분류도 산업연관표(통합소분류)에 근거하고 있으므로 분류상의 대조를 통해 [표 7-1]과 같이 통합하여 27개의 산업으로 재분류하였다. 또한 총 요소생산성 지수도 이러한 재분류를 통해 다시 수정하였는데 김광석·홍성덕(1992)의 방법에 따라서 27개 산업 부분별로 통합하여 재산정하였다.

그리고 비체화 및 체화 지식흐름의 메커니즘으로 작용하는 유사성 행렬과 레온티에프 행렬 역시 27개의 산업으로 조정하여 다시 계산하였으며, 지식흐름유형과 산업유형도 역시 27개의 산업에 맞추어 재분류하였다.([표 7-2] 참조) 즉 전체 27개 산업을 비체화 지식흐름의 경우 지식 방출부문의 산업집합 S^D(산업 수 11개), 지식 흡수부문의 산업집합 D^D(산업 수 22개), 지식 매개부문의 산업집합 I^D(산업 수 5개) 그리고 체화 지식흐름의 경우 지식 방출부문의 산업집합 S^E(산업 수 13개), 지식 흡수부문의 산업집합 D^E(산업 수 18개), 지식 매개부문의 산업집합 I^E(산업 수 4개)로 유형화하였다. 이러한 재분류와 재계측을 통해 얻은 결과에 기반하여 전체 제조업과 산업 유형별(지식공급부문과 지식수요부문)에 따라 자체 기술지식효과, 비체화 혹은 체화 기술지식파급효과 그리고 매개 기술지식파급효과를 분석한다.

[표 7-1] 본 연구와 홍성덕 등(1996)의 산업분류 대조 및 TFP상의 분류*

	본 연구의 산업분류	홍성덕 등의 산업분류(산업번호)	TFP상의 산업분류
1	식음료	식료품, 음료품(1,2)	1
2	섬유	직물, 편조업, 의류, 가죽 등(4-8)	2
3	나무, 목재	나무, 나무제품(9)	3
4	종이, 인쇄 출판	종이, 인쇄 출판(10, 11)	4
5	유기, 무기화학	산업용 화학물(12)	5
6	염료, 도료	기타 화학제품(13)	6
7	비료, 농약		
8	의약품		
9	세정제, 화장품		
10	기타 화학제품		
11	석유정제	석유정제(14)	7
12	석탄제품	석탄 제품(15)	8
13	고무제품	고무 제품(16)	9
14	플라스틱	기타 플라스틱(17)	10
15	도자기, 토기	도자기, 토기(18)	11
16	유리제품	유리 제품(19)	12
17	시멘트, 콘크리트, 토석제품	기타 비금속 광물제품(20)	13
18	1차 철강	철강(21)	14
19	1차 비철금속	비철금속(22)	15
20	조립금속	조립금속(23)	16
21	보일러, 터어빈	기관 및 터어빈(24)	17
22	특수산업용 기계	산업기계 및 공작기계 및 장치(25)	18
23	공작기계		
24	컴퓨터, 사무·서비스용 기계	사무·서비스용 기계(26)	19
25	기타 산업기계	전기, 산업용 기계 및 장치(27)	20
26	산업용 전기기기		
27	음향·영상·통신기기	영상·음향·통신기기 및 전자부품(28)	21
29	반도체, 전자부품		
28	가정용 전기기기	가정용 전기기구(29)	22
30	기타 전기기기	기타 전기기기(30)	23
31	조선	조선건설 및 수선(31)	24
32	자동차	자동차(33)	25
33	기타 수송기기	철도장비, 모터사이클, 비행기 등(32, 34)	26
34	정밀기기	의료, 광학, 측정 및 제어장비(35)	27

* 27개의 산업분류는 총 요소생산성(TFP)의 변화율과 자체지식, 비체화, 체화, 매개지식의 유입 효과를 분석하기 위한 것임.

[표 7-2] 체화 및 비체화 지식흐름에 의한 산업유형*

산업유형 흐름유형	지식방출 부문†	지식흡수 부문	지식흐름매개 부문
체화 지식흐름 근거	5, 6, 7, 8, 9, 11, 12, 15, 18, 19, 20, 23, 27 **(집합 S^E)**	1, 2, 3, 4, 10, 13, 14, 16, 17, 18, 19, 20, 21, 22, 23, 24, 25, 26 **(집합 D^E)**	16, 18, 22, 15 **(집합 I^E)**
비체화 지식흐름 근거	5, 6, 16, 18, 19, 20, 21, 22, 25, 26 27 **(집합 S^D)**	1, 2, 3, 4, 5, 6, 7, 8, 9, 10, 11, 12, 13, 14, 15, 17, 18, 19, 20, 23, 24, 27 **(집합 D^D)**	5, 18, 22, 25, 27 **(집합 I^D)**

* 산업번호는 27개 산업부문으로 재분류한 산업을 의미([표 7-1]에서 TFP상의 산업분류

† 각 산업유형은 기본적으로 [표 6-12]와 [표 6-13]에 근거하여 분류하였음.

2. 지식흐름 유형별 회귀분석모형

총 요소생산성의 변화에 대해서 자체 기술지식(자체 연구개발 효과), 비체화 및 체화 기술지식(외부 산업의 연구개발의 유입 효과), 매개산업을 통해서 공급부문의 지식이 흡수 부문으로 유입되는 효과를 분석하기 위한 회귀분석모형을 구성한다. 분석 대상 자료는 연도별, 산업별 횡단면의 자료로 구성되었으며, 연도별 자료는 1983(비체화의 경우 1984), 1987, 1990의 자료이며, 횡단면 자료는 제조업 27개의 산업자료들이다. 회귀분석에서 자유도의 확보와 전체 산업 혹은 부문별로 회귀분석을 위해서 기본적으로 횡단면 자료에 근거하며 시간(일정 기간)에 따른 총 요소생산성의 변화율로의 영향을 계측하기

위해서 가변수(period dummy variables)를 도입하여 회귀모형을 구성하였다. 여기서 시간에 따른 영향요인에 대한 분석은 1983-1987, 1987-1990, 1990-1993년의 3개 기간으로 구분하였으며, 기간별 총요소생산성의 변화율과 각각의 기술지식량과 유입량의 평균을 사용하였다.

체화 지식의 경우 1993년의 산업연관표를 27개 산업부문으로 분류하여 레온티에프 역행렬을 구하여 변환행렬을 재구성하였다. 체화 지식의 유입량과 매개 지식 유입량은 기간별 변환행렬의 평균을 사용하였다. 반면에 비체화 지식의 경우는 93년도의 각 산업별 연구인력의 전공에 관한 세부적인 자료를 구할 수 없어 1990-1993년의 기간에 대해서는 90년의 산업 간 유사행렬을 그대로 사용하였으며 나머지 기간에 대해서는 마찬가지로 평균을 사용하여 비체화 지식 유입량과 매개산업을 통한 기술지식량을 추정하였다.

자체 기술지식과 기술지식의 파급이라는 측면이 총 요소생산성의 변화율에 미치는 효과를 한계생산성(marginal productivity) 혹은 수익률(rate of return)로써 추정하기 위해서 지식의 측정치로 연구개발 인력수가 아닌 연구개발투자를 사용하였다. 종속변수인 총 요소생산성의 증가율(TFPGRT)과 설명변수들 자체창출기술지식(TK), 체화 기술지식(ETK), 매개기술지식(BTK)[37]과 가변수를 다음과 같이 정의한다.

---

37) 27개 산업별 생산액 및 연구개발비용은 모두 90년을 기준으로 불변 가치화하였으며, 자체 지식, 체화 및 비체화 지식의 유입 그리고 매개지식의 총 요소생산성의 변화율에 대한 반영은 연구개발의 시차(time lag)를 고려해야 하는데 본 연구에서는 Goto and Suzuki(1989)와 홍순기, 홍사균(1994) 등과 산업기술진흥협회의 "산업기술개발실태조사"를 참조하여 적용하였다.

① 총 요소생산성의 j산업의 평균증가율

$TFPGRT_{jT}$: T기간의 j산업의 TFP의 평균 증가율

여기서, $T = 1, 2, 3$ (각각 $83-87, 87-90, 90-93$년)

$\qquad j = 1, 2, 3, \ldots, 27$

② 자체기술지식(TK): 각 산업의 연구개발투자율

$$TK_{jT} = \frac{RD_{iT}}{X_{jT}}$$

이는 j산업의 T기의 평균 생산액(X_{jT})에 대한 평균 연구개발비
(RD_{jT}, 자체 지식)로 각 산업의 생산액 단위당 연구개발지출을 의미
하며, 기본적으로 총 요소생산성의 산출을 산업연관표를 기준으로 계
측하였기 때문에 데이터의 일관성을 위해서 그리고 중간재를 통해 체
화된 연구개발을 추정하기 위해서 생산액은 조수입(gross output: 산
업연관표상에서의 산업별 총 생산액)을 기준으로 계산하였다.

③ 유입된 체화기술지식(ETK):

$$ETK_{jT} = \frac{\sum_{i \neq j} RD_{iT} \overline{t_{ij, T}}}{X_{jT}}$$

여기서, $\overline{t_{ij, T}}$는 T 기의 평균 체화 지식흐름 가중치를 의미(T행렬
의 원소)

j산업의 생산액에 대한 T기의 평균 체화 지식유입량으로 산업 간 거래를 근거로 하여 계산하였다. 즉 공급 산업으로부터 얻는 지식의 크기가 변환계수에(생산자유발계수가 반영) 비례하여 유입됨을 의미한다.

④ 유입된 비체화기술지식(DTK):

$$DTK_{jT} = \frac{\sum_{i \neq j} RD_{iT}\overline{s_{ij, T}}}{X_{jT}}$$

여기서, $\overline{s_{ij, T}}$는 T 기의 평균 비체화 지식흐름 가중치를 (S행렬의 원소)의미

j산업의 생산액에 대한 T기의 평균 비체화 기술지식유입량으로 산업 간 기술거리 혹은 유사성에 근거하여 계산된다. 즉 두 산업의 기술지식이 유사할수록 보다 쉽게, 보다 많은 양의 기술지식이 이동된다.

⑤ 매개산업을 통한 체화기술지식의 유입량($BETK$):

$$BETK_{jT} = \sum_{k \in I^E} BETK_{jT}^k = \sum_{k \in I^E} \frac{\sum_{i \neq j \neq k} RD_{iT}\overline{t_{ik, T}t_{kj, T}}}{X_{jT}},$$
$$\text{for} \quad j \in D^E, \ i \in S^E$$

여기서, K 는 체화지식흐름에 근거하여 유형화한 지식매개산업을 의미

j산업의 생산액에 대한 체화 기술지식공급부문의 i산업의 기술지식이 산업을 매개(즉 $\overline{t_{ik,\,T}t_{kj,\,T}}$형태)로 체화 기술지식수요부문 j산업으로 유입된 T기의 평균 기술지식유입량을 나타낸다.

⑥ 매개산업을 통한 비체화기술지식의 유입량($BDTK$):

$$BDTK_{jT} \;=\; \sum_{k\in I^D} BDTK_{jT}^k \;=\; \sum_{k\in I^D} \frac{\sum_{i\neq j\neq k} RD_{iT}\overline{s_{ik,\,T}s_{kj,\,T}}}{X_{jT}},$$

$$\text{for } j\in D^D,\; i\in S^D$$

여기서, K는 비체화지식흐름에 근거하여 유형화한 지식매개산업을 의미

j산업의 생산액에 대한 비체화 기술지식공급부문의 i산업의 기술지식이 산업을 매개(즉 $\overline{s_{ik,\,T}s_{kj,\,T}}$형태)로 비체화 기술지식수요부문 j산업으로 유입된 T기의 평균 기술지식유입량을 나타낸다.

⑦ 기간 가변수(period dummy variable):

D_T : *time period dummy variable*
여기서의 T는 1과 2를 나타냄.

가변수(dummy variable) D_T개수는 2개로 첫 기간의 효과는 회귀식의 상수를 추정함으로써 알 수 있다. 가변수는 연구개발(여러 형태

의 지식)에 따른 총 요소생산성 변화 이외에 시간 변화에 따른 총 요
소생산성 변화(time period-specific effects)를 고려할 수 있다.

  이상의 종속변수와 설명변수에 의해 각 기술지식의 흐름에 따른 기
술지식 파급효과를 분석하기 위한 회귀모형은 다음 [표 7-3]과 같다.
회귀분석모형은 전체 제조업을 대상으로 한 일반모형(general model)
과 기술지식흐름의 구조적 특성을 반영한 지식흐름유형별 산업분류하
에서 모형을 구성한 부문별 모형(sectoral model)으로 구분하여 구성
하였다. 각 회귀방정식의 오차항(stochastic error term)은 서로 독립이
고 동일한 분포를 따른다고 가정하였으며, [표 7-3]에서 회귀계수들
은 연구개발과 연구개발의 파급에 따른 수익률[38] 혹은 한계생산성을
의미한다.

  부문별 모형은 산업 간 기술지식흐름을 두 가지 유형에 따라 구분
하여 산업을 유형화하였으므로 지식 공급부문과 수요부문에서 지식흐
름이라는 산업 간 행위에 대한 성과라는 측면을 고려할 수 있다. 따라
서 분석결과를 바탕으로 각 부문별로 여러 정책적인 대안들을 고려할
수 있는 것이다.

---

38) 보다 자세한 도출과정은 홍순기, 홍사균(1994), Goto and Suzuki(1989),
    이회경(1996) 등을 참조.

[표 7-3] 회귀분석모형

모 형		회귀방정식
일반모형 (27개 산업대상)		$TFPGRT_{jT} = a_0 + a_1 TK_{jT} + a_2 ETK_{jT} + a_3 DTK_{jT} + a_4 D_1 + a_5 D_2 + \varepsilon_{jT}$ 여기서 j는 제조업 27개 산업
부문모형	기술지식방출부문 — 체화근거	$TFPGRT_{jT} = b_0 + b_1 TK_{jT} + b_2 ETK_{jT} + b_3 D_1 + b_4 D_2 + \varepsilon_{jT}$ 여기서 j는 체화 흐름하에서 지식공급부문 13개 산업
	기술지식방출부문 — 비체화근거	$TFPGRT_{jT} = c_0 + c_1 TK_{jT} + c_2 DTK_{jT} + c_3 D_1 + c_4 D_2 + \varepsilon_{jT}$ 여기서 j는 비체화 흐름하에서 지식공급부문 11개 산업
	기술지식흡수부문 — 체화근거	$TFPGRT_{jT} = d_0 + d_1 TK_{jT} + d_2 ETK_{jT} + d_3 BETK_{jT} + d_4 D_1 + d_5 D_2 + \varepsilon_{jT}$ 여기서 j는 체화 흐름하에서 지식흡수부문 18개 산업
	기술지식흡수부문 — 비체화근거	$TFPGRT_{jT} = e_0 + e_1 TK_{jT} + e_2 DTK_{jT} + e_3 BDTK_{jT} + e_4 D_1 + e_5 D_2 + \varepsilon_{jT}$ 여기서 j는 비체화 흐름하에서 지식흡수부문 22개 산업

3. 산업 유형별 기술지식의 파급효과

3.1 일반모형의 분석결과

[표 7-4]는 일반모형을 적용하여 회귀분석을 수행한 결과이다. 전체 제조업을 대상으로 회귀분석을 수행한 결과 자체 기술지식의 효과 (34.3%-45.8%)만이 통계적으로 유의한 결과를 나타내고 있다. 체화 및 비체화기술지식의 파급효과는 통계적 유의성을 확보하지 못하고 있으며, 오히려 음의 효과를 보이고 있다. 이는 기존 연구결과([표 7-5] 참고)와 상반된 결과로 본 연구에서는 보다 세부 산업수준에서 체화기술지식을 계측하였으며, 특히 국내 다른 연구의 경우 체화지식의 산출을 위해 투입계수표를 이용하였으나 본 연구에서는 산업 간 중간재 흐름에 있어서 간접효과도 고려하여 계측하였기 때문이다. 또

한 분석 기간에서도 차이를 보이기 때문으로 판단된다. 즉 한국 제조업의 총 요소생산성의 증가율이 80년대 중반 이전보다 80년 중반 이후 계속 둔화되는 형태[39]를 띠고 있으며, 기존 연구들의 대부분이 기술지식의 파급 혹은 흐름을 생산유발계수에 근거하기보다는 투입계수에 근거하여 계측하기 때문에 산업 간 간접효과를 계측하지 않고 있다. 따라서 본 연구의 계측치는 기존연구에 비해 다소 과대 추정되고 이는 최종 파급효과에 영향 미친 것으로 판단된다. 또한 각 산업별로 비체화 및 체화 지식의 현격한 차이에서 기인된 것으로 보인다.

통계적으로 유의하지는 않지만 비체화 지식의 파급효과가 체화 지식의 파급효과보다 크게 나타나고 있는데 이는 연구개발을 통해 획득된 무형의 지식이 다른 산업으로 파급됨으로써 얻는 효과가 시장에서 중간재에 체화되어 얻는 파급효과보다 생산성의 향상 혹은 기술변화에 보다 큰 영향력을 보이고 있다는 증거로 해석된다. 특히 선진 장비나 제품을 수입하여 그로부터 기술 혹은 지식을 모방하거나 습득하여 생산을 하던 과거의 방식에서 자체의 지식의 창출과 산업 간 지식의 흐름을 통해 생산성 향상에 도움을 주고 있다는 사실은 비록 그 크기가 작지만 지식기반경제로의 이행에 매우 고무적인 현상이라 할 수 있는 것이다.

시간 변화에 따른 총 요소생산성의 성장률의 변화는 상수와 기간 가변수의 계수 추정치의 변화로 살펴볼 수 있는데, 보다 일관된 양상을 보이고 있다. 80년대 초반 이후 80년대 말까지 양의 영향(1기와 2기에서 그러나 크기는 감소하고 있음)을 미치고 있으나 90년 초반 이후는 음의 효과를 보이고 있다. 이는 80년대 중반 이후 3저에 따른 한국경제의 호황과 90년대 들어 세계경제의 급격한 변화에 따른 국제 경쟁의 가속화와 한국 제조업 경쟁력의 하락에 기인된 결과로 판단된다.

---

39) 홍성덕·김정호(1996), pp.54-55 참조.

[표 7-4] 전체 제조업 기술변화와 자체 지식, 체화 및 비체화지식의 파급효과

설명변수	종속변수(TFPGRT)(제조업 전체집합 M에 대해서)				
constant	.0147*** (3.488)	.0153*** (3.602)	.0161*** (2.915)	.0148*** (2.651)	.0164*** (2.884)
TK	.343* (1.729)	.412** (1.994)	.442* (1.676)		.458* (1.668)
ETK		−.035 (−.087)		.0165 (0.209)	−.0138 (−.271)
DTK			−.011 (−.218)	.0418 (1.071)	−.0184 (−.228)
dummy1	.0054 (1.020)	.0061 (1.148)	.0066 (1.133)	.0526 (.883)	.0069 (1.148)
dummy2	−.013** (−2.405)	−.015*** (−2.580)	−.0148*** (−2.551)	−.0135** (−2.239)	−.0144** (−2.405)
R^2	.162	.177	.178	.148	.178
$\overline{R^2}$	.127	.123	.123	.091	.112

1. 표본크기 81(27개 산업, 3 periods: 1983(비체화 경우 1984)−1987, 1987−1990, 1990−1993)
2. ( ) t 값   * 유의수준 0.1, ** 유의수준 0.05, *** 유의수준 0.01(양측검정)

[표 7-5] 자체 지식(연구개발) 및 지식 파급효과의 추정치의 비교

(단위: %)

	자체 R&D(지식)	체화된 파급효과	비체화된 파급효과
Scherer(1982)	13~29	64~74	
Griliches 등(1984)	11~31	40~62	
Berstein 등(1988)	9~27	10~162	
Goto 등(1989)	29	10	4
Wolff 등(1993)	10~21	7.6~14.3	
홍순기 등(1994)	126	688	
이회경 등(1996)	29~44	120~266	−23~11
본 연구 결과	34.3~45.8	−3.5~1.65	−1.8~4.18

3.2 기술지식방출부문 모형이 분석결과

지식방출부문(S 산업집합)은 체화기술지식흐름에 근거한 산업분류 하에서 총 요소생산성의 변화와의 관계를 살펴보면 다음과 같다. 우선 자체 기술지식의 효과(56.2%-69.9%)가 전체 제조업을 대상으로 한 경우보다 대략 1.6배 정도 크게 나타나고 있다. 기술지식방출부문의 산업의 연구개발의 노력과 효과가 전체 제조업의 경우보다 월등함을 보여주고 있으며, 또한 체화기술지식흐름 측면에서도 외부 기술지식의 유입효과가 매우 컸다. 이는 기술지식공급부문의 경우 자체 연구개발 노력이 왕성하며 다른 의미에서는 외부 기술지식의 흡수 능력을 다른 산업부문에 비해서 상당히 갖추어진 것으로 파악할 수 있다. 그러나 비체화기술지식흐름을 근거로 분류한 지식 공급부문의 경우는 자체지 식의 효과가 오히려 음수의 결과를 보이고 있으며, 비체화기술지식의 파급효과도 체화기술지식 근거에 비해 상당히 낮게 나타나고 있다.

[표 7-6] 기술지식방출부문의 기술변화와 자체 기술지식, 체화 및
비체화기술지식의 파급효과

설명변수	종속변수(TFPGRT)			
	체화 지식흐름에 근거1(S^E)		비체화 지식흐름에 근거2(S^D)	
constant	.01757** (2.214)	.01922** (2.434)	.0254*** (4.590)	.0139** (2.095)
TK	.699* (1.780)	.562* (1.565)	−.179 (−.731)	−.495* (−1.964)
ETK(DTK)[3]		3.271* (1.971)		.131** (2.676)
dummy[1]	.0086 (.864)	.0084 (.872)	0.0057 (.982)	−.0027 (−.438)
dummy[2]	−.024** (−2.191)	−.033*** (−2.891)	−.0062 (−.992)	−.0123* (−2.003)
R^2	.225	.307	.177	.345
$\overline{R^2}$	.134	.202	.092	.251

1. 표본크기 39(13개 산업, 3 periods: 1983-1987, 1987-1990, 1990-1993)
2. 표본크기 33(11개 산업, 3 periods: 1984-1987, 1987-1990, 1990-1993)
3. 비체화기술지식흐름근거의 경우는 설명변수가 DTK
4. ( ) t 값 * 유의수준 0.1, ** 유의수준 0.05, *** 유의수준 0.01(양측검정)

3.3 기술지식흡수부문 모형의 분석결과

체화기술지식흐름에 근거한 기술지식흡수부문(D 산업집합)의 경우
자체 기술지식의 효과(23.6%-26.2%)는 전체 제조업을 대상으로 한
경우보다 상당히 낮았으며, 또한 기술지식의 파급효과도 음수로 나타나
는 등 전체적으로 기술지식의 파급효과는 낮았다. 그러나 조립금속, 특
수산업용 기계, 가전, 자동차 등의 체화기술지식의 매개산업을 통한 기
술지식의 매개효과(134%)가 상당히 크게 나타나고 있다. 결국 이들 산
업이 제조업에서의 위치 측면에서 볼 때 체화기술지식 확산의 중심이

라 할 수 있다.

[표 7-7] 기술지식흡수부문의 기술변화와 자체 기술지식, 체화 및
비체화기술지식의 파급효과

설명변수	종속변수(TFPGRT)					
	체화 지식흐름에 근거1(D^E)			비체화 지식흐름에 근거2(D^D)		
constant	.0142*** (3.889)	.0143*** (3.897)	.0123*** (2.934)	.0115** (2.333)	.0142** (2.308)	.0128* (1.729)
TK	.236* (1.654)	.252* (1.671)	.262* (1.658)	.529** (2.063)	.670** (2.092)	.718** (2.043)
ETK ($DTK)^3$		−.0396 (−.679)	−.0493 (−.832)		−.0413 (−.742)	−.0107 (−.102)
BETK ($BDTK)^3$			1.341 (.957)			−.0149 (−.343)
dummy1	.0069 (1.540)	.0073* (1.672)	.0084* (1.782)	.0065 (1.045)	.0084 (1.238)	.0076 (1.064)
dummy2	−.0061 (−1.272)	−.0054 (−1.088)	−.0047 (−.931)	−.0137** (−2.129)	−.0127* (−1.919)	−.0126* (−1.885)
R^2	.152	.160	.176	.191	.199	.200
$\overline{R^2}$	.083	.072	.071	.150	.143	.130

1. 표본크기 54(18개 산업, 3 periods: 1983-1987, 1987-1990, 1990-1993)
2. 표본크기 63(21개 산업, 3 periods: 1984-1987, 1987-1990, 1990-1993)
3. 비체화 지식흐름근거의 경우는 설명변수가 DTK, BDTK
4. ( ) t 값 * 유의수준 0.1, ** 유의수준 0.05, *** 유의수준 0.01(양측검정)

그러나 기술지식공급부문의 경우와 마찬가지로 비체화기술지식흐름
에 근거한 산업들의 기술지식 파급효과나 매개효과는 거의 없는 것으
로 보인다. 다만 산업 내의 자체 기술지식효과가 상당히 크게 나타나
고 있다.

제조업 전체에서 자체 기술지식의 효과와 체화 및 비체화기술지식

의 파급효과를 분석하였고, 체화 및 비체화기술지식의 흐름에 근거하여 기술지식 공급부문과 기술지식 흡수부문별로 지식 및 지식의 파급효과를 분석하였다. 분석을 종합해 볼 때 제조업 지식 연계 구조적 측면에서 체화기술지식흐름의 파급효과(기술지식공급부문이나 수요부문 모두에서)는 상당히 존재하고 있으나 비체화기술지식흐름이 아직까지는 제조업에서 큰 효과를 나타내고 있지 않는 것으로 파악된다. 세계 시장에서 경쟁하고, 경쟁력을 확대하기 위해서는 기술적인 측면의 신기술 개발과 이의 확산 그리고 이를 바탕으로 다른 산업에서의 또 다른 기술혁신이 반드시 요구되는 상황이다. 결국 자본재나 중간재에 체화되어 지식흐름이 이루어지는 것도 중요하지만 보다 장기적인 기술발전과 신제품의 개발이라는 측면에서는 비체화기술지식흐름이 더욱 중요할 것으로 보인다. 따라서 기술지식의 창출과 이의 확산 메커니즘의 유인체계를 구축하고, 이러한 기술지식의 흐름이 생산성으로 이어질 수 있도록 제도적 보완 장치가 필요하다.

[표 7-8] 기술지식흐름별/부문별 기술지식파급효과

(단위: %)

	체화 지식흐름		비체화 지식흐름	
	방출 부문	흡수 부문	방출 부문	흡수 부문
자체지식	56.2~69.9	23.6~26.2	-49.5~-17.9	52.9~71.8
지식파급	327	-3.9~-4.9	13.1	-4.1~-1.1
매개지식파급		134		-1.5

* 자체지식(TK), 지식파급(ETK 혹은 DTK), 매개지식파급(BETK 혹은 BDTK)

제 8 장

지식경제를 향한 과제

본서는 산업경제사회의 후속인 지식기반경제사회에서의 지속 가능한 경제발전과 경쟁력 제고의 가장 핵심이 되는 화두를 기술혁신과 확산으로 규정하고, 이를 산업수준에서 그 잠재력과 혁신 역량을 확보하기 위한 메커니즘으로 산업기술지식네트워크를 상정하였다. 특히 산업 간 기술지식네트워크는 정보통신기술 및 서비스의 급속한 발전이 보다 급속한 진전의 동력으로 작용할 것으로 판단하면서 우리나라 제조업의 기술지식네트워크를 분석하기 위하여 기술지식을 측정하는 방법론을 다각도로 검토하고 또한 축적된 각 산업의 기술지식이 타 산업의 기술혁신의 동력으로 그리고 각 산업의 새로운 기술지식 창출의 투입요소로 인식하여 각 산업 간 기술지식흐름을 비체화 및 체화기술지식흐름으로 유형화하였다. 또한 두 가지 종류의 기술지식흐름을 측정하기 위한 방법론을 제안하였다.

특히, 6장과 7장에서 국내 연구개발이 본격적으로 수행되기 시작한 '80년대를 중심으로 산업기술지식네트워크 구조 변화의 특성을 분석하였으며, 이를 바탕으로 산업유형을 제시하였다. 또한 산업유형별, 지식흐름유형별 지식의 파급효과를 분석하였다. 산업 간 비체화기술지식흐름을 측정하기 위해 대용변수로 산업 간 유사성 지수를 산출하였는데 그 근거로 산업 내 기술연구에 주로 참여하는 연구인력들의 학문적 배경을 고려하였다. 그리고 체화기술지식흐름의 경우는 산업연관표에 근거하여 측정하였다. 산업 간 비체화 및 체화기술지식흐름 행렬을 비교 연도별로 그리고 지식흐름의 절대량과 상대량으로 구분하여 각각 6개의 산업기술지식네트워크를 생성하여 네트워크 분석기법과 통계적 분석을 이용하여 동태적 변화양상과 특성을 분석하였다. 주요 분석결과를 살펴보면 다음과 같다.

우선, 비체화기술지식네트워크 측면에서, 첫째 한국 제조업의 기술지식네트워크가 시간에 따라 구조적인 변화보다는 기존 구조하에서 점진적인 변화양상을 보이고 있으며, 이는 새로운 기술지식흐름 연계의 구축보다는 기존 기술지식흐름 관계를 강화시켜 가는 특성으로 파악될 수 있다. 둘째, 기술지식의 창출과 흐름양의 급격한 확대가 이루어지고 있으며 이러한 확대는 핵심 산업군을 중심으로 주변 산업군으로 확산되는 양상을 띠고 있다. 즉 한국 제조업 전체 측면에서 볼 때, 기술지식의 창출부(첨단 산업군)와 흡수부(전통적인 산업군)로 구분되는 이중 구조(dual structure)로 변화하는 특성을 보이고 있다. 셋째, 기술지식흐름의 상대적 크기로 분석한 결과 몇 개의 산업군 연계 구조에서 첨단 산업을 중심으로 산업 간, 산업군 간의 기술지식의 연계 혹은 융합화 현상이 80년대 중반 이후 뚜렷이 나타나고 있다는 점이다. 이는 한국 제조업의 기술지식연계 측면에서 볼 때 기술 융합이라는 선진국의 기술혁신 형태로 변화하고 있음을 시사한다.

그리고 체화기술지식네트워크 측면에서 분석결과는 다음과 같다. 첫째, 비체화기술지식네트워크와 마찬가지로 한국 제조업의 체화기술지식네트워크는 시간에 따라 획기적인 변화보다는 기존 구조하에서 점진적인 변화양상을 보이고 있으며, 이는 새로운 기술지식흐름 연계의 구축보다는 기존의 기술지식흐름관계를 강화시켜 가는 특성으로 파악될 수 있다. 둘째, 체화기술지식네트워크 구조에서 방출 부문의 경우, 몇 개의 중심 산업군으로 지식이 확산되는 다중심적 구조의 형태로 진화하고 있으며, 흡수 부문의 경우는 전통 산업군과 성장 산업군으로 구분되어 지식의 흡수가 이루어지는 이중적 구조의 형태로 진화하는 모습을 발견할 수 있었다. 셋째, 기술지식의 흡수 측면에서 기술지식의 공급부문이나 첨단 산업부문의 지식을 중개하는 매개 산업군의 존재를 파악하였다.

한편, 두 네트워크 구조 간의 비교분석을 통해서 다음과 같은 사실을 발견하였다. 유사점으로는 체화기술지식네트워크와 비체화기술지식네트워크의 변화는 성장 산업이라고 할 수 있는 전기·전자 부문과 자동차 산업을 토대로 한 기계 산업부문을 중심으로 구성되는 것을 발견할 수 있었다. 차이점으로는 첫째, 체화기술지식네트워크에서는 성장산업 이외에 전통적인 산업인 소비재 산업, 즉 식음료, 섬유 산업 등이 매우 중요시되는 구조로 분석 기간 내내 유지되었으나, 비체화기술지식네트워크에서는 이들 산업의 역할(흡수, 방출 측면 모두에서)이 매우 미미하였다. 특히 이들 산업의 기술지식네트워크에서의 역할 확대가 요구되는바, 이는 이들 산업이 국가 경제와 수출 측면에서의 차지하는 비중이 매우 크므로 첨단산업 못지않게 이들 산업의 경쟁력의 제고가 정책적으로 중요시된다. 둘째, 첨단산업부문인 전기·전자 부문, 기계 부문에서의 기술지식네트워크에서도 차이점을 발견할 수 있었다. 비체화기술지식네트워크에서 이들 산업 간 상호작용구조는 기술지식의 방출과 흡수가 거의 동시에 일어나는 형태로 구성, 유지, 확대되는 형태로 변화하고 있으나, 체화기술지식네트워크의 경우는 몇 개의 세부산업 예를 들어 가전과 자동차 중심의 연계로 구성되고 있다. 최근이 기술혁신이 산업 간, 기술 간 융합을 통해서 보다 가속화된다

는 관점에서 볼 때, 체화기술지식네트워크상의 중요 산업들 간의 기술
지식의 양방향 흐름은 매우 중요시된다. 특히, 양 구조에 대한 상관
분석을 통해 '90년대 들어 양 구조가 보다 유사한 구조로 변화하고 있
다는 사실은 매우 고무적인 현상이라고 할 수 있다.

마지막으로 기술변화 혹은 총 요소생산성의 변화에 대한 기술지식흐
름 유형별, 산업 유형별 지식 파급효과를 분석한 결과, 제조업 지식 연
계 구조적 측면에서 체화기술지식흐름의 파급효과(지식 공급부문이나
수요 부문 모두에서)는 상당히 존재하고 있으나 비체화기술지식흐름이
아직까지는 제조업에서 큰 효과를 나타내고 있지 않는 것으로 파악된다.

이상의 결과를 토대로 제조업 부문의 기술지식의 확대와 확산 그리
고 이를 통한 각 산업의 기술혁신을 제고하기 위한 정책 방안을 제
시하면 다음과 같다. 첫째, 제조업의 지식연계구조의 변화 방향에 따
라 정책의 기본 방향도 변화할 필요가 있다. 즉 지식의 창출중심(혹
은 지식공급중심, mission oriented policy)정책 방향에서 확산 지향적
(diffusion oriented) 정책 방향이라 할 수 있다. 둘째, 지식흐름의 관
계에 따른 산업부문별 정책 수단을 달리 적용할 필요가 있다. 즉 지
식공급부문의 경우 특정 기술 분야의 지원보다는 공유기술(generic
technology) 개발에 직접 투자하는 식의 방법이 한편, 지식흡수부문의
경우 자체 연구개발을 직접 지원하는 것보다는 연구개발의 파급이나
매개산업부문을 통한 지식의 확산을 촉진시키는 기술 하부 구조적 접
근 방안이 필요하며 이를 위한 구체적인 기술확산 프로그램의 개발이
요구된다. 특히 지식흡수부문의 기술 도입을 통한 생산성의 향상을 위
한 제도적 방안이 필요할 것으로 보인다.

80년대 및 90년대 초반까지의 분석결과를 통한 이러한 정책적 시사
점은 현재 산업기술정책뿐 아니라 개별 기업들의 기술전략 차원에서도

매우 큰 의미를 갖는다. 〈그림 8-1〉에서 보는 바와 같이 2005년 우리나라의 국가 전체 연구개발투자비는 24조 원을 넘어섰고, 이는 국내 총 생산액의 3%에 육박하면서 지속적으로 증가하고 있는 추세이다. 또한 〈그림 8-2〉에서 보는 바와 같이 정부의 연구개발투자액 역시 연평균 10.6%씩 그리고 2007년에는 거의 10조 원에 이르고 있다. 이는 100억 달러를 넘어서는 것으로 '80년 및 '90년대 초반에 비하면 대단히 놀라운 투자 능력을 보여주는 것이다. 즉 모방과 개량을 통한 기술혁신에서 이 제는 창조적 기술혁신 혹은 탈추격형 기술혁신을 추구하고 있는 것이다.

〈그림 8-1〉 우리나라 국가 연구개발투자 추이(자료: 정윤, 2007)

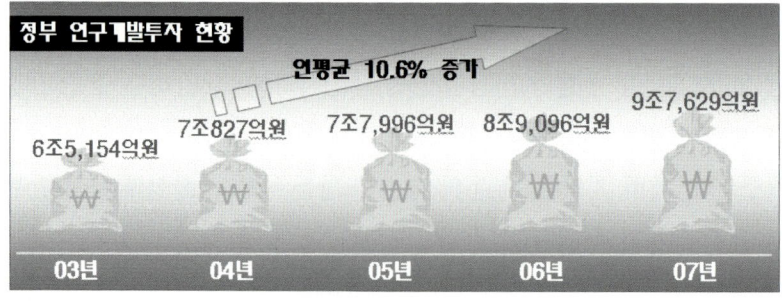

〈그림 8-2〉 우리나라 정부 연구개발투자 추이(자료: 정윤, 2007)

그러나 현재 대부분의 연구개발 프로젝트 자체가 거대화되고 있고, 다양한 분야의 기술지식이 요구되는 복합적이고, 여러 학문 분야가 참여하는 다학제적 특성으로 연구개발투자의 단순한 양적 팽창은 과거 80년대의 급속한 경제성장과 같은 결과로 이어질 것이라는 낙관은 이르다. 과거 80, 90년대의 우리나라의 경쟁 상대는 미국이나 일본 그리고 서유럽 제국들이 아니었다. 우리나라 제품은 비용우위에 바탕을 두고 선진국의 틈새시장 공략을 통해서 큰 성과를 이룩한 것이며, 지금은 오히려 중국, 인도 및 기타 중진국의 추격을 받는 입장이다. 즉 오늘의 경쟁 상대는 바로 선진국이 되고 있는 것이다.

2005년 우리나라 국가연구개발투자액수는 미국의 13분의 1, 일본의 6분의 1 수준에 불과하다. 그리고 주요 기업수준에서 볼 때도 국내 최대 기업인 삼성전자의 연구개발투자는 2004년 약 35.5억 달러(매출액 대비 7% 수준)이며, LG전자의 경우는 9.9억 달러(매출액 대비 4.6% 수준), 현대자동차는 7.7억 달러(매출액 대비 3.2% 수준), 반면에 마이크로소프트의 경우 77.8억 달러(매출액 대비 21.1% 수준), 파이자는 66.1억 달러(매출액 대비 12.6% 수준) 그리고 소니는 47.2억 달러(매출액 대비 18.% 수준)이다. 국가 차원에서나 기업 차원에서 우리나라 연구개발투자 규모는 선진국에 비해 여전히 현격한 차이를 보이고 있다. 그렇다고 무한정 연구개발투자 규모를 확대하는 것은 분명히 한계가 있다. 또한 창조적이고, 탈추격형 기술혁신을 추구하지 않는다면 분명히 우리는 중국이나 인도, 동남아 국가, 그들의 기업들에 의해서 경쟁력을 상실할 수밖에 없기 때문에 기술혁신을 위한 지속적인 연구개발투자 확대도 필요하다.

그렇다면 어떻게 할 것인가? 본서에서 분석한 국내 산업기술지식네트워크 분석은 이에 대한 해답의 실마리를 제공한다. 이는 마치 기업

수준에서의 포트폴리오에 기반을 둔 기술전략수립과 비슷하게 산업 간 연구개발투자에 대한 포트폴리오 구성을 산업기술지식네트워크에 근거하도록 도움을 제공한다. 기술지식의 흐름 관계 분석을 통해서 어떤 산업이 기술의 방출을 주로 담당하고 어떤 산업이 흡수를 주로 하는지 혹은 기술지식을 매개하는지 거시적 차원의 안목을 보여주기 때문이다. 즉 기술지식의 방출이 핵심인 산업들 중에서 중장기적이 관점에서 전략적인 중요성이 인식된 산업을 위한 기초, 기반 연구개발투자를 확대하고, 매개하는 산업의 경우에는 기술지식의 매개를 보다 원활히 할 수 있는 조직적 차원의 투자가 그리고 흡수하는 측면의 산업에서는 흡수, 활용을 보다 원활히 할 수 있도록 행정적, 금융적 지원제도를 구성하는 등 산업기술혁신을 견인하도록 차별적 연구개발정책이 필요할 것이다. 이러한 정책적 지원이나 제도는 궁극적으로 산업기술지식네트워크가 보다 기술지식흐름을 원활히 활성화시켜 개별 산업의 기술혁신역량을 제고하고 아울러 타 산업의 기술혁신에 직접적, 간접적 효과를 야기하는 네트워크 효과를 극대화시킬 것이다.

또한 경쟁력을 갖춘 선진 산업기술지식네트워크를 분석하여 국내 네트워크의 장점과 단점 예를 들어 특정 산업의 기술혁신역량 정도나 산업 간 링크 크기의 정도를 비교하여 특정 산업 혹은 특정 링크에 대한 투자 등의 정책적 대안을 구성함으로써 향후 바람직한 산업기술지식네트워크의 구조화를 유도할 수도 있을 것이며, 이를 통해서 경쟁력을 갖춘 새로운 산업을 창출할 수도 있을 것이다.

따라서 지식에 기반을 둔 산업기술지식네트워크는 우리나라의 미래 경제발전의 핵심 기제(core mechanism)로 작용할 것으로 판단된다. 그러나 산업기술지식네트워크의 구성 인자는 산업이지만 그 산업의 기술지시을 창출하고, 축적하고 그리고 기술혁신을 수행하는 기본 주체들은 바로 기업이기 때문에 무엇보다 산업기술지식네트워크가 원활히 작동하기 위해서는 기업들 간 기술지식네트워크 구성이 무엇보다도 중요할 것이다. 또한 보다 미시적인 차원에서는 기업 내에서의 부서 간, 조직원 간의 창출된 지식의 공유와 조직 내 축적 및 재창출을 위한 공식적, 비공식적 관계가 가장 기본적인 지식네트워크가 될 것이며 기업 차원에서의 이들 지식네트워크를 활성화하기 위한 체계적 노력 역시 필요하다. 특히, 기술혁신능력의 핵심 요소인 기술지식이 가지는 암묵성의 특성으로 단순한 기록물의 학습을 통한 기술지식 습득은 분명한 한계가 있으며 이를 극복하기 위해서는 끊임없는 상호작용이 요구되고 이를 보다 효과적이고 원활히 이끌 수 있는 것이 네트워크인 것이다. 본서는 향후 국가 경제 발전의 가장 핵심이 되는 요소가 기술지식이라는 대전제하에 경쟁력과 기술혁신역량을 지속적으로 축적할 수 있는 국가 차원에서의 방법이 창조적 기술지식네트워크를 구성하고 끊임없이 발전, 진화해야 함을 강조하고 있다. 그러나 산업지식네트워크를 정부나 몇몇의 기업에 의해서 인위적으로 조직하고 마치 정부기관이나 기업을 관리, 운영하는 형태는 거의 불가능하다. 또한 설사 그것이 가능할지라도 중장기적인 관점에서 올바른 방향으로 진화하는 것인지 그리고 최적의 결과를 산출할지는 알 수가 없다. 다만, 현재의 기술지식네트워크의 구조와 특성을 파악하고 필요한 혹은 불필요한 제도가 무엇이고, 어디에서 무엇이 부족하고 필요한지에 대한 최선의 대안(best-practice)을 제시하는 데 본서가 길잡이를 해줄 것으로 기대한다.

|참고문헌|

강광하, 「산업연관분석론」, 비봉출판사, 1994.

과학기술정책관리연구소(STEPI), 「한국의 국가혁신체제」, 1998.

과학기술처, 「선진국 기술확산프로그램의 조사연구」, 1997.

과학기술부, 「과학기술연구활동 조사보고」, 2002.

김광석, 홍성덕, 「제조업의 총 요소생산성동향과 그 결정요인」, 한국개발
연구원, 1992.

김덕영, 「기술의 역사 - 사회학적 접근」, 한경사, 2005.

김문수, 「한국 제조업의 지식연계구조 특성과 기술변화」, 서울대학교, 박
사학위논문, 1999.

김문수, 오형식, 박용태, "한국 제조업의 지식네트워크의 구조 변화의 특
성", 기술혁신연구, 제6권, 제1호, 1998a, 6, pp.71 - 98.

김문수, 오형식, 박용태, "한국 제조업의 산업 간 체화 지식흐름구조 변화
의 특성", 기술혁신연구, 제6권, 제2호, 1998d, 12, pp.32 - 53.

김선우, 「4세대 연구개발의 의사결정 지원을 위한 지식경영시스템의 설계
및 구현」, 서울대학교, 박사학위논문, 2006.

김영식, 「생산경제학」, 비봉출판사, 1995.

김인수, 이진주, 「기술혁신의 과정과 정책」, 한국개발연구원, 1993.

박광만, 「지식지표로서 특허스톡의 추계방법에 관한 연구」, 서울대학교,
박사학위논문, 2004.

박경선 편역(미쯔비시 종합연구소, 1995), 「과학기술이 경제ㆍ산업구조에
미치는 영향의 정량적 분석에 관한 연구」, 과학기술정책연구소
(STEPI), 1995.

박용태 외, 「산업별 기술혁신패턴의 비교분석」, STEPI, 1994.

박용태, 박광만, 김문수, "Correlation among Measures of Technological Knowledge", 기술혁신연구, 제9권 2호, 2001, 12, pp.17–33.

박용태, 「차세대 기술혁신을 위한 기술지식 경영」, 생능출판사, 2007.

산업연구원, 「21세기를 대비한 산업구조 개편—지식기반산업을 중심으로—」, 1998.

산업기술진흥협회, 「산업기술개발실태조사」, 1984–1991, 각 연도.

성소미, 「기술혁신의 경제분석」, 한국개발연구원, 1995.

신태영, 「연구개발투자의 경제성장에 대한 기여도」, 과학기술정책연구원(STEPI), 2004.

양희동 역, 「지식의 측정과 관리」, 한경사, 2002.(원저: T. Housel & A Bell, Measuring and Managing Knowledge, Mcgraw–Hill, 2001)

윤병운, 「특허분석을 통한 기술 지식의 관리와 신기술 개발 방법론」, 서울대학교, 박사학위논문, 2005.

윤석철, 「한국기업에서 연구개발투자가 생산성 향상에 미치는 영향」, 서울대학교, 박사학위논문, 1990.

이근, 「동아시아와 기술추격의 경제학」, 박영사, 2007.

이희경, 김정우, "연구개발투자의 산업 간 파급효과: 한국제조업에 대한 실증연구", 「기술혁신연구」, 제4권, 제1호, 1996, 10.

장진규 외, 「연구개발 투자의 경제효과 분석」, STEPI, 1994.

정선양, "국가혁신시스템에 관한 이론적 고찰: 생산자–공급자 관계의 측면에서", 과학기술정책동향, STEPI, 1996.

정윤, "국내외 과학기술동향과 새로운 과학기술혁신체제의 구축", 2007년 한국기술혁신학회, 춘계학술대회, 서울, 2007.

재정경제원, 「광공업통계조사보고서」, 각 연도.

조동성(편), 「국가경쟁력」, 매일경제신문사, 1992.

조현대, "기술혁신과 산업네트워크의 발전: 개념과 시사점", 과학기술정책동향, STEPI, 1996.

조형곤, 박광만, 이영용, 박용태, 김문수, "정보통신 기술지식의 파급효과에 대한 실증분석", 기술혁신연구, 제8권, 1호, 2000, 8, pp.73–94.

한국과학기술기획평가원, 「첨단기술의 기술가치 평가방법론에 대한 연구」, 2001.

한국은행, 「산업연관표」, 1983, 1987, 1990.

홍성덕, 김정호, 「제조업 총 요소생산성의 장기적 변화: 1967 – 1993」, 한국개발연구원, 1996.

홍순기, 홍사균, 안두현, 「연구개발투자의 산업부문 간 흐름과 직·간접 생산성 증대효과 분석에 관한 연구」, STEPI, 1991.

홍순기, 홍사균, "산업 간 기술흐름 구조와 연구개발투자의 파급효과분석", 과학기술정책, 제6권, 제1호, 1994.

황용수, "국가혁신시스템의 보조조정자로서의 공공부문", 과학기술정책동향, STEPI, 1996.

황주성, 유지연, 조지원, 「지식기반경제와 네트워크를 통한 상호적 기술혁신」, 정보통신정책연구원, 2001.

Z. J. Acs and D. B. Audretsch, "R&D, Firm Size and Innovative Activity", in Acs and Audretsch(eds.), Innovation and Corporate Change: An International Comparison, University of Michigan Press, 1991.

M. B. Albert, D. Avery, F. Narin and P. McAllister, "Direct Validation of Citation Counts as Indicators of Industrially Important Patents", Research Policy, Vol.20, No.3, 1991. pp.251 – 259.

E. S. Anderson, "National Systems of Innovation", in B. A., Lundvall (ed), National Systems of Innovation – Towards a Theory of Innovation and Interactive Learning, London: Pinter Pub., 1992.

A. E. Andersson, D. F. Batten, C., Karlsson, (eds), Knowledge and Industrial Organization, Springer – Verlag, 1989.

J. L. Badaracco, The Knowldege Link, HBR Press, Boston, Massachusetts, 1991.

D. F. Batten, "The Evolutionary Network Economy: Historical Parallels Europe and Japan", in B., Johansson, C., Karlsson, L. Westin,

(Eds.), Patterns of a Network Economy, Springer – Verlag, 1994.

D. F. Batten, K. Kobayashi and A. E. Andersson, "Knowledge, Nodes and Networks: An Analytical Perspective" in A. E. Andersson, D. F. Batten, C. Karlsson, (eds), Knowledge and Industrial Organization, Springer – Verlag, 1989.

D. Bell, The Coming of Post – industrial Society: A Venture in Social Forecasting, Basic Books, New York, 1973.

J. I. Berstein and M. I. Nadri, "Interindustry R&D Spillovers, Rates of Return, and Production in High – Tech Industries", American Economic Review, Papers and Proceedings, 1988, pp.429 – 434.

J. I. Berstein and M. I. Nadri, "Research and Development and Intra – industry Spillovers: An Empirical Application of Dynamic Duality", Review of Economic Studies, Vol.56, 1989, pp.249 – 269.

R. E. Bohn, "Measuring and Managing Technological Knowledge", Sloan Management Review, Vol.36, 1994, pp.1 – 61.

D. L. Bosworth, "The rate of obsolescence of technical knowledge – a note", The Journal of Industrial Economics, Vol.26, No.3, 1978, pp.273 – 279.

L. A. Brown, Innovation Diffusion, Methuen & Co., New York, 1981.

B. Carlsson, "Technological Systems and Economic Development Potential: Four Swedish Case Studies", paper presented to the International J. A. Schumpeter Society Conference, Kyoto, Japan, August, 1992, pp.19 – 22.

F. Chesnais(ed.), Competitive internationale et depenses militaries, CPE/Ecnoomica, Paris, 1990.

W. Cohen & D. Levinthal, "Innovation and Learning: The Two Faces of R&D", Economic Journal, Vol.99, 1989.

P. David, D. Foray, "Interactions in Knowledge Systems: Foundations, Policy Implication and Innovation Policies, Namely for SMEs",

Science Technology Indusry Review, No.16, pp.70-102, 1995.

M. Demarest, "Understanding Knowledge Management", Long Range Planning, Vol.30, 3, pp.374-384, 1997.

E. Denison, Trends in American Economic Growth: 1929-1982, Brookings Institution, Washington D. C., 1985.

G. Dosi, Technical Change and Industrial Transformation, New York: St. Martin's Press, 1984.

G. Dosi, C. Freeman, R. Nelson G. Silverberg and L. Soete, Technical Change and Economic Theory, Columbia University Press, 1988a.

G. Dosi, "Sources, Procedures, and Microeconomic Effects of Innovation", Journal of Economic Literature, vol.24, 1988b, pp.1120-1171.

P. F. Drucker, Post-Capitalist Society, HarperCollins, New York, 1993.

H. Ergas, "Does Technology Policy Matter", in B. Guile and H. Brooks (eds.), Technolgy and Global Industry, National Academy Press, Washington D. C. 1987.

D. Foray, "The Secrets of Industry are in The Air: Industrial Cooperation and The Organizational Dynamics of the Innovative Firm", Research Policy 20, 1991, pp.393-405.

L. C. Freeman, "Centrality in Social Network: I. Conceptual Clarification", Social Network, 1, 1979.

L. C. Freeman, "The gatekeeper, Pair Dependency and Structural Centrality", Quality and Quantity, 14, 1980.

C. Freeman, Technology and Economic Performance: Lessons from Japan, London, Pinter Publisher, 1987.

C. Freeman, "Japan: A New National System of Innovation?", in G., Dosi, C. Freeman, R., Nelson, G., Silverberg, and L., Soete,(eds.) Technical Change and Economic Theory, Pinter Pub. Ltd., 1988.

C. Freeman, "Networks of Innovators: a Synthesis of Research Issues",

Research Policy, Vol.20, 1991.

C. Freeman, "The 'National Systems of Innovation' in Historical Perspective", Cambridge of Economics, 19, pp.5-24, 1995.

L. Gelsing, "Innovation and the Development of Industrial Networks", in B. A., Lundvall(eds), National Systems of Innovation - Towards a Theory of Innovation and Interactive Learning, London: Pinter Pub., 1992.

L. A. Girifalco, Dynamics of Technological Change, Van Nostrand Reinhold, New York, 1991.

Zvi. Griliches, "R&D and The Productivity Slowdown", AER, Vol.70, No.1, pp.92-116, 1980.

Zvi. Griliches and F. R. Lichtenberg, "Interindustry Technology Flows and Productivity Growth: A Reexamination", Review of Economics and Statistics, Vol.59, 1984, pp.465-501.

A. Goto and K. Suzuki, "R&D Capital, Rate of Return on R&D Investment and Spillover of R&D in Japanese Manufacturing Industries", The Review of Economics and Statistics, Vol.LXXI, No.4, 1989, pp.555-564.

H. Hakansso, Corporate Technological Behavior Cooperation and Network, London, Routledge, 1989.

M. P. Hekkert, R. A. A. Suurs, S. O. Negro, S. Kuhlmann and R. E. H. M. Smits, "Functions of Innovation Systems: A New Approach for Analysing Technological Change", Technological Forecasting & Social Change, Vol.74, 2007, pp.413-432.

R. Henderson and K. Clark, "Architectural Innovation: The Reconstruction of Existing Product Technologies and the Failure of Established Firms", Administrative Science Quarterly, Vol.35, 1990, pp.9-30.

A. B. Jaffe, "Technological Opportunity and Spillovers of R&D.

Evidence from Firms' Patents, Porfits, and Market Value", American Economic Review, Vol.76, No.55, 1986, pp.984－1001.

B. Johansson, C. Karlsson and L. Westin(eds.), Patterns of a Network Economy, Springer－Verlag, 1994.

M. Justman and M. Teubal, "Technological Infrastructure policy(TIP): Creating Capabilities and Building Markets", Research Policy, Vol.24, 1994, pp.259－281.

A. A. Kayal and R. C. Waters, "An empirical evaluation of the technology cycle time indicator as a measure of the pace of technological progress in superconductor technology", IEEE Transactions on Engineering Management, Vol.46, No.2, 1999, pp.127－131.

C. Karlsson, "From Knowledge and Technology Networks to Network Technology", in B. Johansson, C. Karlsson, L. Westin(Eds), Patterns of a Network Economy, Springer－Verlag, 1994.

M. S. Kim, "An Evolving Pattern of Inter－Industrial Technology Linkage Structure based on Korean IT Industry", PICMET 2001 Conference Proceedings, Portland, US, 2001.

M. S. Kim and Y. T. Park, "The Evolving Patterns of Inter－Industrial Knowledge Structure: Case of Korean Manufacturing in the 1980s", Scientometrics, Vol.61, No.1. Sep. 2004, pp.43－54.

L. Kim, National System of Industrial Innovation: Dynamics of Capability Building in Korea, in R., Nelson(eds.) National Innovation Systems: A Comparative Analysis, Oxford Univ. Press, 1993.

L. Kim, Imitation to Innovation: The Dynamics of Korea's Technological Learning, Harvard Business School Press, 1996.

S. J. Klein and N. Rosenberg, "An Overview of Innovation" in National Academy of Engineering, The Positive Sum Strategy: Harnessing

266

Technology for Economic Growth, The National Academy Press, Washington D. C. 1986.

K. Kobayashi, A. E. Andersson, "A Dynamic Input-output Model with Endogenous Technical Change", in B. Johansson, C. Karlsson, L. Westin(Eds), Patterns of a Network Economy, Springer-Verlag, 1994.

F. Kodama, "Japanese Innovation in Mechatronics Technology", Science and Public Policy, 1986.2, pp.44-51.

F. Kodama, Analysing Japanese High Technologies: The Techno-Paradigm Shift, Pinter Publisher, 1991.

T. S. Kuhn, The Structure of Scientific Revolutions, Unvi. of Chicago Press, Chicago, 1970.

G. von Krogh, K. Ichijo and I. Nonaka, Enabling Konwledge Creation, Oxford Univ. Press, 2000.

R. P. Krugman, "Competitiveness: A Dangerous Obssession", Foreign Affairs, Vol.73, No.4. 1994.

H. Leonard, N., Lynn, M., Reddy, and John D. Aram, "Linking Technology and Industries: The Innovation Community Framework", Research Policy 25, pp.91-106, 1996.

R. Leoncini, M. A. Maggioni, S. Montressor, "Intersectorial Innovation Flows and National Technological System Network Analysis for Comparing Italy and Germany", Research Policy 25, pp.415-430, 1996.

R. Levin, A. Klevorick, R. Nelson, S. Winter, Appropriating the Returns to Industrial R&D, Brookings Papers on Activity, 1987.

B. A. Lundvall(eds), National Systems of Innovation-Towards a Theory of Innovation and Interactive Learning, London: Pinter Pub., 1992.

B. A. Lundvall, "Innovation An Interactive Process: from User-

Producer Interaction to the National System of Innovation", in G., Dosi, C., Freeman, R., Nelson, G., Silverberg, and L., Soete, (eds.) Technical Change and Economic Theory, Pinter Pub. Ltd., 1988.

F. Malerba and L. Orsenigo, "Technological Regimes and Firm Behavior", Industrial and Corporate Change, Vol.2, No.1, 1993.

D. Maillat, O. Crevoisier and B. Lecoq, "Innovation Networks and Territorial Dynamics: A Tentative Typology", in B. Johansson, C. Karlsson, L. Westin(Eds), Patterns of a Network Economy, Springer — Verlag, 1994.

E. Mansfield, Industrial Research and Technological Innovation: An Economic Analysis, W. W. Norton & Co., New York,, 1968.

E. Mansfield and E. Mansfield(eds), The Economics of Technological Change, An Elgar Reference Collection, 1993.

P. Mohnen, "New Technologies and Inter — Industry Spillovers", STI Review, No.7, OECD, Paris, 1990, pp.131 — 147.

P. Mohnen, "R&D Externality and Productivity Growth", STI Review, OECD, Paris, 1996, pp.39 — 66.

R. Nelson (ed.), Government and Technical Progress, Pergamon, New York, 1982.

R. Nelson and S. G. Winter, An Evolutionary Theory of Economic Change, Harvey Univ. Press, Cambrige, 1982.

R. Nelson(eds.), Understanding Technical Change As An Evolutionary Process, Columbia Univ., 1987.

R. Nelson, "Institutions Supporting Technical Change in the US", in G., Dosi, C., Freeman, R., Nelson, G., Silverberg, and L., Soete, (eds.) Technical Change and Economic Theory, Pinter Pub. Ltd., 1988.

R. Nelson(eds.), National Innovation Systems: A Comparative Analysis,

Oxford Univ. Press, 1993.

J. Niosi and B. Bellon, "The Global Interdependence of National Innovation Systems", Technology in Society, Vol.16, No.2, pp.173 −197, 1994.

I. Nonaka and H. Takeuchi, The Knowledge−creating Company: How Japanese Companies Create the Dynamics of Innovation, Oxford Univ. Press, New York, 1995.

OECD, Technology and The Economy; The Key Relationships, Paris, 1992.

OECD, Impact of National Technology Programmes, Paris, 1995.

OECD, Science, Technology and Industry Outlook, Paris, 1996a.

OECD, Technology Diffusion: A Typology of Programs, Paris, 1996b.

OECD, Diffusing Technology to Industry: Government Policies and Programmes, Paris, 1997.

OECD, Technology, Productivity and Job Creation: Best Policy Practices, Paris, 1998.

OECD, Special Issue on New Science and Technology Indicators, STI Review, No.28, OECD, Paris, 2001.

M. Okumura, K. Yoshikawa, "Measuring Horizontal Inter−Industrial Linkages", in B., Johansson, C., Karlsson, L. Westin(Eds), Patterns of a Network Economy, Springer−Verlag, 1994.

A. Pakes & M. Schankerman, "The rate of obsolescence of patents, research gestation lags, and the private rate of return to research resources", in: Z. Griliches(Eds.), R&D, patents and productivity, University of Chicago Press: Chicago, 1984.

Y. T. Park and M. S. Kim, "A Taxonomy of Industries Based on Knowledge Flow Structure", Technology Analysis & Strategic Management, Vol.11, No.4, Dec. 1999, pp.541 −550.

G. Papaconstaninou, N. Sakurai and A. Wyckoff, "Embodied Technology

Diffusion: An Emprical Analysis for 10 OECD Countries", STI Working Papers, OECD, 1996.

K. Pavitt, "Sectoral Patterns of Technical Change: Towards a Taxonomy and A Theory", Research Policy 13, 1984, pp.343-373.

K., Pavitt, "International Patterns of Technological Accumulation", in Hood N. and Jan-Erik Vahlne(eds), Strategies in Global Competetion, London: Croom Helm, 1988.

M. Polayni, Personal Konwledge, Chicago; University of Chicago Press, 1958.

M. Polayni, Personal Knowledge: Toward a Post-Critical Philosophy, Harper Torchbook, New York, 1961.

C. K. Prahalad and G. Harmel, "The Core Competence of the Corporation", Harvard Business Review, 68(3), 1997, pp.116-145.

W. Riggs and E. V. Hippel, "Incentives to Innovative and the Sources of Innovation: The Case of Scientific Instruments", Research Policy 23, 1994, pp.459-469.

M. Robson, J. Townsend and K. Pavitt, Sectoral Patterns of Production and Use of Innovartion in the UK: 1945-83, Research Policy 17, No.1, 1988.

P. Romer, "Capital, Labour and Productivity" Bookings Papers on Economic Activity, Microeconomics Issue. 1990.

N. Rosenberg, Inside Black Box: Technology and Economics, Cambridge Univ. Press, 1982.

N. Rosenberg, "Critical Issues in Science Policy Research", Science and Public Policies, Vol.18, No.6, 1990.

E. M. Rosers, Diffusion of Innovations, 4th Edition, The Free Press, 1995.

G. Rosseger, The Economics of Production and Innovation(2nd ed.), Pergamon Press, 1996.

R. Rothwell, "Successful Industrial Innovation: Critical Factors for the 1990s", R&D Management 22, 1992, pp.221-239.

D. Sahal, Patterns of Technological Innovation, Mass, Addison-Wesley, 1981.

F. M. Scherer, "Interindustry Technology Flows and Productivity Growth", Review of Economics and Statistics, Vol.64, 1982, pp.627-634.

F. M. Scherer and D. Ross, Industrial Market Structure and Economic Performance, Houghton Mifflin Company, Boston, 1990.

J. Schmookler, Invention and Economic Growth, Harvard Univ. Press, Cambridge, 1966.

J. Schumpeter, The Theory of Economic Development, Harvard Business Press, 1934.

A. J. Scott, Social Network Analysis: A Handbook, SAGE Publications, 1991.

A. J. Scott, "The Aerospace-electronics Industrial Complex of Southern California: 1949-1960", Research Policy 20, 1991, pp.439-456.

K. Schott, "Investment in private industrial research and development in Britain", The Journal of Industrial Economics, Vol.25, No.2, 1976, pp.81-99.

R. Solow, "Technical Change and the Aggregate Production Function", Review of Economics and Statistics, Vol.39, No.3, 1957, pp.312-320.

J. C. Spender, "Making Knowledge the Basis of Dynamic Theory of the Firm", Strategic Management Journel, Vol.17, 1996, pp.45-62.

M. Storper, "Flesibility, Hierarchy and Regional Development: The Changing Structure of Industrial Production Systems and Forms of Governance in the 1990s", Research Policy 20, 1991, pp.407-422.

G. Tarde, The Law of Imitation, New York, University of Chicago Press, 1969.

N. E. Terleckyj, Effects of R&D on the Productivity Growth of Industries: An Exploratory Study, National Planning Association, Washington, D. C., 1974.

J. M. Utterback, W. J. Abernathy, "A Dynamic Model of Product and Process Innovation", Omega, 3, 1975, pp.639–656.

J. M. Utterback, F. F. Suraez, "Innovation, Competition, and Industry Structure", Research Policy 22, 1993, pp.1–21.

T. Veblen, The Place of Science in Modern Civilization, Reprint, Augustus M. Kelly, New York, 1965, 1919.

K. Wakelin, "Productivity Growth and R&D Expenditure in UK Manufacturing Firms", Research Policy, Vol.30, No.7, 2001, pp.1079–1090.

S. Wassersman, K. Faust, Social Network Analysis: Methods And Applications, Cambridge Univ. Press, 1994.

M. Weber, Gesammelte Aufsätze zur Wissenschaftslehre, Tübingen, Mohr, 1973.

O. E. Williamson, The Economic Institutions of Capitalism, The Free Press, 1985.

E. N. Wolff, M. I. Nadiri, "Spillover Effects, Linkage Structure, and Research and Development", Structural Change and Economic Dynamics, Vol.4, No.2, 1993, pp.315–331.

World Bank, Knowledge for Development, 1998.

S. Zuboff, In the Age of the Smart Machine, Oxford: Heinemann, 1988.

정보통신산업 기술지식네트워크

 본 부록은 본문에서 논의했던 기술지식 및 흐름의 측정과 산업기술지식네트워크의 생성 및 동태적 특성분석을 바탕으로 우리나라 정보통신산업을 중심으로 연구한 내용으로 2001년 PICMET(Portland International Center for Management of Engineering and Technology) 국제학술대회에서 발표[40]했던 내용의 일부를 정리, 수록한 것이다. 네트워크 생성을 위한 기술지식의 크기와 흐름의 측정 방법론은 본서의 논의와 같다.

1. 분석자료

 본 연구에서는 정보통신산업과 각 산업의 연구 인력과 이들 산업 간 중간재 흐름자료를 각각 과학기술연구활동조사보고서(과학기술처, 1984, 1988, 1991, 1994, 1996 각 연호)와 산업연관표(한국은행, 1983, 1987, 1990, 1993, 1995 각 연호)에서 수집하였다. 본 연구의 산업분류는 한국 표준산업분류에 근거하여 산업별 연구 인력을 조사한 과학기술처 자료

---

40) Moon-Soo Kim, "An Evolving Pattern of Inter-Industrial Technology Linkage Structure based on Korean IT Industry", PICMET 2001, Portland, US, 2001.7.

를 기준으로 하였다. 그러나 산업분류가 90년을 전후로 하여 다소 다르게 분류되고 있으며, 또한 산업연관표상의 산업분류도 산업의 성장에 따라 분류 범위가 차이를 보이고 있다. 특히 90년대 이전의 경우 정보통신산업에 속한 여러 산업들의 연구 인력이 총계적 수준에서 계측되어 본 연구에서는 산업기술개발실태조사(산업기술진흥협회, 1983, 1987)의 연구인력통계를 참조하였다. 또한 산업연관표상에서 산업분류가 변화하는 해에는 중분류(예를 들어 90년 기준 75부문)까지를 참고하여 각 연도별로 대조하여 최종 17부문으로 [표 A-1]과 같이 정리하였다.

특히 본 연구에서는 정보통신산업을 컴퓨터·사무용 기계, 영상·음향·통신기기, 전자부품(반도체) 그리고 통신서비스(물류서비스 포함)의 구성으로 정의하였는데, 이들 4개의 산업들 간 기술지식네트워크구조를 우선 고찰한다. 그리고 이들 4개 산업들을 통합하여 전체 17개의 산업들의 기술지식네트워크구조를 80년대와 90년대 중반까지 5개 연도(1983, 1987, 1990, 1993, 1995)중심으로 UCINET Ⅳ ver 1.66과 그래프 작성 프로그램인 KrackPlot 3.0을 이용한 네트워크 분석과 통계적 분석을 병행하면서 정보통신산업을 중심으로 한국 전체산업의 기술지식네트워크의 특성과 변화를 고찰한다.

[표 A-1] 분석대상 17개 산업부문

1. 정보통신산업
   [①컴퓨터·사무용기계, ②영상·음향·통신기기, ③전자부품(반도체), ④통신서비스(물류서비스 포함)]
2. 농림수산업, 3. 광업, 4. 음식료, 5. 섬유, 6. 목재·종이·인쇄, 7. 화학제품, 8. 비금속광물, 9. 제1차 금속, 10. 기계, 11. 전기전자, 12. 정밀기계, 13. 운송장비 14. 기타 제조업, 15. 전기·가스·수도, 16. 건설업, 17. 기타 산업(도소매, 금융, 부동산, 기타 서비스, 공공 서비스는 제외)

2. 정보통신산업 기술지식네트워크

우리나라 정보통신산업에서의 산업부문 간 기술지식의 흐름양은 계속해서 증가하는 추세를 보이고 있다. '83년의 4개 부문 간 평균 기술지식흐름양은 11.8, '87년의 경우는 19.5, '90년의 경우는 20.0으로 그 증가율은 둔화되었으나, '93년과 '95년 각각 31.5와 56.2로 상당한 크기로 증가하고 있다. 이러한 현상은 정보통신기술의 발전이 여러 부문 간 기술융합 혹은 기술지식연계에 근거하여 발생하는 것으로 판단된다.

정보통신산업에서의 기술지식네트워크를 용이하게 파악하기 위해 기준 값 1, 5, 10을 적용하여 주로 5수준에서 그 구조적 특성을 파악하였다. [그림 A-1]은 기준 값 5를 기준으로 정보통신산업에서의 각 세부 산업부문별 기술지식네트워크를 연도별로 표현한 것이다.[41]

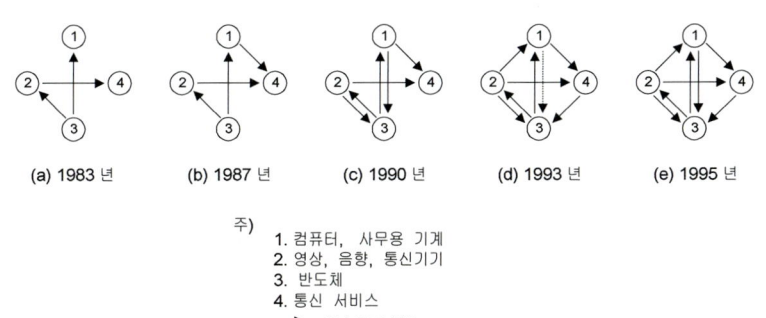

(a) 1983 년　　(b) 1987 년　　(c) 1990 년　　(d) 1993 년　　(e) 1995 년

주)
1. 컴퓨터, 사무용 기계
2. 영상, 음향, 통신기기
3. 반도체
4. 통신 서비스
→ : 기술지식 방출

[그림 A-1] 정보통신산업에서의 연도별 기술연계구조의 변화

---

41) 1993년의 경우 점선이 존재하는데 이는 컴퓨터·사무용 기계에서 반도체로의 기술지식흐름이 4.98로 거의 기준 값에 가까워서 전체 구조의 변화특성의 일관성을 반영하기 위해서 약한 연계(weak linkage)로 표시한 것임.

　국내 정보통신산업의 등장과 발전의 배경이 된 산업은 반도체산업
이라 할 수 있다. 특히 반도체 산업은 '80년대와 '90년 전 기간 동안
한국 정보통신산업에서 가장 핵심적인 기술 방출과 흡수 역할을 수행
하고 있으며 이는 한국의 정보통신산업의 기술지식네트워크가 반도체
산업 중심의 구조로 심화되고 있음을 의미한다.

　'83년의 경우, 반도체의 기술지식이 컴퓨터 · 사무용 기계 그리고 영
상 · 음향 · 통신기기 산업으로 방출되고 있으며, 통신 서비스 부문은
통신기기 등의 구입에 근거한 기술지식흡수가 이루어지고 있다. 이후
'87년에는 컴퓨터 · 사무용 기계의 기술지식이 정보통신서비스 산업에
방출되어 컴퓨터통신 서비스 등 신규 서비스의 기술적 바탕을 제공한
것으로 판단된다.

　90년대 들어서는 반도체 및 컴퓨터 · 사무용 기계 간의 쌍방 기술지
식연계뿐 아니라 반도체 및 영상 · 음향 · 통신기 기간의 쌍방연계 또
한 구축되었다는 점이 두드러진 특징이다. 이러한 쌍방연계는 90년대
이후 지속적으로 확대되고 있다. 또한 1993년의 경우 멀티미디어의 기
술지식이 컴퓨터 · 사무용 기계에 필요함에 따라 영상 · 음향 · 통신기
기 산업의 기술지식이 컴퓨터산업에 방출되는 새로운 연계가 구성되
었으며 반도체산업은 반도체의 수요산업인 통신서비스의 기술지식을
유입하는 연계를 형성하고 있다. 특히, 현재의 정보통신산업의 구조는
'93년 이후 그 골격이 구축된 것으로 판단된다. 각 연도별 기술지식네
트워크구조 간의 상관분석[42] (실질 흐름양을 기준으로)을 수행한 결
과, '83년과 '87년의 경우는 0.816, '87년과 '90년의 경우는 0.707, '90년
과 '93년의 경우는 0.507 그리고 '93년과 '95년의 경우는 0.837로 나타
났다. 이는 '80년대에 이어 '90년대 초반까지 정보통신산업의 기술지식

---

42) 유의수준: 0.1

연계구조의 조정과정을 거쳐, 이후 컴퓨터·사무용 기계, 영상·음향·통신기기, 전자부품(반도체) 및 통신서비스 산업부문 간의 완벽한 연계구조가 구축되지는 않았지만 어느 정도 기술흐름이 원활히 이루어지는 구조로 진화하고 있음을 시사한다.

그러나 정보통신산업이 보다 고부가치화되고 최종 수요자들의 다양한 요구를 수용하기 위해서는 수요산업인 통신서비스 산업의 기술지식이 공급산업인 반도체, 영상·음향·통신기기, 컴퓨터 등의 산업에 방출되는 것이 중요하다. 또한 관련산업의 기업 간 기술연계, 예를 들어 서비스부문과 공급부문 간, 서비스부문의 하드웨어 혹은 소프트웨어 간 전략적 제휴나 중개기관의 설립 등 보다 공식화된 방안이 필요할 것으로 보인다.

3. 정보통신산업과 타 산업 간 기술지식네트워크

본 절에서는 전체산업에서 정보통신산업을 중심으로 한 기술지식네트워크의 특성을 분석한다. 산업 간 기술지식네트워크의 특성을 보다 용이하게 분석하기 위해서 16, 55, 100, 250 등의 기준 값을 적용하여 250 수준에서 네트워크의 구조적 특성을 분석한다.

(1) 산업 간 기술지식네트워크의 체계적 연계성

기술지식네트워크에서의 산업 간 연계성은 개략적으로 각 연도별 네트워크의 밀도를 통해 살펴볼 수 있다. [그림 A-2]에서 각 연도별 기준 값에 따라서 네트워크의 밀도의 변화양상을 살펴보면 매우 유사한 형태를 띠고 있으며, 또한 점진적으로 증가하는 추세를 보이고 있다. 이는 우리나라 전체 산업들의 산업 간 기술흐름이 전반적으로 확대되고 있으며, 산업 간 관계가 보다 밀접해 가고 있음을 의미한다. 즉 각 산업에서 요구하는 연구 인력들이 각 산업에서 요구하는 지식뿐 아니라 타 산업의 지식을 흡수할 수 있는 능력을 확보하기 위한 노력을 강화하고 있는 것이다.

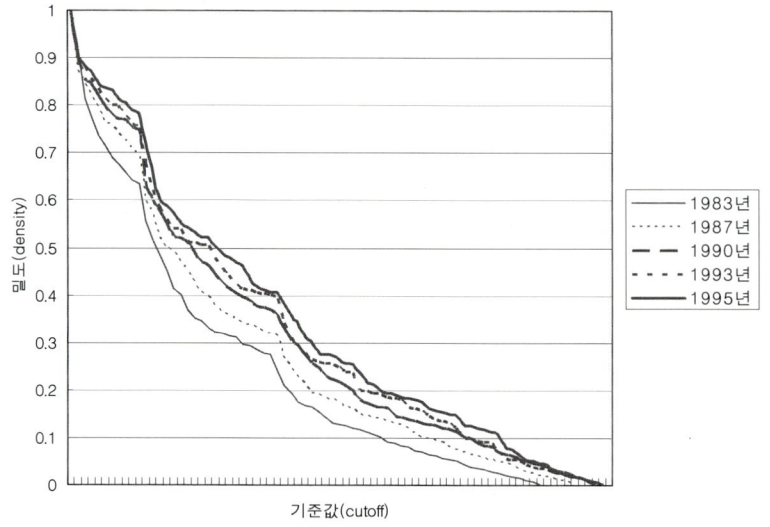

[그림 A-2] 연도별 기술지식네트워크의 기준 값에 따른 밀도의 변화

네트워크의 연계성이 기존의 연계를 통해서 구성되는지 파악하기 위해서 비교 연도별 네트워크 간의 상관분석[43]을 수행하였다. '83년과 '87년의 경우는 0.966, '87년과 '90년의 경우는 0.871, '90년과 '93년의 경우는 0.744 그리고 93년과 95년의 경우는 0.980으로 앞에서 분석한 정보통신산업에서의 구조적 변화와 유사한 양상을 보인다. 즉 '80년대

---

43) 유의수준: 0.01

에 이어 '90년 초반까지는 전체 산업기술지식네트워크의 조정과정을 거쳐, '93년 이후 몇몇 산업들 간 기술지식네트워크의 변화가 있었으며 이후 그러한 연계구조가 지속적으로 확대되고 있다. 따라서 보다 새로운 기술지식네트워크를 구축하기보다는 기존의 관계를 유지, 확대해 가면서 타 산업의 지식을 흡수 혹은 확산하고 있는 특성을 보인다.

(2) 전체산업의 산업 간 기술지식네트워크의 특성과 변화

전체산업의 기술연계구조의 특성을 각 연도별 비교하기 위하여 여러 기준 값에 따라 부분(degree), 전체(closeness), 매개(betweenness) 중심성 및 중심화 지수를 산출하였다. [표 A-2]는 전체산업의 기술지식네트워크 측면에서 각 산업의 부분 중심성 지수를 3개의 기준 값 수준에서 각 연도별로 산출하고, 간단한 통계량을 정리한 것이다. 예를 들어 기준 값 250 수준에서 '95년 정보통신산업(1)이 기술지식을 방출하는 산업은 3개이고, 기술지식을 흡수하는 산업은 6개이다.

[표 A-2]에서 나타난 것처럼 모든 기준 값 수준에서 시간에 따라 기술지식을 방출 혹은 흡수하는 산업 수가 증가하고 있다. 이것은 앞에서 네트워크 밀도를 통해 고찰한 결과와 일치하는 것으로 산업 간 기술지식연계가 보다 밀접해지고 이에 따라 체계적 연계성(systematic connectivity)이 증가하고 있음을 의미한다. 또한 모든 기준 값과 기간에 걸쳐 각 산업의 기술지식방출 대상산업의 수보다 기술지식흡수 대상산업의 수가 상당히 크게 나타나고 있으며 각 지수 값에 대한 표준편차도 흡수 측면에서 더 크게 나타나고 있다. 이는 다양한 산업으로부터 기술지식을 흡수하는 산업이 소수의 산업에 한정되어 나타나고 있는 현상을 시사한다. 반면에 기술지식방출 대상산업 수는 안정된 양

상을 보이고 있는데 이는 각 산업의 특정기술이 소수의 기술지식 수요산업으로 제한되어 나타나는 현상으로 설명될 수 있다. 결국 전체산업에서 기술지식 흡수 측면은 소수의 특정산업들 예를 들어 정보통신(1), 운송장비(13), 건설업(16), 기타 산업(17; 주로 서비스업) 등에 집중되고, 기술지식방출 측면은 매우 다양한 산업들에 의해 이루어지는 불균형적 기술연계구조(unbalanced technology linkage structure)의 특성을 보인다고 할 수 있다. 특히 이러한 전체적 구조에서의 특성은 개별산업들의 자체 기술패턴 혹은 산업패턴에 기인된 것으로 판단된다.

[표 A-3]은 연도/지수 유형별 중심화 지수와 주요 중심산업을 방출과 흡수 측면을 구분하여 정리한 것이다. 부분 중심성 지수를 가지고 전체 산업의 구조를 전술한 내용이 전체 구조의 위계적 차원에서도 그대로 적용됨을 알 수 있다. 부분과 전체 중심화 지수에서 흡수 측면이 방출 측면보다 상당히 크며 시간에 따라서 그 격차가 벌어지고 있음을 알 수 있다.

특히, 흡수 측면의 정보통신, 운수장비와 같은 산업은 매우 다양한 산업으로부터 기술지식을 흡수하는 중요 산업으로 이는 이들 산업의 기술혁신과정에서 다양한 이종 기술지식이 요구되며, 이들 산업과의 기술융합을 통해 보다 진전된 제품이나 서비스를 개발하려는 노력에 기인된다고 할 수 있다. 반면에 도소매, 금융, 부동산, 기타 서비스업으로 구성된 기타 산업과 건설업은 한국 산업에서 기술 지식을 창출하기보다는 다양한 산업으로부터 기술지식을 흡수하여 이용, 활용하는 산업이라 할 수 있다.

[표 A-2] 연도별/기준 값별 부분 중심성 지수(degree centrality index)

cutoff	year	industry	1	2	3	4	5	6	7	8	9	10	11	12	13
55	83	Out	3	2	3	1	1	2	5	3	3	3	5	5	1
		In	7	0	0	1	1	0	0	0	0	3	0	0	6
	87	Out	3	0	3	2	1	3	7	3	4	6	5	5	2
		In	9	0	0	2	1	0	2	0	0	4	0	0	6
	90	Out	4	2	5	3	1	3	8	4	4	6	8	7	3
		In	9	2	0	5	2	0	6	0	0	4	0	0	9
	93	Out	7	2	4	4	1	3	8	4	5	6	5	6	3
		In	12	2	0	5	3	0	5	0	0	6	0	0	8
	95	Out	7	2	5	3	1	6	8	6	5	6	5	7	3
		In	11	2	0	7	3	0	7	0	0	7	0	0	11
100	83	Out	2	0	2	1	0	2	4	3	1	3	5	2	0
		In	3	0	0	0	0	0	0	0	0	1	0	0	3
	87	Out	2	0	3	1	0	2	6	3	2	4	5	5	1
		In	7	0	0	1	1	0	0	0	0	3	0	0	4
	90	Out	2	0	3	1	1	2	7	3	3	4	7	5	2
		In	8	0	0	2	1	0	1	0	0	4	0	0	5
	93	Out	6	0	3	2	0	2	7	3	3	4	5	5	3
		In	9	0	0	2	1	0	2	0	0	6	0	0	7
	95	Out	7	2	3	2	0	3	7	3	4	5	5	6	3
		In	10	0	0	3	2	0	4	0	0	6	0	0	7

[표 A-3]은 연도/지수 유형별 중심화 지수와 주요 중심산업을 방출과 흡수 측면을 구분하여 정리한 것이다. 앞에서 부분 중심성 지수를 가지고 전체산업의 구조를 설명한 내용이 전체구조의 위계적 차원에서도 그대로 적용됨을 알 수 있다. 부분과 전체 중심화 지수에서 흡수 측면이 방출 측면보다 상당히 크며 시간에 따라서 그 격차가 벌어지고 있다. 특히, 흡수 측면의 정보통신, 운수장비와 같은 산업은 매우 다양한 산업으로부터 지식을 흡수하는 중요산업으로 이것은 이들 산업의 기술혁신과정에서 다양한 이종기술이 요구되며, 이들 산업과의 기술융합을 통해 보다 진전된 제품이나 서비스를 개발하려는 노력에 기인한다고 할 수 있다. 반면에 도소매, 금융, 부동산, 기타 서비스업

으로 구성된 기타 산업과 건설업은 한국 산업에서 기술지식을 창출하기보다는 다양한 산업으로부터 기술을 흡수하여 이용, 활용하는 산업이라 할 수 있다.

한편, 기술지식방출 측면에서는 전기·전자, 정보통신, 화학제품, 기계산업 등의 제조업을 중심으로 지식방출이 이루어지고 있으며, 특히 90년대 초반 이후에는 정밀기계산업이 지식방출 산업으로 부상되고 있다. 이들 방출산업은 자체연구 및 기술 인력의 수준이 상당하며 '70년대까지의 단순한 기술모방으로부터 80년대의 창조적 모방, 90년대 자체 기술혁신으로 이루어지는 진화적 혁신모형을 보여주는 산업이라 할 수 있다.

매개 중심성 지수를 통해 정보통신, 건설업, 운송장비 산업 등이 다양한 산업으로부터 지식을 흡수하여 소수의 특정산업으로 방출하는 주요 매개산업으로 파악되며, 이러한 매개산업은 기술확산 정책 차원에서 매우 중요하다고 판단된다. 즉 이들 산업은 다양한 외부 기술지식을 흡수하여 자신의 기술과 융합한 후 다른 산업에 확산시키는 기능을 갖기 때문에 이들 산업을 중심으로 기술하부구조의 제도적 장치를 구성하는 것이 부족한 자원을 효율적으로 이용하는 데 효과적일 것으로 보인다.

[표 A-3] 연도/지수 유형별 기술연계 네트워크의 중심화 지수와 중심산업(기준 값 250)

연도	중심지수 유형	중심화 지수 값(%)		중심성 지수 상위 산업
83년	Degree	Out	22.9	전기전자, 정보통신, 화학제품
		In	37.1	건설업, 기타 산업(서비스업), 정보통신
	Closeness	Out	3.3	전기전자, 기계, 화학제품, 정보통신
		In	6.2	기타 산업, 건설업, 정보통신
	Betweeness		-	-
87년	Degree	Out	19.6	전기전자, 기계, 화학제품, 정보통신
		In	55.0	기타 산업, 건설업, 정보통신
	Closeness	Out	2.9	전기전자, 기계, 화학제품, 정보통신
		In	12.8	기타 산업, 건설업, 정보통신
	Betweeness		-	-
90년	Degree	Out	22.9	정밀기계, 운송장비, 화학제품, 비금속광물
		In	65.4	기타 산업, 건설업, 정보통신
	Closeness	Out	3.7	전기전자, 정밀기계, 정보통신
		In	20.7	기타 산업, 건설업, 정보통신
	Betweeness		-	-
93년	Degree	Out	22.1	화학제품, 전기전자, 정밀기계
		In	64.6	기타 산업, 건설업, 정보통신
	Closeness	Out	3.3	화학제품, 전기전자, 기계, 정밀기계
		In	48.8	건설업, 기타 산업, 정보통신
	Betweeness		1.17	정보통신, 기타 산업, 운송장비
95년	Degree	Out	20	정밀기계, 전기전자, 화학제품
		In	69.6	기타 산업, 건설업, 정보통신, 운수장비
	Closeness	Out	2.8	정밀기계, 전기전자, 화학제품
		In	48.8	기타 산업, 건설업, 정보통신, 운수장비
	Betweeness		1.07	정보통신, 전기전자, 기타 산업

(3) 정보통신산업과 타 산업 간의 기술지식네트워크

다음으로 기준 값 250에서 정보통신산업을 중심으로 전체 기술지식 네트워크의 특성을 고찰한다. [그림 A-3]은 기준 값 250에서 정보통 신산업을 중심으로 80년대 초반에서 90년대 중반에 이르는 전체산업 의 기술지식네트워크의 변화 형태를 제시하고 있다. 각 네트워크에서 기술연계에서 제외된 산업들은 오른편에 표시하였다. 또한 그래프의 복잡성을 덜고 쉽게 이해할 수 있도록 대부분의 산업으로부터 기술을 흡수하는 기타 산업(17)의 연계는 제외시켰다.

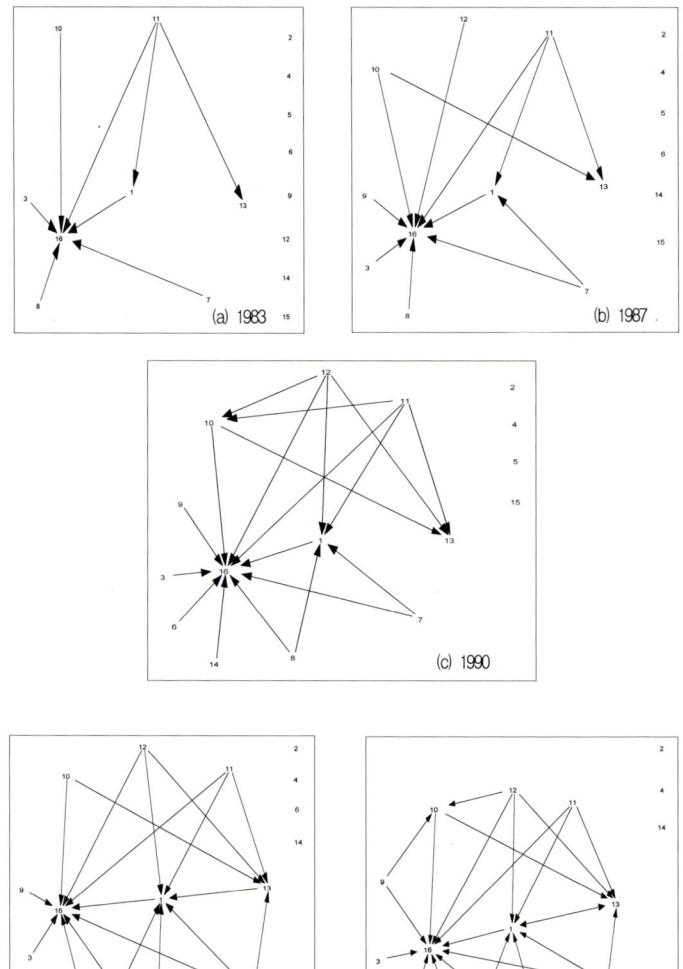

[그림 A-3] 산업 간 기술지식네트워크의 변화(정보통신산업을 중심으로)

'83년의 네트워크 구조의 특성을 살펴보면 다음과 같다. 우선 주요 방출산업은 전기·전자산업(11), 정보통신산업(1)이며, 주요 흡수산업은 건설업(16)과 기타 산업(17)으로 나타났다. 이 시기의 정보통신산업의 역할은 미약하게 나타나고 있다. 따라서 이 시기는 정보통신산업의 태동기로서 파악되며 정보통신기술의 기반기술이라고 할 수 있는 전기·전자기술에 대한 의존도가 매우 높은 시기로 보인다. 전체구조 측면에서는 건설업과 기타 산업 등의 기술지식수요산업에 집중된 구조로 나타나고 있다.

'87년의 경우는 '83년의 기술흐름의 지속과 확대로 요약된다. 정보통신산업의 경우, 화학산업(7)으로부터의 기술흡수연계가 구성되고 기계산업(10)과 전기·전자산업의 기술이 자동차 중심의 운송장비산업(13)으로 방출되는 연계가 구성되었다. 자동차산업의 기술혁신의 토대가 되는 기계기술, 전기·전자기술의 융합을 통한 메커트로닉스 생성과 관련된 것으로 보인다. 그 밖의 기술지식 흡수 측면은 '83년의 단순한 연장으로 파악된다.

'90년의 경우는 정보통신산업이 여러 산업으로부터 기술을 흡수하는 현상이 두드러지게 나타나는 특징을 발견할 수 있다. 이는 정보통신산업이 정보의 산업화를 점차 진행해 나가는 상황을 반영한 것으로 분석된다. 기존의 전기·전자, 화학산업 외에 정밀기계(12), 비금속광물(8)의 기술연계가 구축되고 있다. 전체산업 간 연계구조에서 보면 건설업, 기타 산업, 정보통신, 운송장비 등 4개 산업이 주요 흡수산업으로 부상하는 구조를 띠고 있으며, 방출 측면에서는 이들 4개 산업으로 기술지식방출이 집중되는 주변적 구조(peripheral structure)가 특징이다.

'93년의 경우는 4개 주요 흡수산업군의 기술흡수구조가 보다 심화되는 양상을 보이고 있다. 이것은 다양한 산업으로부터 다양한 기술의 도입이 정보통신산업의 기술혁신 기반을 형성해 가고 있음을 의미한다. 즉 '83년 이후 정보통신산업 발전의 토대는 주요 방출산업으로부터의 기술흡수에 의한 정보의 산업화에 있다는 점을 보여주고 있는 것이다. 그러나 기준 값 100 수준에서는 기타 산업과 건설업 이외의 음식료(4), 화학, 기계, 운송장비 등의 산업으로 정보통신기술지식의 방출이 나타나고 있다. 이것은 정보통신기술지식의 확산을 통한 개별 산업의 정보화가 본격적으로 진행되고 있는 것으로 해석할 수 있으며 이러한 현상은 '95년까지 지속된다. 이 시기 역시 4개의 주요 흡수산업군이 네트워크상에서 중심산업으로 위치하고 있다. 그리고 주요 흡수산업군과 여타 산업들 간의 기술흐름은 '93년의 기술지식네트워크와 큰 차이 없이 지속되는 특징을 보인다. 이는 기존의 기술지식공급자 – 사용자관계의 강화현상으로 풀이된다.

• 저자 •

김문수   • 약 력 •

현재 한국외국어대학교 산업경영공학부 교수로 재직 중이며, ITU-T SG3 한
국분과위원회의 연구위원, 한국정보통신기술협회 통신경영/전략 분야 국제표준
전문가로 활동하고 있다. 서울대학교에서 기술경영/정책 전공으로 박사학위를
받은 이후, 한국전자통신연구원 IT기술전략연구단 선임연구원으로 정보통신기
술경영 및 전략 관련 다수의 연구프로젝트를 수행하였으며, 강릉대학교, 산업
시스템공학과 학과장을 역임하였다. 현재, 기술경영전략, 정보통신서비스경영,
연구개발평가 분야에서 다수의 프로젝트와 학술 연구를 수행하고 있다.

• 주요논저 •

「Is There Early TaKe-off Phenomenon in Diffusion of IP-based
Telecommunication Services?」, (Omega, 2007)
「The Criteria, Procedure and Classification of Traffic Sensitive and
Non-Traffic Sensitive Components」, (ETRI Journal, 2006)
「Household-use vs. Business-use Demand Diffusion of Telephone and
Internet Access Service」, (International Journal of Innovation and
Technology Management, 2005)
「The Evolving Patterns of Inter-Industrial Knowledge Structure: Case of
Korean Manufacturing in the 1980s」, (Scientometrics, 2004)
「Innovation Diffusion of Telecommunications: General Patterns, Diffusion
Clusters and Differences by Technological Attribute」, (International
Journal of Innovation Management, 2004)
「On the Selection of Growth-Curve Models for Forecasting the Diffusion
of IT Technologies」, (Journal of Scientific & Industrial Research, 2000)
「A Taxonomy of Industries Based on Knowledge Flow Structure」,
(Technology Analysis & Strategic Management, 1999) 등 국내외 학술지
및 학회에 50여 편의 논문 발표
『휴대인터넷 산업정책과 발전전략』(공저)
『위성 인터넷 서비스 동향과 통신사업자의 마케팅 전략』
외 다수

지식경제를 향한 산업기술지식네트워크

• 초판 인쇄	2007년 11월 12일
• 초판 발행	2007년 11월 12일
• 지 은 이	김문수
• 펴 낸 이	채종준
• 펴 낸 곳	한국학술정보㈜
	경기도 파주시 교하읍 문발리 513-5
	파주출판문화정보산업단지
	전화 031) 908-3181(대표) · 팩스 031) 908-3160
	홈페이지 http://www.kstudy.com
	e-mail(출판사업부) publish@kstudy.com
• 등 록	제일산-115호(2000. 6. 19)
• 가 격	29,000원

ISBN 978-89-534-7733-9 93500 (Paper Book)
 978-89-534-7734-6 98500 (e-Book)